全国高职高专院校"十二五"规划教材（加工制造类）

Pro/ENGINEER Wildfire 5.0 项目实例教程

主 编 李晓宏

副主编 于 波 柳雲莉

中国水利水电出版社
www.waterpub.com.cn

内 容 提 要

Pro/ENGINEER 是当前国内外三维设计软件中的主流产品。该软件对加速工程和产品的开发、缩短产品设计制造周期、提高产品质量、降低成本、增强企业市场竞争能力与创新能力发挥着重要作用。

本书从基础入手，深入浅出地阐述 Pro/E 的基本功能和用法，内容涵盖了产品设计中的零件创建、装配和工程图制作的全过程，用优质范例对软件的主要命令和功能进行了说明，以简单的综合实例使读者快速掌握知识点。具体内容包括：Pro/E 5.0 基本操作；草图绘制；基本特征；创建基准；工程特征；装配元件；工程图。

本书可作为高职高专院校机械设计制造、数控技术、计算机辅助制造等相关专业的教材。

图书在版编目（CIP）数据

Pro/ENGINEER Wildfire 5.0项目实例教程 / 李晓宏主编. -- 北京：中国水利水电出版社，2014.7
全国高职高专院校"十二五"规划教材. 加工制造类
ISBN 978-7-5170-2193-3

Ⅰ. ①P… Ⅱ. ①李… Ⅲ. ①机械设计－计算机辅助设计－应用软件－高等职业教育－教材 Ⅳ. ①TH122

中国版本图书馆CIP数据核字(2014)第136902号

策划编辑：宋俊娥　责任编辑：张玉玲　加工编辑：芦丹桐　封面设计：李 佳

书　名	全国高职高专院校"十二五"规划教材（加工制造类） Pro/ENGINEER Wildfire 5.0 项目实例教程
作　者	主　编　李晓宏 副主编　于 波　柳雲莉
出版发行	中国水利水电出版社 （北京市海淀区玉渊潭南路1号D座　100038） 网址：www.waterpub.com.cn E-mail: mchannel@263.net（万水） 　　　　sales@waterpub.com.cn 电话：(010) 68367658（发行部）、82562819（万水）
经　售	北京科水图书销售中心（零售） 电话：(010) 88383994、63202643、68545874 全国各地新华书店和相关出版物销售网点
排　版	北京万水电子信息有限公司
印　刷	三河市铭浩彩色印装有限公司
规　格	184mm×260mm　16开本　14.75印张　374千字
版　次	2014年7月第1版　2014年7月第1次印刷
印　数	0001—3000册
定　价	28.00元

凡购买我社图书，如有缺页、倒页、脱页的，本社发行部负责调换

版权所有·侵权必究

前　　言

Pro/ENGINEER 是美国 PTC 公司开发的一款三维软件，是当前国内外三维设计软件中的主流产品。其应用领域涉及机械、汽车、建筑和纺织等众多行业。该软件对加速工程和产品的开发、缩短产品设计制造周期、提高产品质量、降低成本、增强企业市场竞争能力与创新能力发挥着重要作用。

Pro/ENGINEER Wildfire 5.0（以下简称 Pro/E 5.0）软件较之以前版本在参数化建模、产品的装配与图纸设计，以及机构运动仿真方面均作了较大的改进和增强。应用 Pro/E 5.0 的最新技术可以迅速提高企业在产品工程设计与制造方面的效率，并对产品结构、产业结构、企业结构和管理结构等方面带来巨大的影响。

本书内容涵盖了产品设计中的零件创建、装配和工程图制作的全过程，全面引导读者走入 Pro/E 的华美殿堂。书中用优质范例对软件的主要命令和功能进行了说明，以简单的综合实例使读者快速掌握知识点。具体内容如下：

项目 1　通过简单的零件制作来学习 Pro/E 基本操作和应用。

项目 2　主要介绍草图绘制的基本命令和方法，熟练运用基本的草绘工具绘制图形。使读者掌握一般绘图技巧的方法；掌握尺寸的应用；理解并掌握几何约束的使用方法；了解文本的使用方法。

项目 3　主要介绍常用基本特征操作命令和方法。

项目 4　主要介绍点、线和面的基准特征的创建及应用。

项目 5　主要介绍工程特征的创建。使读者掌握孔特征、倒角和倒圆角特征、筋特征、壳特征。

项目 6　主要介绍装配文件的建立、装配工具的基本功能、装配元件之间的约束关系以及装配设计的修改。

项目 7　将三维模型转化成二维工程图，并且添加标注和尺寸。使读者掌握创建各种视图；掌握调整视图的方法；掌握标准尺寸及添加注释。

本书以简洁的文字、大量的图片，辅以详细的操作流程，真实反映了软件的界面，使初学者能够快速、直观、准确地学习软件。

本书可作为高职高专院校机械设计制造、数控技术、计算机辅助制造等相关专业的教材，充分体现了从基础入手，深入浅出地阐述 Pro/E 的基本功能和用法。

本书由李晓宏任主编并统稿，于波、柳雲莉任副主编。教材的编写分工如下：项目 1 由黑龙江信息技术职业学院李晓宏编写；项目 2 和项目 3 由黑龙江信息技术职业学院于波编写；项目 4 和项目 5 由柳雲莉编写；项目 6 和项目 7 由黑龙江信息技术职业学院张永强编写。另外，参与编写的还有中国矿业大学靳西婵、哈尔滨理工大学李平。

本书的主编和主要参编者都是多年从事 Pro/E 软件教学的一线教师，在编写过程中融入了大量的教学经验，但在编写过程中难免有不足之处，恳请读者批评指正。

编　者

2014 年 5 月

目 录

前言
项目1　Pro/E 5.0 基本操作 ················ 1
任务1.1　初识 Pro/E 5.0 ··················· 1
任务1.2　常用工具操作方法 ··············· 6
项目2　草图绘制 ···································· 10
任务2.1　连接板 ································ 10
任务2.2　卡板 ···································· 14
任务2.3　扳手 ···································· 17
任务2.4　限位器 ································ 22
任务2.5　垫片 ···································· 27
项目3　基本特征 ···································· 34
任务3.1　套筒 ···································· 34
任务3.2　阀杆 ···································· 41
任务3.3　水杯 ···································· 46
任务3.4　吹风机风头 ························ 57
任务3.5　钻头 ···································· 63
任务3.6　弹簧 ···································· 69
任务3.7　水龙头 ································ 77
项目4　创建基准 ···································· 87
任务4.1　模型基准点 ························ 87
任务4.2　模型基准轴 ························ 96
任务4.3　模型基准平面 ··················· 101
项目5　工程特征 ···································· 106
任务5.1　骰子 ···································· 106
任务5.2　玩具手机壳 ························ 118
项目6　装配元件 ···································· 128
任务6.1　装配轮子 ···························· 128
任务6.2　装配手压阀 ························ 142
任务6.3　手压阀分解设计 ················· 171
项目7　工程图 ·· 176
任务7.1　A4图框和学校标题栏的制作 ········ 176
任务7.2　螺套普通视图 ····················· 184
任务7.3　阀杆局部剖视图 ················· 199
任务7.4　支座半剖视图 ····················· 206
任务7.5　管接头旋转剖视图 ·············· 213
任务7.6　阶梯轴断面图及局部放大图 ········ 221

项目 1　Pro/E 5.0 基本操作

项目分析

现今工业领域机械零件主要借助计算机进行辅助设计，而 Pro/E 是目前应用较广的计算机辅助设计软件之一。本项目中将通过简单的零件制作来学习 Pro/E 基本操作和应用。

能力目标

- 了解 Pro/E 软件的功能和特点。
- 熟悉 Pro/E 软件的主要工作界面。
- 熟练掌握各文件操作命令和工作目录的设置。
- 熟练掌握缩放、旋转和平移视图的方法。
- 掌握保存视图的方法及模型外观设置的方法。

任务 1.1　初识 Pro/E 5.0

1.1.1　任务目标

- 熟悉 Pro/E 操作界面。
- 熟悉 Pro/E 的启动。
- 掌握 Pro/E 设计零件的一般操作方法。

1.1.2　任务分析

通过图 1-1 所示的零件造型掌握 Pro/E 设计零件的一般步骤。

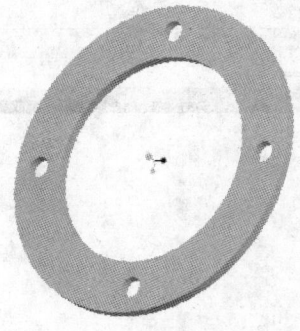

图 1-1　垫片

1.1.3　任务分析

需要掌握 Pro/E 启动、设置工作目录、零件设计模块的选择、创建以及保存。

1.1.4 任务过程

步骤一 启动 Pro/ENGINEER

双击桌面的 Pro/E 图标，开启 Pro/E 程序，界面如图 1-2 所示。

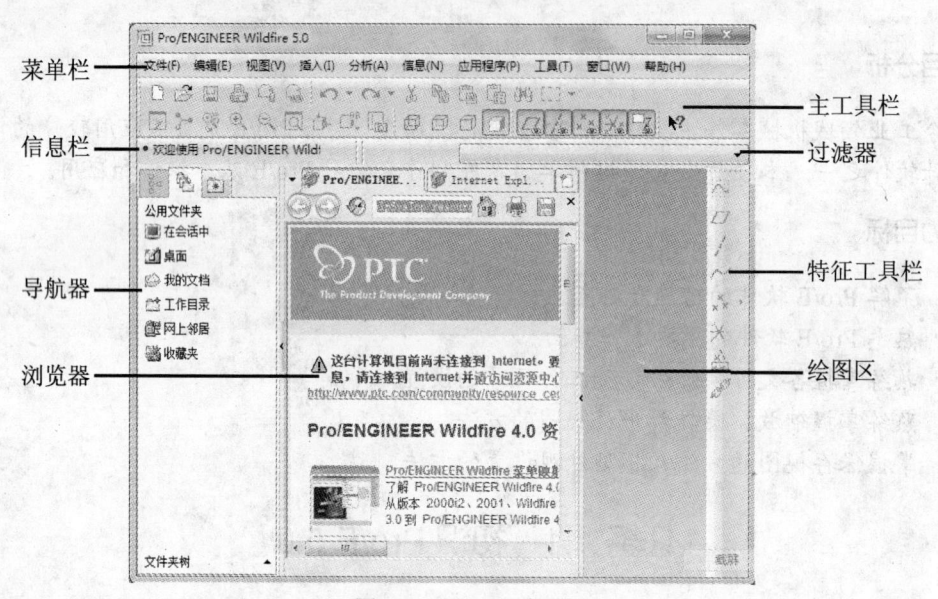

图 1-2 Pro/E 程序界面

步骤二 设置工作目录

选择主菜单栏中的"文件"→"设置工作目录"选项，打开"选取工作目录"对话框，如图 1-3 所示。当前设置工作目录在 D:\my word\中，则文件的保存、打开等操作都将在此目录中执行。完成后单击"确定"按钮。

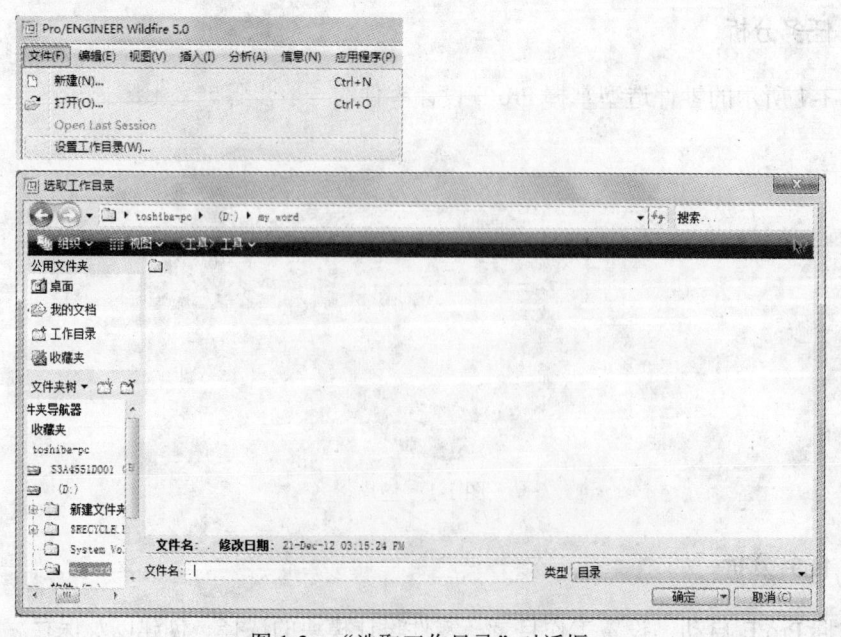

图 1-3 "选取工作目录"对话框

步骤三 零件设计模块选择

选择"文件"→"新建"选项，或者单击"新建"按钮，打开"新建"对话框，如图1-4所示。选择"零件"→"实体"命令，并在"名称"文本框中输入模型名称为"dianpian"。不勾选"使用缺省模板"复选框，单击"确定"按钮，打开"新文件选项"对话框。选择"模板"为"mmns_part_solid"，如图1-5所示。单击"确定"按钮，进入零件建模环境，如图1-6所示。

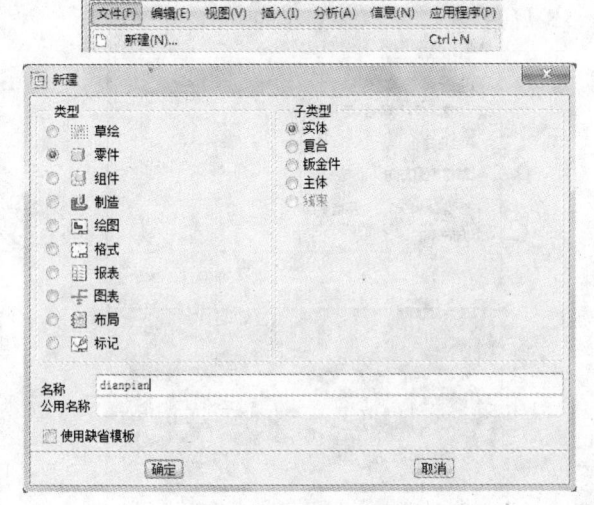

图1-4 "新建"对话框

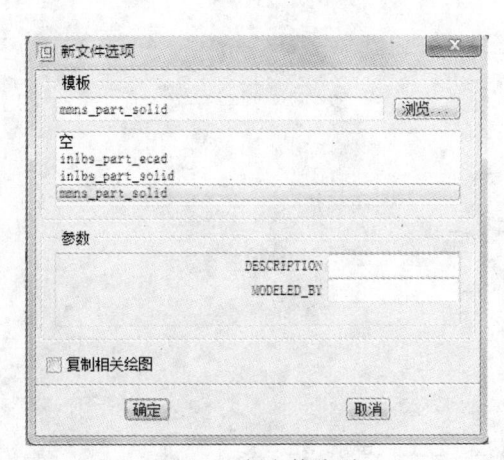

图1-5 新文件选项

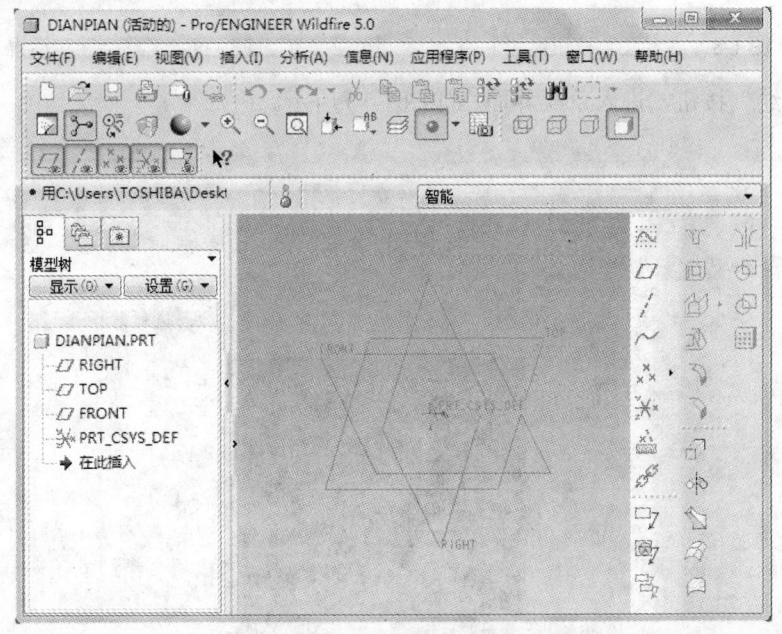

图1-6 零件建模环境

步骤四 拉伸命令

单击命令工具栏中的"拉伸工具"按钮，打开"拉伸工具"操控面板，如图1-7所示。

图 1-7 "拉伸工具"操控面板

步骤五 草绘图形

单击"放置"→"定义"按钮，如图 1-8 所示。打开"草绘"对话框，定义"草绘平面"和"草绘方向"，在绘图区选择 TOP 面为草绘平面，草绘方向为系统默认方向，如图 1-9 所示。

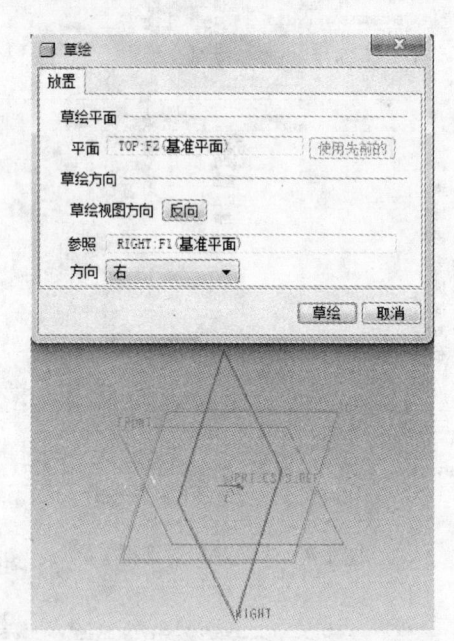

图 1-8 "定义"按钮　　　　　　图 1-9 "草绘"对话框

单击"草绘"按钮，进入草绘界面，如图 1-10 所示。

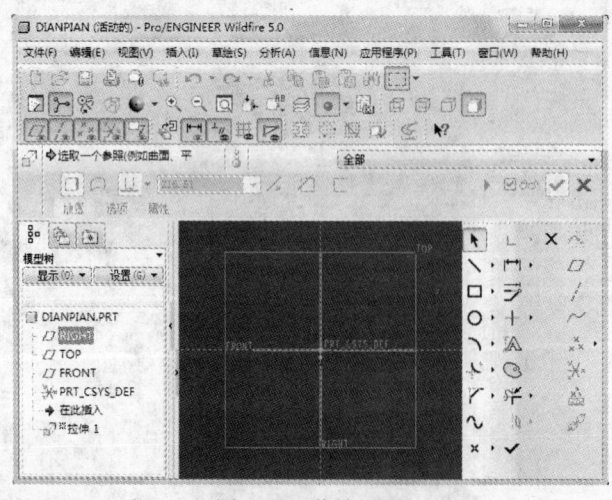

图 1-10 草绘界面

单击工具栏中的〇按钮，在绘图区中捕捉中心点，单击作为圆心，拖动鼠标在任意位置再次单击，完成圆的绘制。以这个圆的圆心为圆心绘制一个同心圆，双击尺寸，在框域中输入直径分别为 20 和 30，如图 1-11 所示。

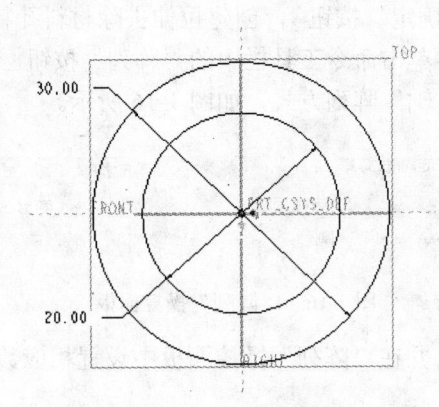

图 1-11 草绘图形

绘制完成后单击"完成"按钮✔。
步骤六　设置深度值
在"拉伸工具"操控面板中输入深度值为 1，如图 1-12 所示。
步骤七　实体拉伸
单击"确定"按钮✔即可创建拉伸特征，如图 1-13 所示。

图 1-12 深度值　　　　　　　　　图 1-13 实体拉伸特征

步骤八　阵列命令
重复应用步骤～步骤五，在此选择"草绘平面"为物体上表面，"草绘方向"为默认。在草绘界面中绘制一个直径为"2"的圆和一个直径为"25"的辅助圆，如图 1-14 所示。

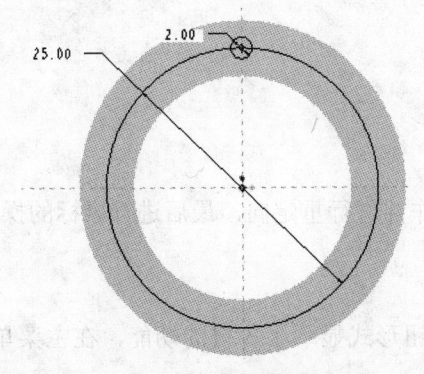

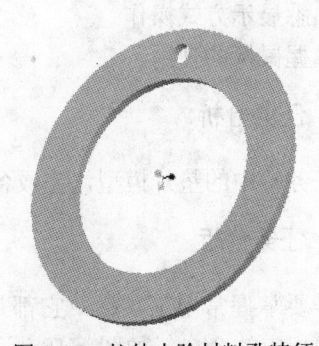

图 1-14 草绘图形　　　　　　　　图 1-15 拉伸去除材料孔特征

删除辅助圆后,单击"完成"按钮✔。在"拉伸工具"操控面板中单击"去除材料"按钮◪。设置深度值为1,单击"确定"按钮✔,创建拉伸去除材料孔特征,如图1-15所示。

单击刚生成的孔特征,再单击命令工具栏中的"阵列"按钮▦,弹出"阵列"操控面板,在"尺寸"下拉菜单中选择"轴"阵列方式,如图1-16所示。

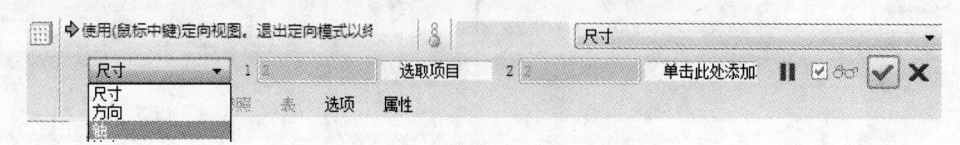

图1-16 "阵列"操控面板

在绘图区中选择A-1轴,并在"阵列"操控面板中设置相应数值,如图1-17所示。

图1-17 阵列参数设置

单击"确定"按钮✔,完成阵列,效果如图1-1所示。

步骤九　保存零件

单击"保存"按钮▦,完成保存操作。

1.1.5　任务总结

1. 学习了Pro/E的启动和简单操作。
2. Pro/E工作目录设置、零件设计模块的进入和操作方法及零件的保存。

1.1.6　巩固练习

1. 简述Pro/E如何启动。
2. 简述工作目录的创建、零件设计的操作步骤。

任务1.2　常用工具操作方法

1.2.1　任务目标

- 熟悉显示方式操作。
- 掌握鼠标的使用。

1.2.2　任务分析

应用任务一中的垫片模型,完成各种显示的操作并进行重定向,最后进行鼠标的操作。

1.2.3　任务分析

任务需要掌握常用工具栏,它都是以直观的按钮形式显示了各自的功能,在主菜单栏中也可以找到相应的命令,如图1-18所示。

图 1-18 常用工具栏

1.2.4 相关知识

- 屏幕显示操作。
- 鼠标的使用。

1.2.5 任务过程

步骤一 打开文件

选择"文件"→"打开"选项,弹出"文件打开"对话框,选择 D:\my word\dianpian,单击"打开"按钮。

步骤二 关闭所有基准

在常用工具栏中单击各个基准显示按钮，关闭"平面"即基准平面、"轴"即基准轴、"点符号"即基准点、"坐标系"即基准坐标系等基准的显示,如图 1-19 所示。

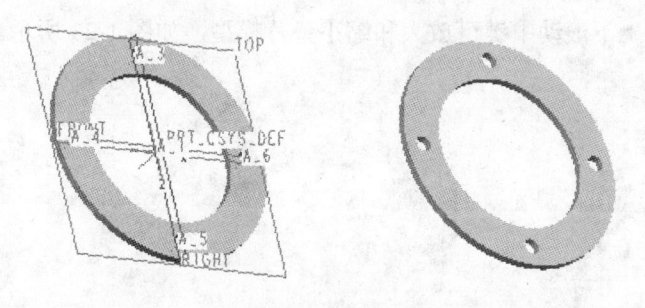

图 1-19 基准显示前后

步骤三 局部放大和缩小

单击"局部放大"按钮，在零件上框选孔特征,放大孔特征后,再单击"重新调整"按钮，则零件以最大方式显示在绘图区,如图 1-20 所示。

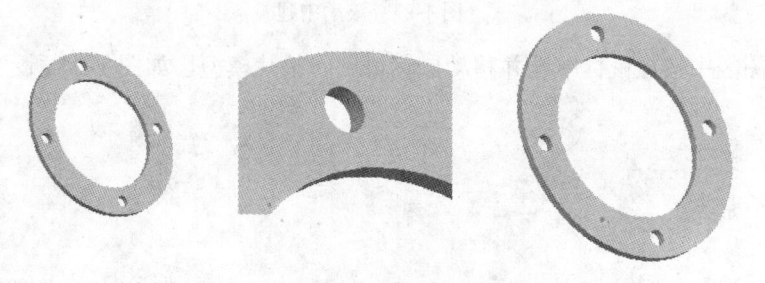

图 1-20 视图显示

步骤四 鼠标的使用

1. 在绘图区中的零件模型上单击鼠标左键选取孔特征,如图 1-21 所示。

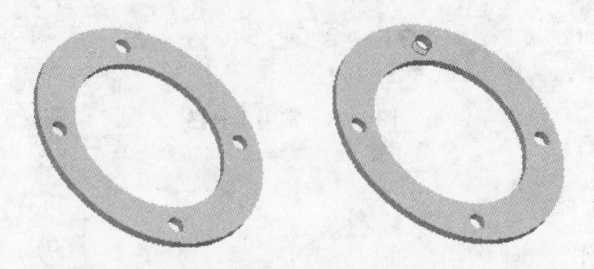

图 1-21　单击鼠标左键

2. 在绘图区中按"Ctrl+左键"可选取多个孔特征，如图 1-22 所示。

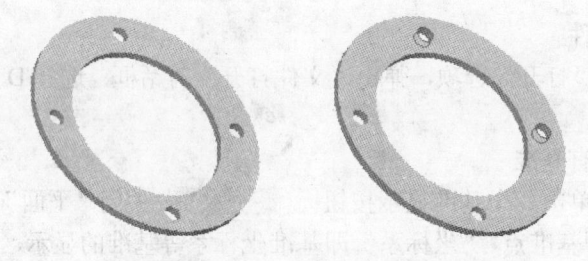

图 1-22　选取多个孔特征

3. 在绘图区中上下滚动中键可放大和缩小垫片模型，如图 1-23 所示。

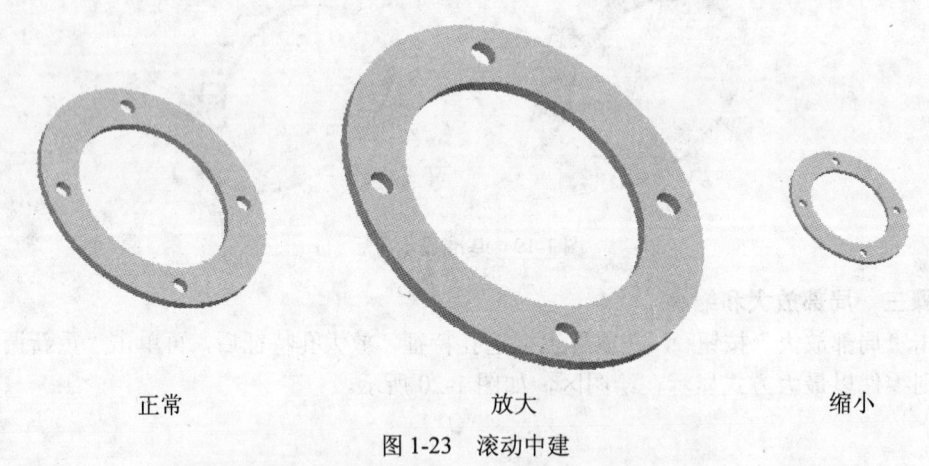

正常　　　　　　　　　放大　　　　　　　　　缩小

图 1-23　滚动中建

4. 在绘图区中按住鼠标中键并移动鼠标可旋转垫片模型，如图 1-24 所示。

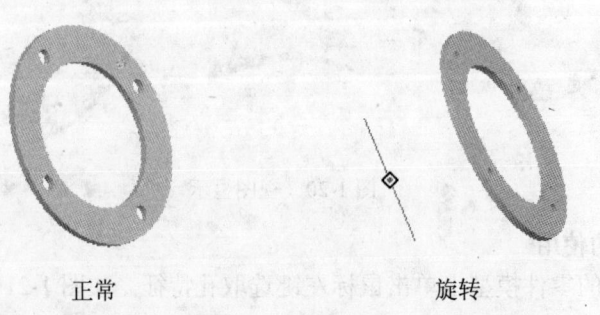

正常　　　　　　　　　旋转

图 1-24　旋转垫片

5. 在绘图区中按住"Shift+中键"可平移垫片模型，如图 1-25 所示。

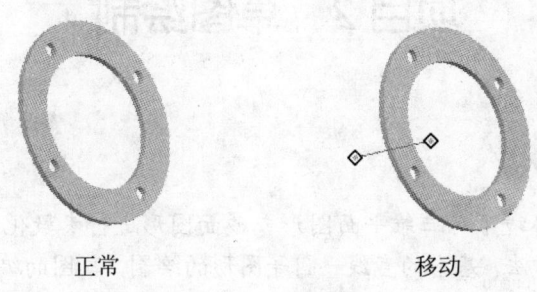

正常　　　　　　　　移动

图 1-25　平移垫片

1.2.6　任务总结

1．熟悉常用工具栏的按钮功能。
2．根据零件特点缩放和平移模型。
3．掌握鼠标和键盘的综合应用。
4．Pro/E 操作过程中最好使用三键式鼠标，三键配合键盘上的 **Ctrl** 和 **Shift** 键可方便地实现快捷操作。

1.2.7　巩固练习

1．简述常用工具栏的按钮功能。
2．简述根据不同视角方向要求改变零件显示方式的操作步骤。

项目 2　草图绘制

项目分析

草图绘制是在草绘环境下对二维平面图形或截面图形进行参数化绘制。本项目主要介绍草图绘制的基本命令和方法。基本的直线、圆等图形的绘制，草图的编辑功能，尺寸标注及编辑，文本工具、调色板工具、约束工具等的应用。

能力目标

- 熟练运用直线、矩形、圆、圆角等草绘工具绘制图形。
- 掌握镜像、缩放、旋转和动态修剪图形的方法。
- 掌握长度、距离、角度、直径和半径等尺寸的标注及修改方法。
- 理解并掌握几何约束的使用方法。
- 了解文本的使用方法。

任务 2.1　连接板

2.1.1　任务目标

- 熟悉草图绘制环境的进入。
- 掌握直线、圆、倒角、倒圆角工具的应用。
- 熟悉草绘图形的一般操作步骤。

2.1.2　任务分析

应用草绘工具完成图 2-1 所示图形。

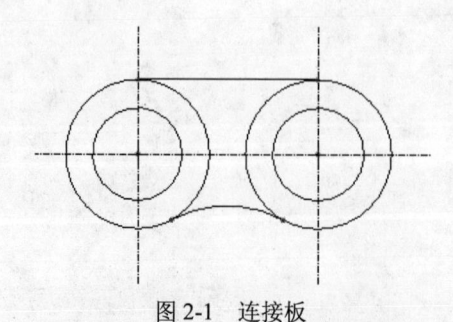

图 2-1　连接板

2.1.3　任务分析

需要掌握直线、圆、倒角、倒圆角工具并按一般草绘步骤即可完成。

2.1.4 相关知识

- 草绘界面。
- 直线绘制。
- 绘制圆。
- 创建圆角。

2.1.5 任务过程

步骤一 设置工作目录

选择主菜单栏中的"文件"→"设置工作目录"选项，打开"选取工作目录"对话框。当前设置工作目录在 D:\my word\中，单击"确定"按钮完成设置。

步骤二 新建草绘文件

选择主菜单栏中的"文件"→"新建"选项，打开"新建"对话框。选择"草绘"单选项，在"名称"文本框中输入模型名称"lianjieban"，如图 2-2 所示。单击"确定"按钮，进入草绘环境，如图 2-3 所示。

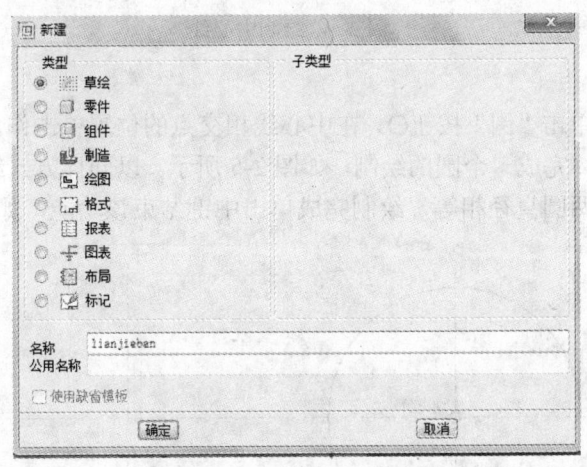

图 2-2 "新建"对话框

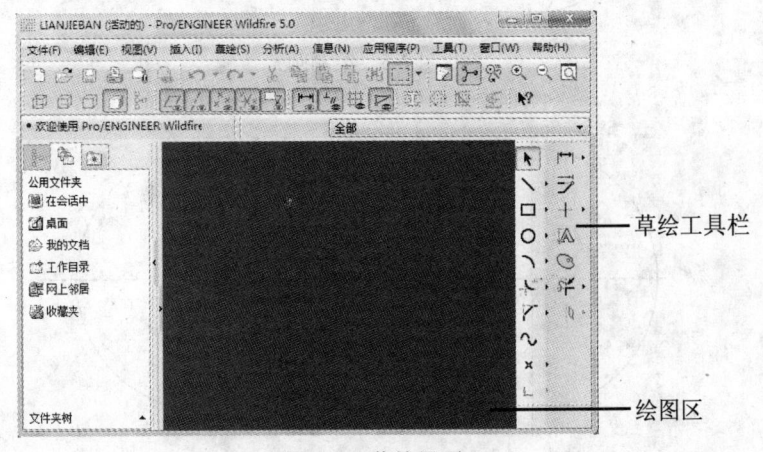

图 2-3 草绘界面

步骤三　绘制中心线

在草绘工具栏中单击"中心线"按钮 ┆，在绘图区中某位置单击，则出现一条附着在鼠标上的中心线，移动鼠标到其他位置，当中心线上出现"H"符号，则表示该线为水平线，单击完成水平中心线的绘制。以同样的方式绘制两条竖直中心线，竖直中心线上会出现"V"符号。单击中键结束该功能，如图2-4所示。"中心线"可以理解为构造直线（无限长），可以作为对称中心线和其他辅助线使用。

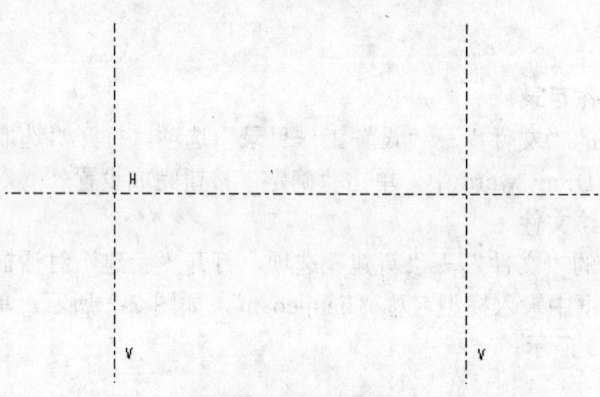

图2-4　绘制中心线

步骤四　绘制圆

在草绘工具栏中单击"圆"按钮 ○，在中心线相交点的位置单击作为圆心后，拖动鼠标到适当的位置再次单击，完成一个圆的绘制，如图2-5所示。以同样方式绘制另一个圆，当圆上出现"R_1"时，表示两圆直径相等，绘制完成单击中键结束该功能，如图2-6所示。

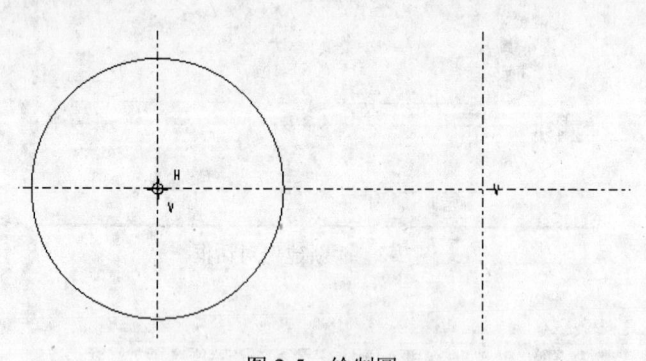

图2-5　绘制圆

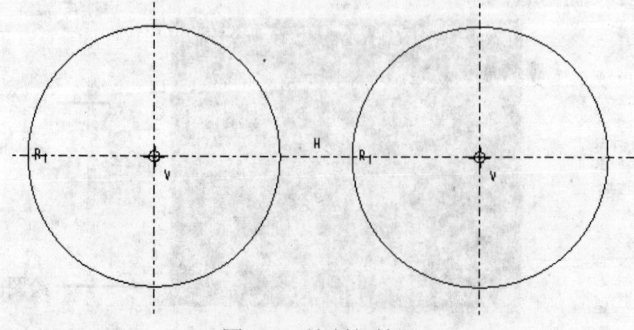

图2-6　绘制相等圆

单击◯按钮旁的·按钮，系统弹出"圆"工具条，如图 2-7 所示。单击第二个"同心圆"按钮◎，选取刚绘制的圆，单击后拖动到适当的位置，再次单击完成同心圆的绘制，如图 2-8 所示，单击中键结束该功能。以同样的方式绘制另一个圆的同心圆，当圆上出现"R_1"时，单击完成绘制，如图 2-9 所示。

图 2-7 "圆"工具条

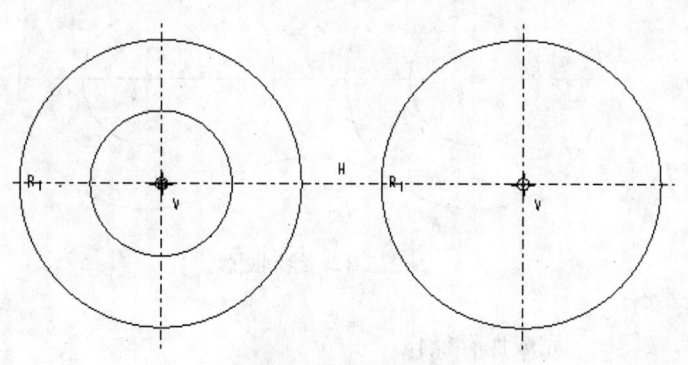

图 2-8 绘制同心圆 1

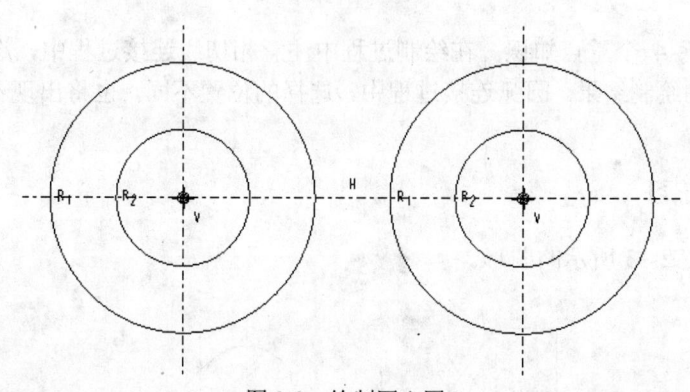

图 2-9 绘制同心圆 2

步骤五　绘制公切线

在草绘工具栏中单击\按钮旁的·按钮，系统弹出"直线"工具条，如图 2-10 所示。单击\按钮，分别在两个外圆上单击来选取起始和终止的位置，单击中键结束该功能，如图 2-11 所示。

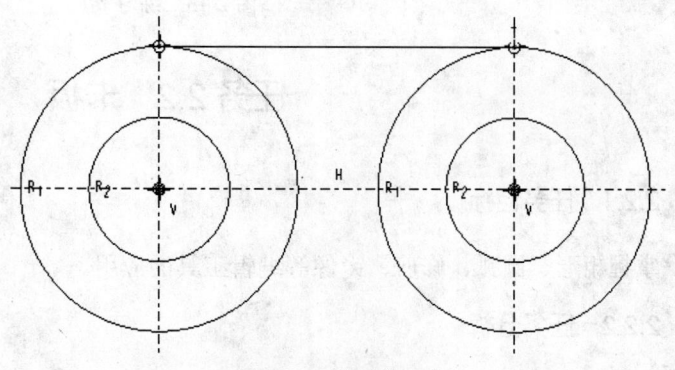

图 2-10 "直线"工具条

图 2-11 绘制公切线

步骤六 绘制圆弧

在草绘工具栏中单击"倒圆角"按钮，分别单击两外圆下方内侧位置，即可创建一个圆弧，如图 2-12 所示。

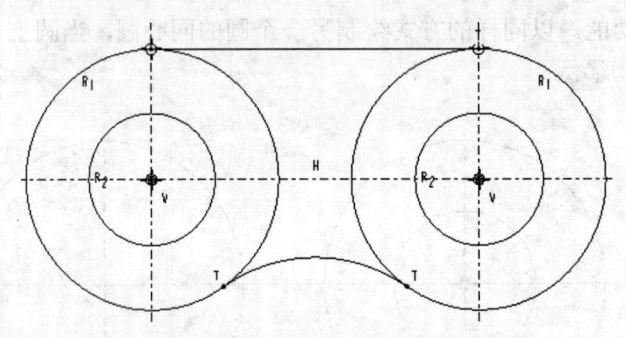

图 2-12 绘制圆弧

步骤七 保存文件

单击"保存"按钮，完成保存操作。

2.1.6 任务总结

熟练应用本章 4 个重点知识。在绘制过程中注意相切线连接过程中，选择的点的位置不同，将出现不同的绘制结果。圆弧连接过程中，选择的位置不同，也将出现不同的结果。读者应该多多尝试。

2.1.7 巩固练习

练习绘制如图 2-13 所示的图形。

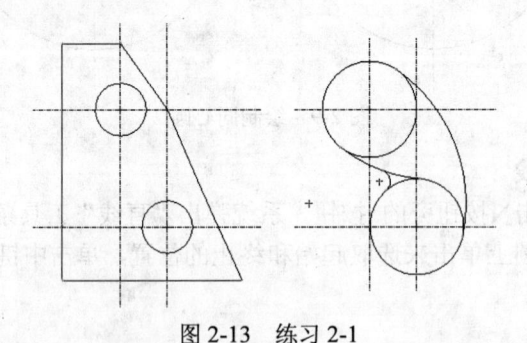

图 2-13 练习 2-1

任务 2.2 卡板

2.2.1 任务目标

掌握矩形、圆弧、修剪、镜像等编辑工具的应用。

2.2.2 任务分析

应用草绘工具完成图 2-14 所示图形。

图 2-14　卡板

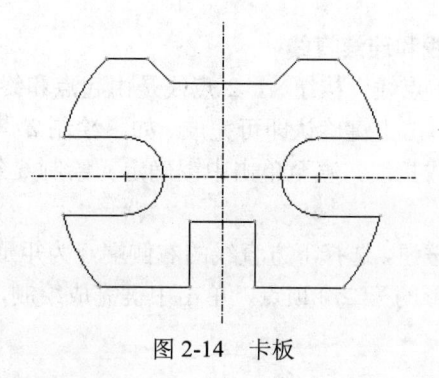

2.2.3　任务分析

需要掌握矩形、修剪、镜像、圆弧等工具，并结合上一个任务所掌握内容即可完成。

2.2.4　相关知识

- 创建矩形。
- 修剪。
- 镜像。

2.2.5　任务过程

步骤一　设置工作目录

选择主菜单栏中的"文件"→"设置工作目录"选项，打开"选取工作目录"对话框。当前设置工作目录在 D:\my word\中，单击"确定"按钮完成设置。

步骤二　新建草绘文件

选择主菜单栏中的"文件"→"新建"选项，打开"新建"对话框。选择"草绘"单选项，在"名称"文本框中输入模型名称"kaban"。单击"确定"按钮，进入草绘环境。

步骤三　绘制中心线

在草绘工具栏中单击"中心线"按钮，在绘图区中绘制一条水平和一条竖直的中心线。

步骤四　绘制圆

在草绘工具栏中单击"圆"按钮〇，在中心线相交点的位置分别绘制一个大圆，在大圆里左侧中心线上绘制一个小圆，如图 2-15 所示。

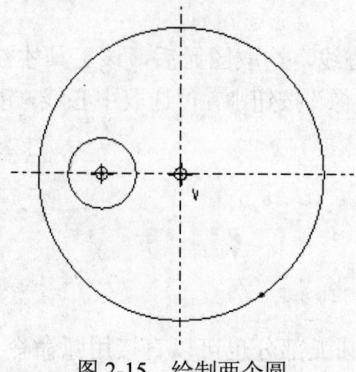

图 2-15　绘制两个圆　　　　图 2-16　绘制直线

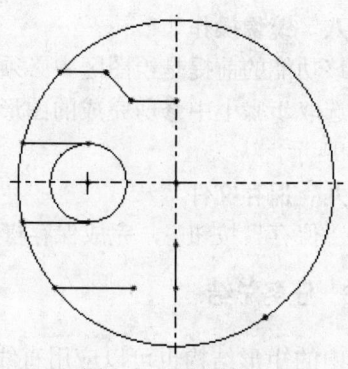

步骤五 绘制 2 点线直线和连续直线

在草绘工具栏中单击"2 点线"按钮↘，2 点线是由起点和终点定义的直线。在绘图区单击指定的两个不同位置，再单击中键确认即可完成。如果绘制 2 点线的过程中，在绘图区连续在不同的位置单击，即可生成折线，直至单击中键确定。绘制 6 条直线段，如图 2-16 所示。

步骤六 绘制矩形

在草绘工具栏中单击□按钮，选择下方直线的右侧端点为矩形的第一个顶点并单击，拖动鼠标到竖直中心线位置为矩形的第二个顶点，单击中键完成绘制，如图 2-17 所示。

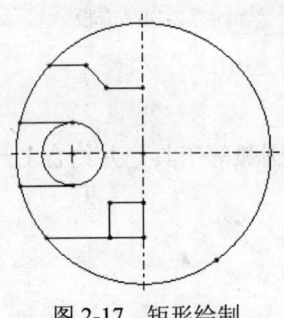

图 2-17 矩形绘制

步骤七 修剪图形

单击"动态修剪"按钮，然后在绘图区按住鼠标左键并拖动鼠标，划过需要删除的部分，完成修剪，如图 2-18 所示。

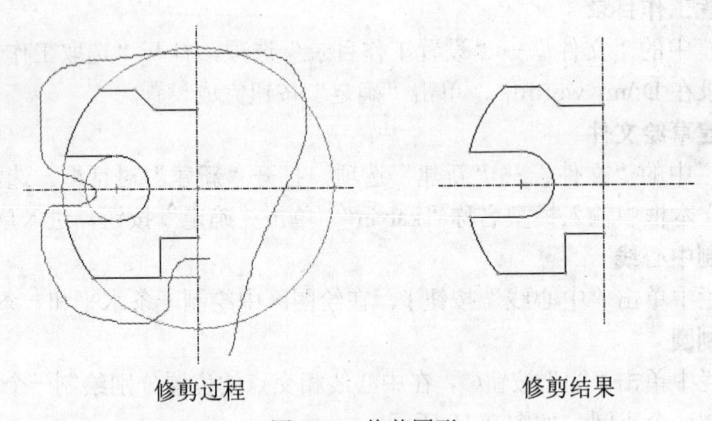

修剪过程   修剪结果

图 2-18 修剪图形

步骤八 镜像操作

应用该功能的前提是绘图区中必须具有图元和中心线，选取图元后，该工具才被激活。
首先选取步骤七中修剪完成的图形，然后单击"镜像"按钮，再选取中心线，镜像完成，如图 2-14 所示。

步骤九 保存文件

单击"保存"按钮，完成保存操作。

2.2.6 任务总结

任务中的矩形结构也可以应用直线命令来绘制，圆弧部分也可以直接用弧命令来绘制。Pro/E 中的图形结构可根据实际情况来衡量需要什么工具，没有硬性规定。

2.2.7 巩固练习

大致绘制如图 2-19 和图 2-20 所示图形（无须理会尺寸）。

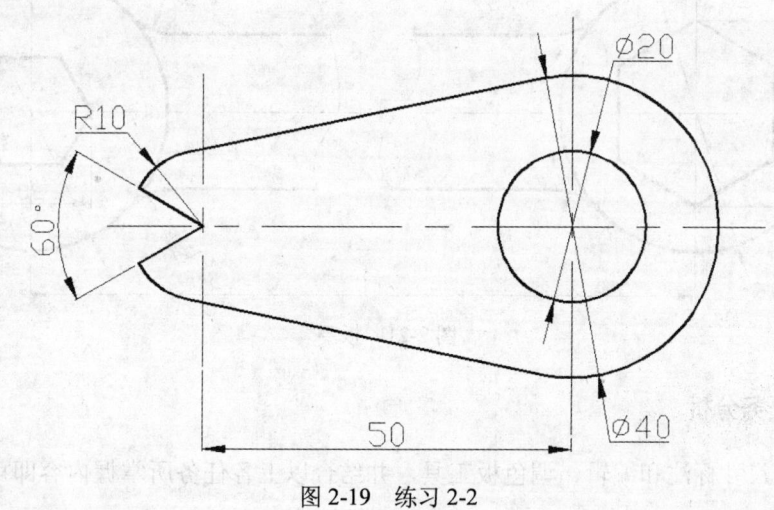

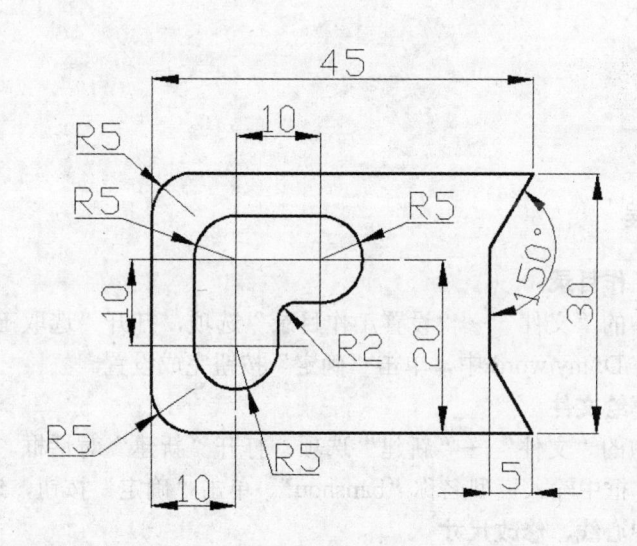

图 2-19　练习 2-2

图 2-20　练习 2-3

任务 2.3　扳手

2.3.1 任务目标

掌握尺寸标注和编辑、调色板的应用。

2.3.2 任务分析

应用草绘工具完成图 2-21 所示图形。

图 2-21　扳手

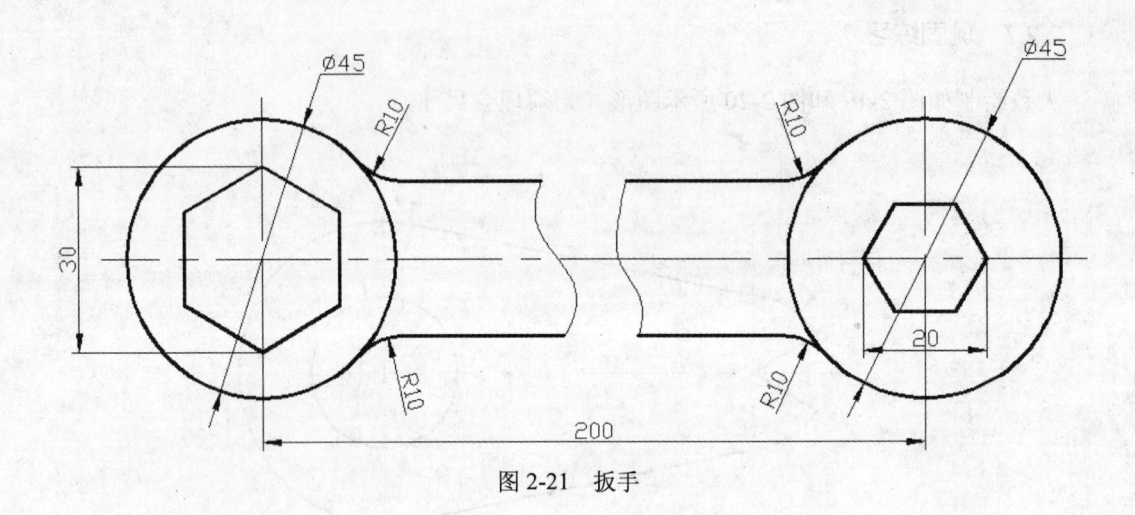

2.3.3　任务分析

需要掌握尺寸标注和编辑、调色板工具,并结合以上各任务所掌握内容即可完成。

2.3.4　相关知识

1. 尺寸标注。
2. 编辑尺寸。
3. 调色板。

2.3.5　任务过程

步骤一　设置工作目录

选择主菜单栏中的"文件"→"设置工作目录"选项,打开"选取工作目录"对话框。当前设置工作目录在 D:\my word\中,单击"确定"按钮完成设置。

步骤二　新建草绘文件

选择主菜单栏中的"文件"→"新建"选项,打开"新建"对话框。选择"草绘"单选项,在"名称"文本框中输入模型名称"banshou"。单击"确定"按钮,进入草绘环境。

步骤三　绘制中心线、修改尺寸

在草绘工具栏中单击"中心线"按钮,在绘图区中绘制一条水平和两条竖直的中心线。在两竖直中心线间会出现一个暗色的尺寸标注,该尺寸是由系统自动添加到图元上的,称为弱尺寸。弱尺寸不一定会符合设计要求,此时可以用尺寸标注工具对弱尺寸进行更改,或重新标注新的尺寸,生成的尺寸称为强尺寸。

双击两竖直中心线间的弱尺寸,在对话框中输入数值"200",则弱尺寸变为强尺寸,如图 2-22 所示。

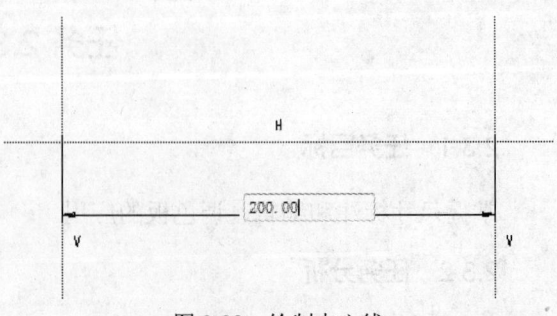

图 2-22　绘制中心线

步骤四　绘制圆、标注圆尺寸

在草绘工具栏中单击"圆"按钮○，在中心线相交点的位置分别绘制两个圆。单击 ⊢⊣ 按钮，打开"选取"对话框，单击选取圆后再单击中键，标注半径；双击鼠标左键选取图元后单击中键，标注直径。

然后双击标注的尺寸，在弹出的编辑对话框中输入圆直径为"45"，按鼠标中键或 Enter 键确认，如图 2-23 所示。

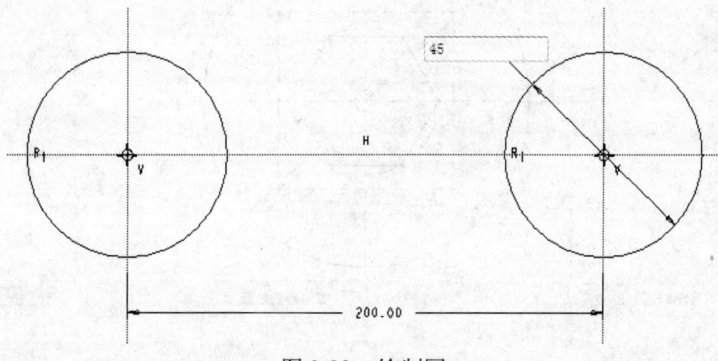

图 2-23　绘制圆

步骤五　利用"调色板"绘制六边形

在"草绘工具栏"中单击"调色板"按钮 ◎，弹出"草绘器调色板"对话框。

在调色板中有一些预定义的形状库，单击某个形状图形，可在预览框中看到该形状的放大图，双击某个形状图形后，在绘图区单击指定一点为中心放置该图形，图形放置后会弹出"缩放旋转"对话框，输入相应的数值来改变图形。

在此选取调色板中的六边形并双击后，在绘图区单击左侧圆的中心点来放置该图形，图形放置后弹出"缩放旋转"对话框，在"缩放"文本框中输入数值"15"，在"旋转"文本框中输入数值"90"，如图 2-24 所示。

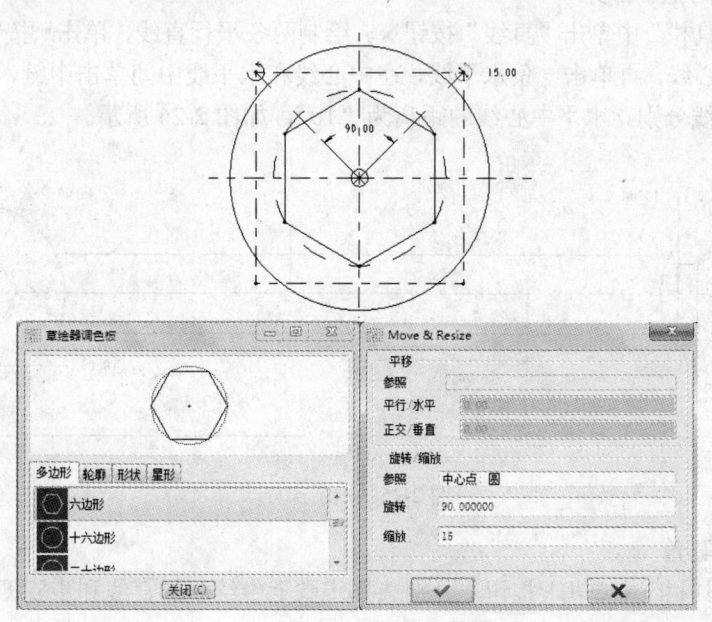

图 2-24　左侧六边形

步骤六　右侧六边形

在"草绘工具栏"中单击"调色板"按钮。在调色板中双击六边形后，在绘图区单击右侧圆的中心点来放置该图形，图形放置后弹出"缩放旋转"对话框，在"缩放"文本框中输入数值"10"，如图2-25所示。

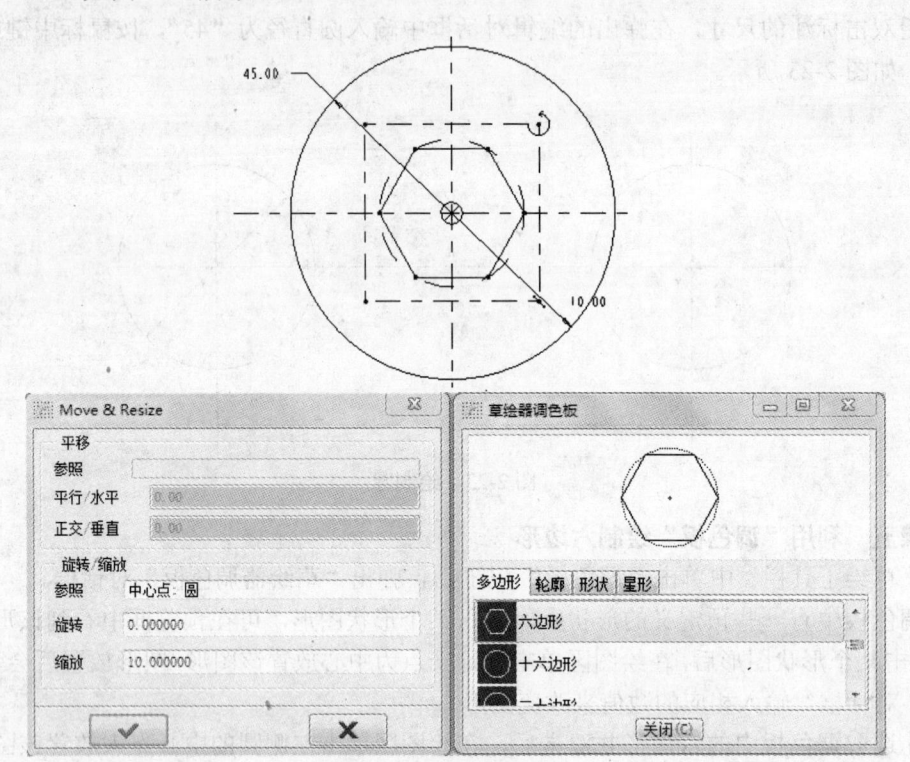

图2-25　右侧六边形

步骤七　中间把手部分

在"草绘工具栏"中单击"直线"按钮。绘制两条平行直线，单击按钮，打开"选取"对话框，单击中心线，再单击一条水平线，在中心线和水平线中间单击中键，完成长度尺寸标注，并修改两直线分别距水平中心线的距离为"10"，如图2-26所示。

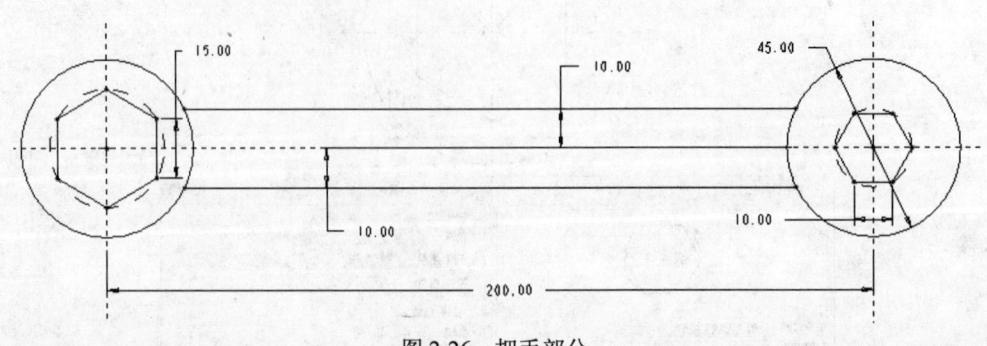

图2-26　把手部分

步骤八　倒圆角

在"草绘工具栏"中单击按钮，分别选择步骤七中绘制的直线和步骤四中绘制的圆，创建四个圆角，如图2-27所示。

图 2-27 创建四个角

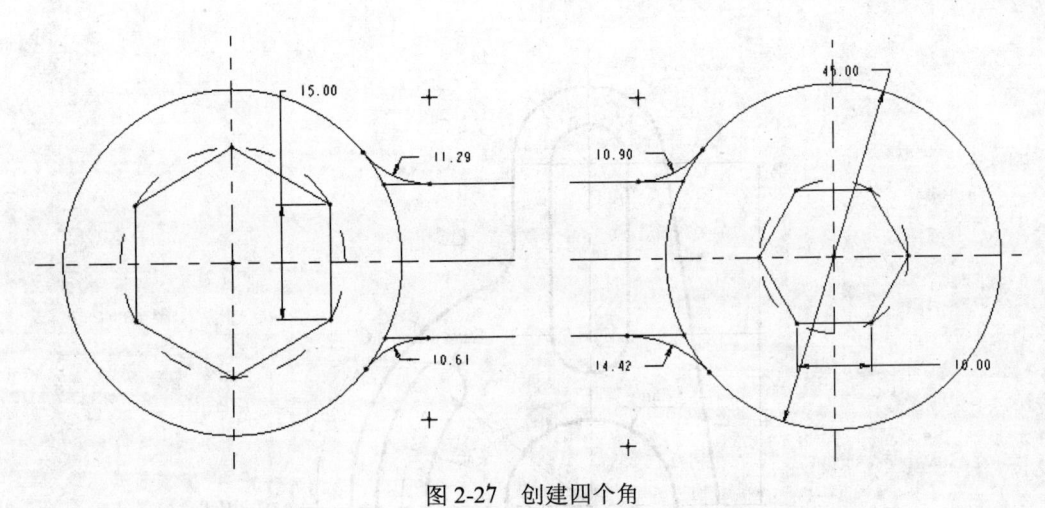

分别双击刚刚创建的四个圆角出现的弱尺寸,半径值更改为"10",如图 2-21 所示。

步骤九 保存文件

单击"保存"按钮,完成保存操作。

2.3.6 任务总结

1. 尺寸的标注除了应用于双击更改外,也可以单击按钮来更改尺寸。
2. 调色板功能在应用的时候一定注意旋转和缩放的数值输入,如果输入错误,可用修改尺寸的方式来纠正。

2.3.7 巩固练习

准确绘制如图 2-28 和图 2-29 所示图形。

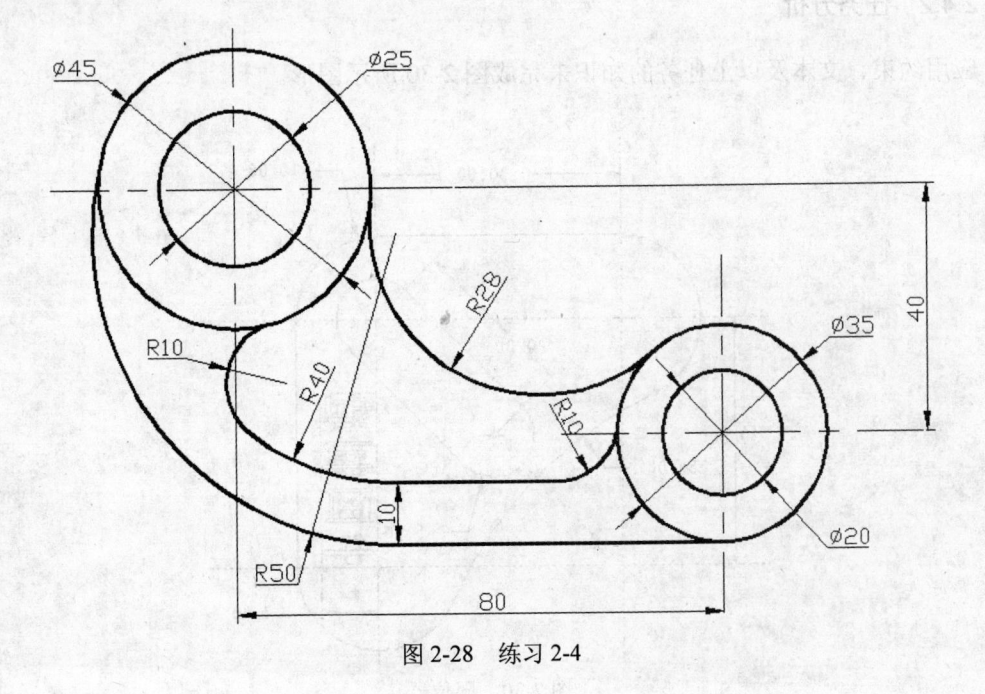

图 2-28 练习 2-4

图 2-29　练习 2-5

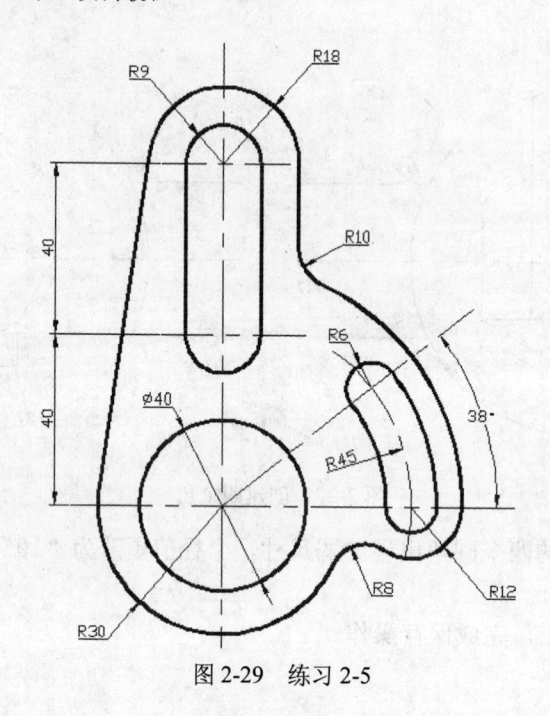

任务 2.4　限位器

2.4.1　任务目标

掌握约束、文本的应用。

2.4.2　任务分析

应用约束、文本及以上任务的知识来完成图 2-30 所示图形。

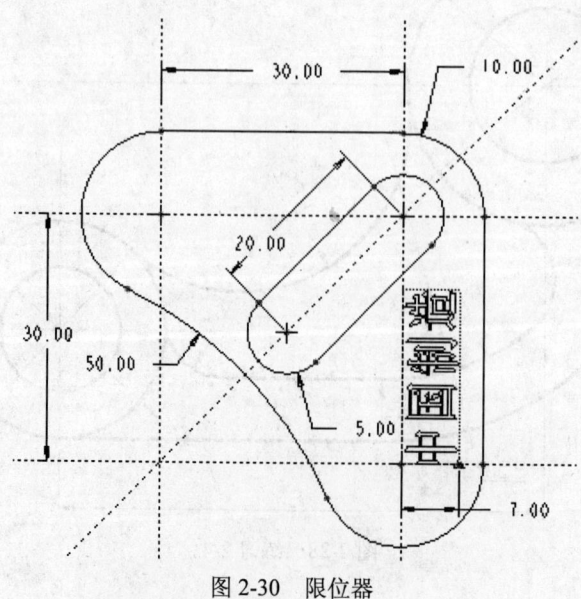

图 2-30　限位器

2.4.3 任务分析

需要掌握约束和文本工具，并结合以上个任务所掌握内容即可完成。

2.4.4 相关知识

1．创建文本。
2．几何约束。

2.4.5 任务过程

步骤一　设置工作目录

选择主菜单栏中的"文件"→"设置工作目录"选项，打开"选取工作目录"对话框。当前设置工作目录在 D:\my word\中，单击"确定"按钮完成设置。

步骤二　新建草绘文件

选择主菜单栏中的"文件"→"新建"选项，打开"新建"对话框。选择"草绘"单选项，在"名称"文本框中输入模型名称"xianweiqi"。单击"确定"按钮，进入草绘环境。

步骤三　绘制并约束中心线、利用尺寸修改器修改尺寸

在"草绘工具栏"中单击"中心线"按钮，在绘图区中任意绘制四条中心线，如图 2-31 所示。

在草绘工具栏中单击"约束"按钮，出现"约束"工具条，如图 2-32 所示。

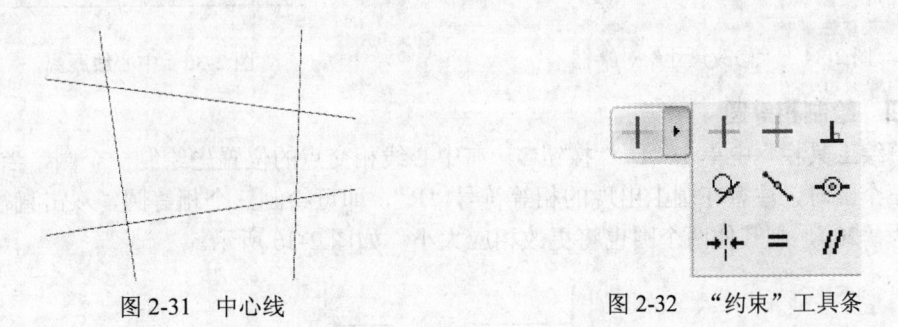

图 2-31　中心线　　　　　　图 2-32　"约束"工具条

单击+按钮，然后选取接近水平的两条中心线，则系统自动约束直线水平，并在中心线上出现字母"H"，如图 2-33 所示。再单击+按钮，选取接近竖直的两条中心线，则系统自动约束直线竖直，在中心线上出现字母"V"，如图 2-33 所示。

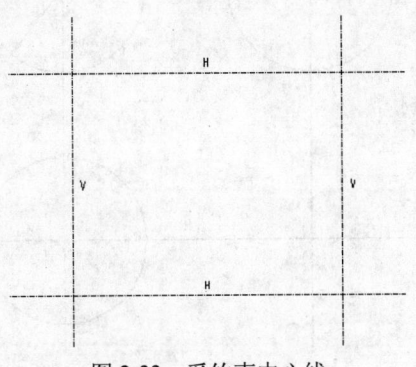

图 2-33　受约束中心线

单击"草绘工具栏"中的"修改尺寸值、样条几何或文本图元"按钮，弹出"修改尺寸"对话框，可连续选取需要修改的尺寸，这些尺寸都将进入对话框，并在编辑对话框中输入值后点击✓确定。也可按"Ctrl+鼠标左键"组合键多选尺寸，或框选尺寸后单击 按钮，再对尺寸进行修改。

如果勾选"修改尺寸"对话框中的"再生"选项，则每修改一个尺寸，尺寸约束的图元都会发生相应的改变；如果取消选中"再生"选项，则修改完所有尺寸单击✓按钮确定后，图元才发生改变。

如果勾选"修改尺寸"对话框中的"锁定比例"选项，在"修改尺寸"对话框中的所有尺寸中的一个被改变，其他尺寸会按照修改前的比例发生相应的变化。

在此框选所有尺寸，单击 按钮，弹出"修改尺寸"对话框，如图 2-34 所示。在两个文本框中输入"30"，单击✓按钮，完成尺寸更改，如图 2-35 所示。

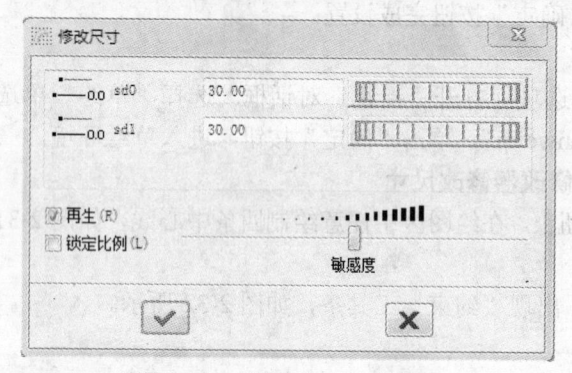

图 2-34 "修改尺寸"对话框

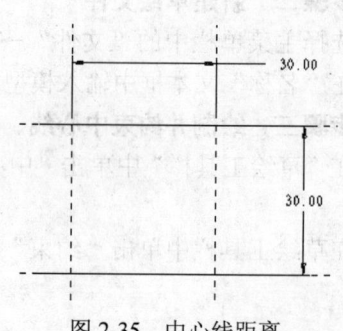

图 2-35 中心线距离

步骤四　绘制相等圆

在"草绘工具栏"中单击"圆"按钮○，在中心线相交点的位置先绘制一个圆，当绘制第二个和第三个圆时，注意在圆上出现的相等符号"R"，即可绘制三个相等圆，双击直径数值，将其更改为"20"，则其他两个圆也将更改相应大小，如图 2-36 所示。

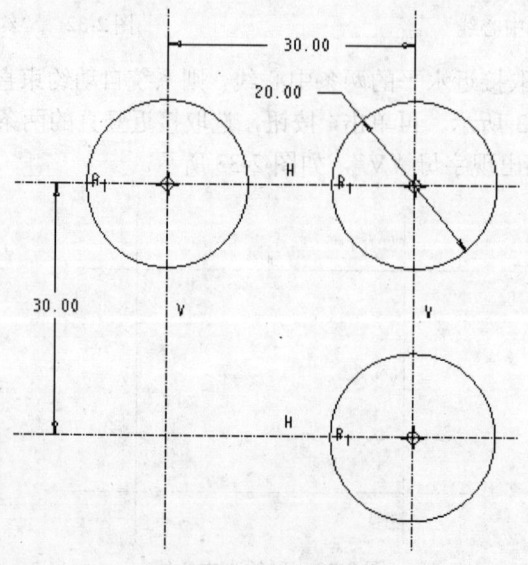

图 2-36　绘制相等圆

步骤五　绘制公切线

在草绘工具栏中单击"切线"按钮，在两圆相切点的附近单击放置相切线，即可绘制公切线，绘制如图 2-37 所示的两条切线。

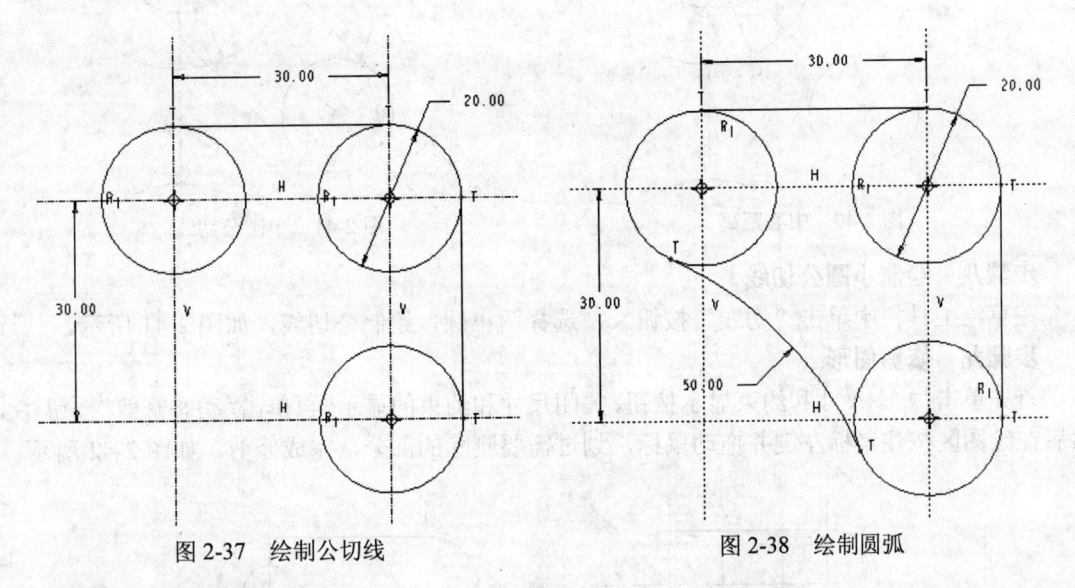

图 2-37　绘制公切线　　　　　图 2-38　绘制圆弧

步骤六　绘制圆弧

在草绘工具栏中单击"倒圆角"按钮，选择大约放置圆弧的两圆相切点的附近单击，即可绘制一个圆弧，双击圆弧尺寸，更改半径值为"50"，如图 2-38 所示。

步骤七　中心两圆，标注角度值和倾斜尺寸

首先绘制 45°中心线。如果中心线为非 45°，则可单击按钮，然后分别单击水平中心线和倾斜中心线，在空白位置单击中键完成标注，修改尺寸数值为"45"。

分别在 45°中心线和水平中心线交点及 45°中心线上绘制两个相等的小圆，并修改半径尺寸为"5"，如图 2-39 所示。

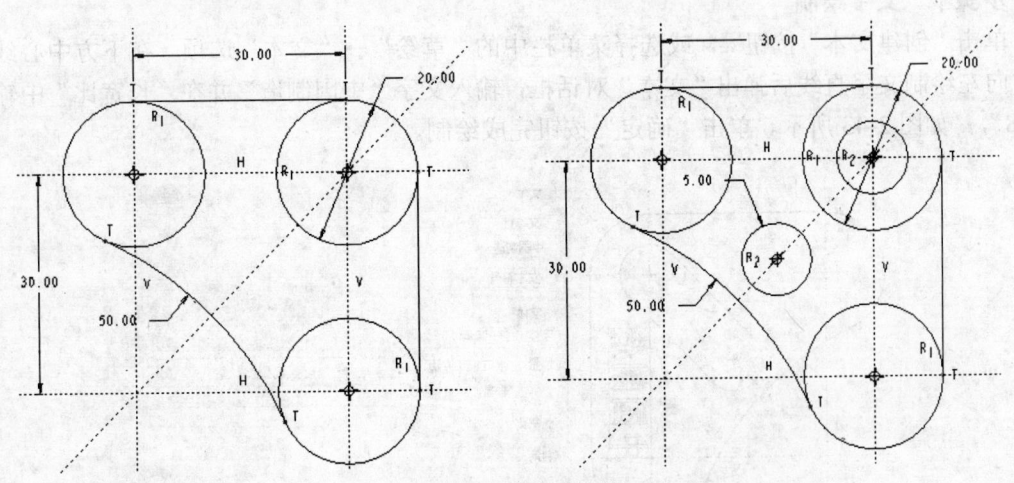

图 2-39　绘制中心圆

单击按钮，选择两个小圆的圆心，在靠近 45°中心线的中间位置单击中键，完成标注，并更改尺寸值为"20"，如图 2-40 所示。

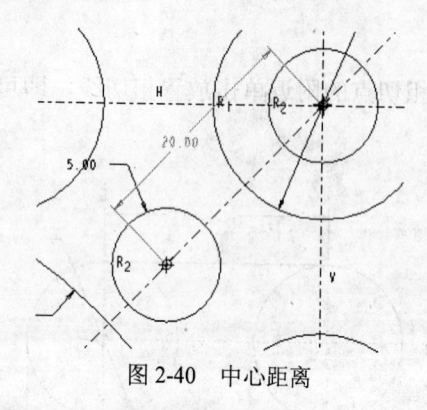

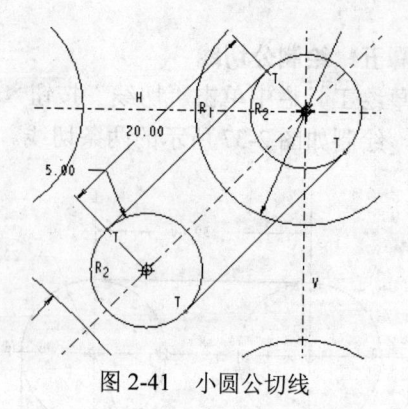

图 2-40　中心距离　　　　　　　　　图 2-41　小圆公切线

步骤八　绘制小圆公切线
在草绘工具栏中单击"切线"按钮 N，选择两小圆，绘制公切线，如图 2-41 所示。

步骤九　修剪图形
首先单击 尺寸和约束显示按钮，关闭尺寸和约束的显示，再单击"动态修剪"按钮，然后在绘图区按住鼠标左键并拖动鼠标，划过需要删除的部分，完成修剪，如图 2-42 所示。

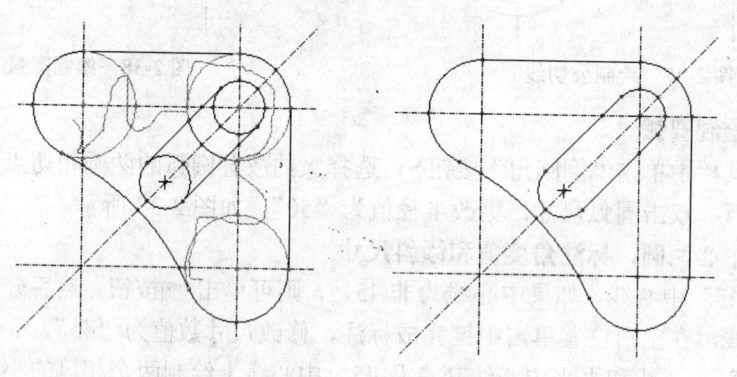

图 2-42　修剪图形

步骤十　文字绘制
单击"创建文本"按钮 A，或选择菜单栏中的"草绘"→"文本"选项，在下方中心线上由右向左绘制文字直线后弹出"文本"对话框，输入文字"中国制造"并在"长宽比"中输入"0.8"，如图 2-43 所示。单击"确定"按钮完成绘制。

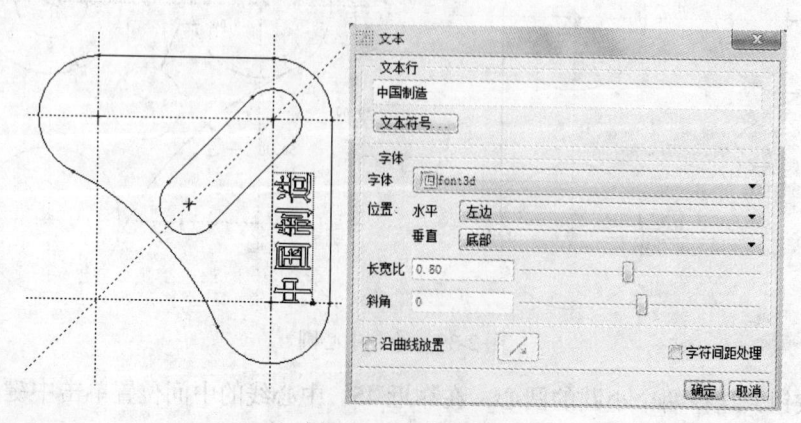

图 2-43　文字绘制

直线的长度和角度分别决定了文本的高度和放置角度，直线的起点和终点确定文字放置的方向。直线由下往上绘制，文字从左向右正显示；直线由上往下绘制，文字从右向左倒显示；直线从左往右绘制，文字从上往下显示；直线从右往左绘制，文字从下往上显示；直线倾斜则文字也倾斜。

步骤十一　保存文件

单击"保存"按钮，完成保存操作。

2.4.6 任务总结

1. 在书写文字时，注意文字直线的起点和终点位置。用"文本"对话框中的"沿曲线放置"复选项可以事先画一条曲线，复选该功能后单击曲线，即可把文字沿曲线放置。

2. 在图形修剪过程中，尽可能关闭有碍视图的尺寸，并放大视图，才能完全修剪多余线条。

3. 批量修改尺寸时，对于复杂图形应在"修改尺寸"对话框中取消勾选"再生"复选项，尺寸确定后单击"确定"按钮来统一修改。

2.4.7 巩固练习

准确绘制如图 2-44 所示图形。"45 钢"字高 8。

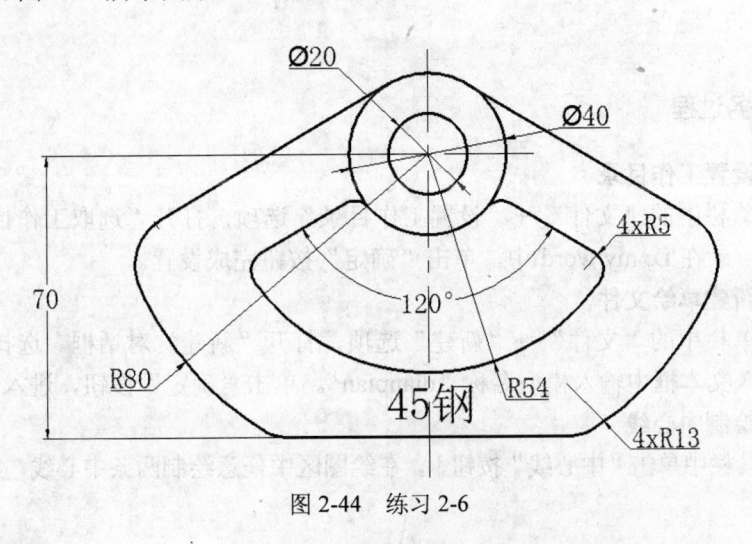

图 2-44　练习 2-6

任务 2.5　垫片

2.5.1 任务目标

掌握约束的综合应用。

2.5.2 任务分析

应用约束及以上任务的知识来完成图 2-45 所示图形。

图 2-45 垫片

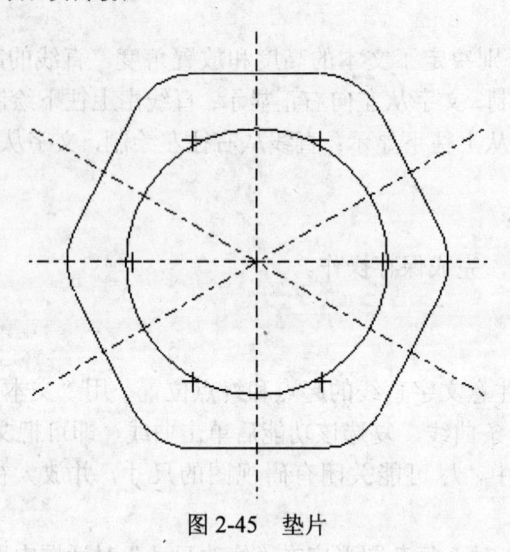

2.5.3 任务分析

需要掌握约束功能，并结合以上任务所掌握的内容即可完成。

2.5.4 相关知识

几何约束。

2.5.5 任务过程

步骤一　设置工作目录

选择主菜单栏中的"文件"→"设置工作目录"选项，打开"选取工作目录"对话框。当前设置工作目录在 D:\my word\中，单击"确定"按钮完成设置。

步骤二　新建草绘文件

选择主菜单栏中的"文件"→"新建"选项，打开"新建"对话框。选择"草绘"单选项，在"名称"文本框中输入模型名称"dianpian"。单击"确定"按钮，进入草绘环境。

步骤三　绘制中心线

在草绘工具栏中单击"中心线"按钮，在绘图区中任意绘制两条中心线，如图 2-46 所示。

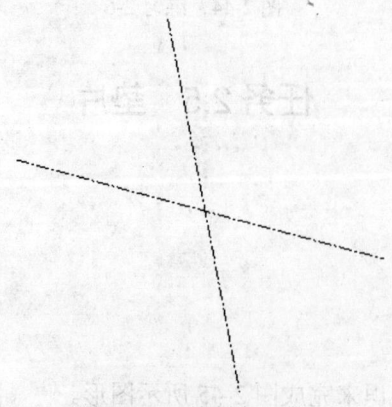

图 2-46 绘制中心线

单击┼按钮，然后选取接近竖直的中心线，则系统自动约束直线竖直，并在中心线上出现字母"V"，如图2-47所示。再单击┼按钮，然后选取接近水平的中心线，则系统自动约束直线水平，在中心线上出现字母"H"，如图2-47所示。

图2-47 约束中心线

步骤四 绘制圆

在草绘工具栏中单击"圆"按钮○，在中心线相交点的位置绘制一个圆，如图2-48所示。

步骤五 绘制斜向中心线

在草绘工具栏中单击"中心线"按钮┆，在绘图区中任意绘制两条倾斜的中心线，如图2-49所示。单击┍┑按钮，打开"选取"对话框，单击倾斜中心线和水平中心线，在空白位置单击中键完成角度标注。

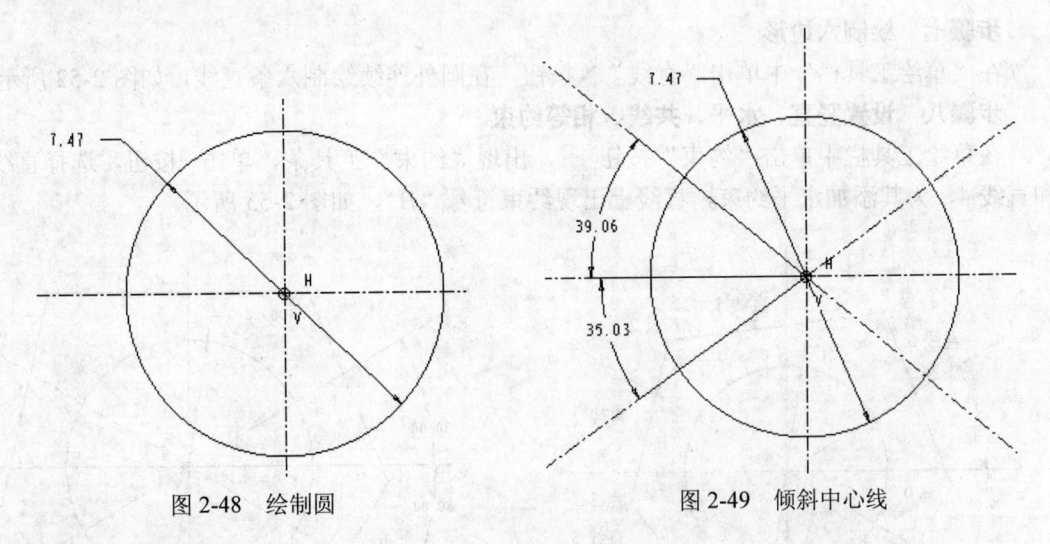

图2-48 绘制圆　　　　　　图2-49 倾斜中心线

步骤六 修改尺寸

按住鼠标左键并拖动鼠标，框选所有尺寸，单击┑按钮，弹出"修改尺寸"对话框，取消勾选"再生"复选项，如图2-50所示。直径修改为"100"，两倾斜中心线和水平中心线夹角为"30"，如图2-50所示。单击✓按钮，完成尺寸更改，如图2-51所示。

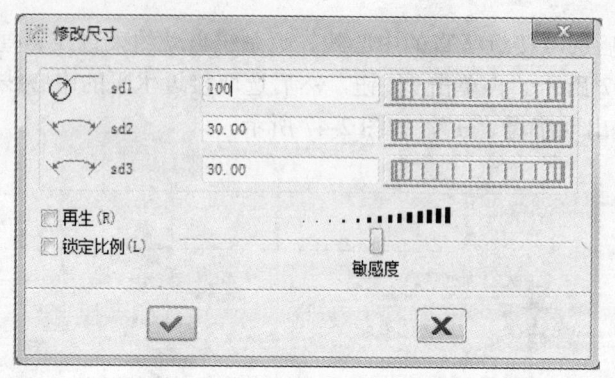

图 2-50 "修改尺寸"对话框

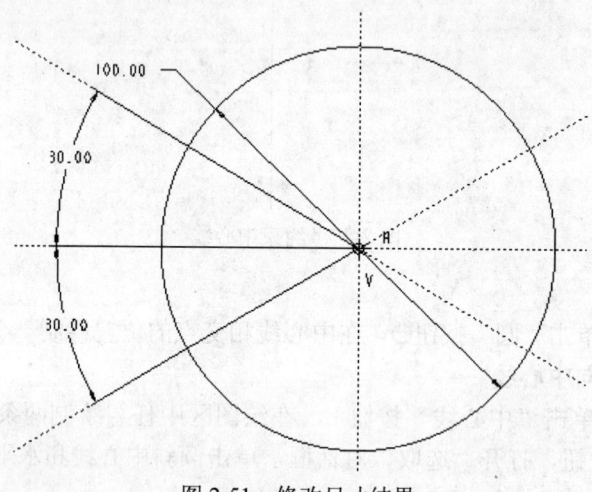

图 2-51 修改尺寸结果

步骤七 绘制六边形
在"草绘工具栏"中单击"直线"\按钮。在圆外连续绘制六条直线，如图 2-52 所示。

步骤八 设置竖直、水平、共线、相等约束
在草绘工具栏中单击"约束"按钮，出现"约束"工具条，单击+按钮，选择直线 1 和直线 4，为其添加水平约束，直线上出现约束符号"H"，如图 2-53 所示。

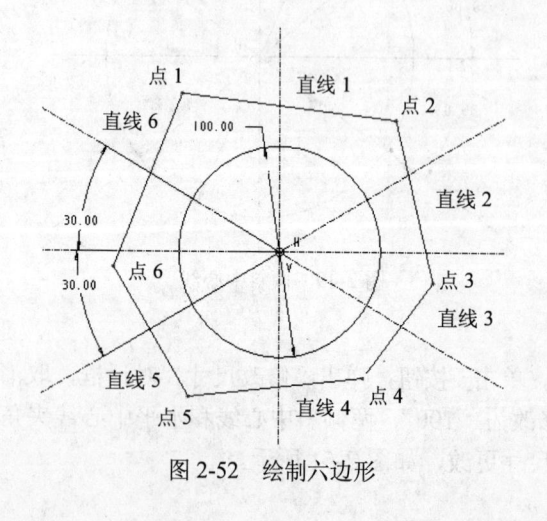

图 2-52 绘制六边形　　　　　　　　图 2-53 水平约束

单击按钮，单击点 3 后点击水平中心线，则系统自动约束点 3 在直线上。单击点 6 后单击水平中心线，则系统自动约束点 6 在直线上，如图 2-54 所示。

单击按钮，然后连续单击各直线，则系统自动约束各直线相等，并出现"L_1"，如图 2-55 所示。

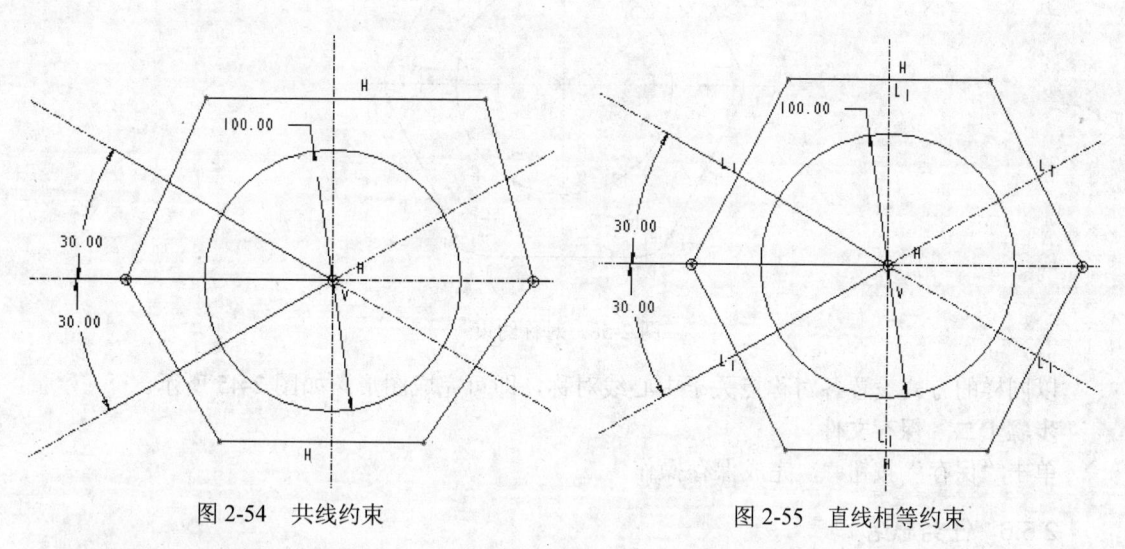

图 2-54 共线约束　　　　　　　　　图 2-55 直线相等约束

步骤九　倒圆角

在草绘工具栏中单击"倒圆角"按钮，单击相邻的两条直线，创建圆弧，如图 2-56 所示。

步骤十　设置相等约束

在草绘工具栏中单击"约束"按钮，出现"约束"工具条，单击按钮，连续单击步骤九中创建的各圆弧，则系统自动约束各圆弧相等，双击系统默认的弱尺寸，修改半径尺寸值为"25"，如图 2-57 所示。

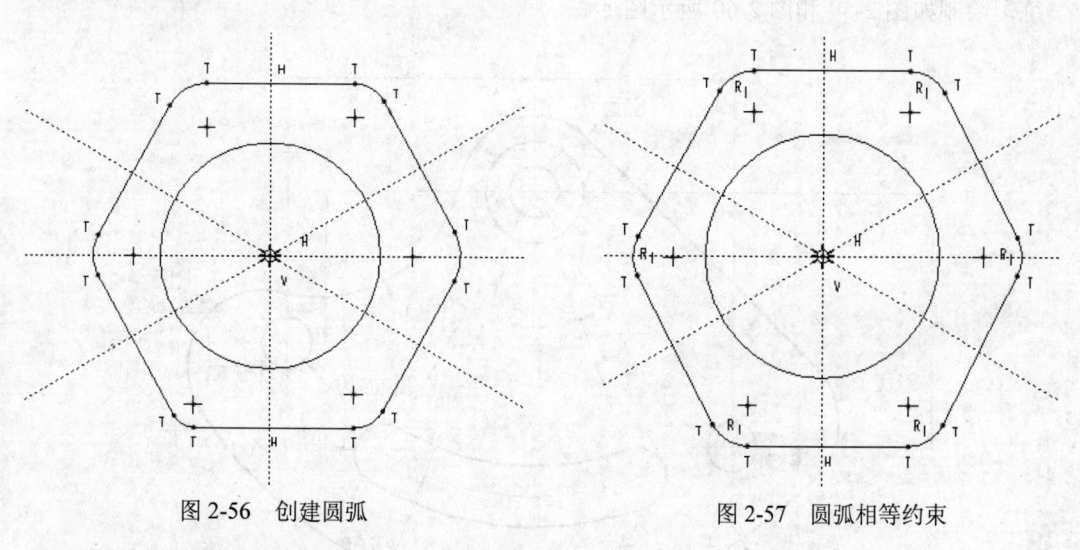

图 2-56 创建圆弧　　　　　　　　　图 2-57 圆弧相等约束

步骤十一　设置对称约束

在草绘工具栏中单击"约束"按钮，出现"约束"工具条，单击按钮，单击点 1 和点 2 后单击竖直中心线，则系统自动约束两点关于中心线对称，如图 2-58 所示。

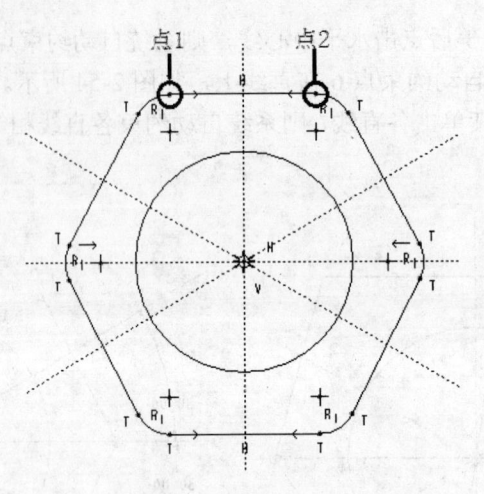

图 2-58 对称约束

以同样的方式设置各对称点关于中心线对称，即可完成图形，如图 2-45 所示。

步骤十二　保存文件

单击"保存"按钮，完成保存操作。

2.5.6　任务总结

1. 约束的利用可以有助于图形的快速绘制，但是过多的约束对较复杂图形的绘制不一定有利，所以要根据需要自行设置约束。

2. 当出现约束冲突时，可撤消或删除非主要约束。

3. 选择约束符号，按 Delete 键可删除约束。

2.5.7　巩固练习

练习绘制如图 2-59 和图 2-60 所示图形。

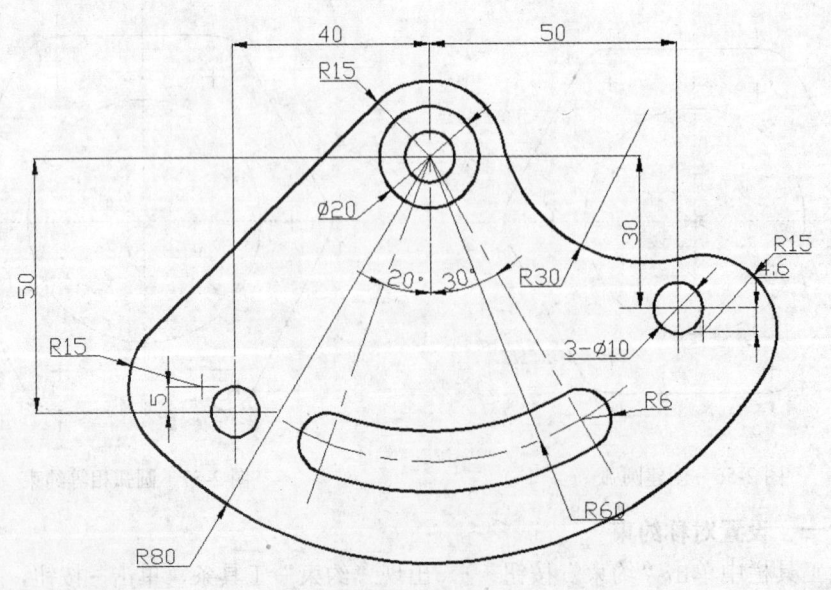

图 2-59　练习 2-7

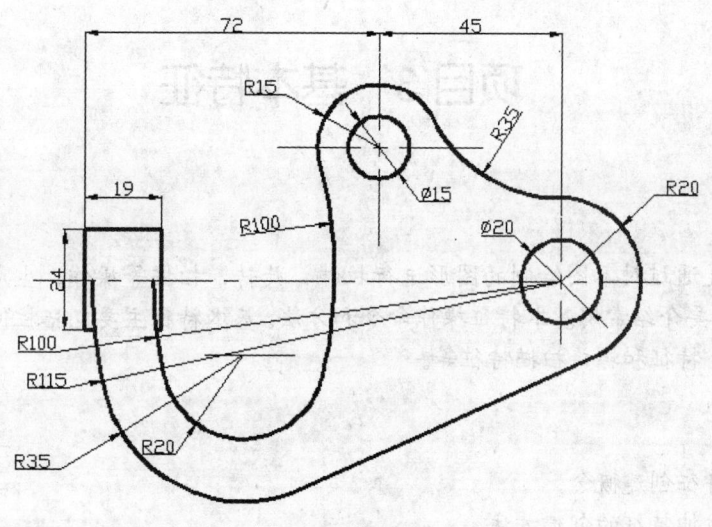

图 2-60　练习 2-8

项目 3 基本特征

项目分析

基本特征是通过对草图绘制的图形进行拉伸、旋转、扫描等操作，生成基本实体或曲面造型。本项目主要介绍常用基本特征操作命令和方法。基本特征主要包括拉伸特征、旋转特征、扫描特征、混合特征和螺旋扫描特征等。

能力目标

- 认识特征创建概念。
- 掌握拉伸特征的创建方法。
- 掌握旋转特征的创建方法。
- 掌握扫描特征的创建方法。
- 掌握混合特征的创建方法。
- 掌握螺旋扫描特征的创建方法。

任务 3.1 套筒

3.1.1 任务目标

- 熟悉零件环境的进入方法。
- 熟悉拉伸特征的创建步骤。
- 掌握拉伸特征的操作步骤和参数设置。

3.1.2 任务分析

应用拉伸工具完成图 3-1 所示图形。

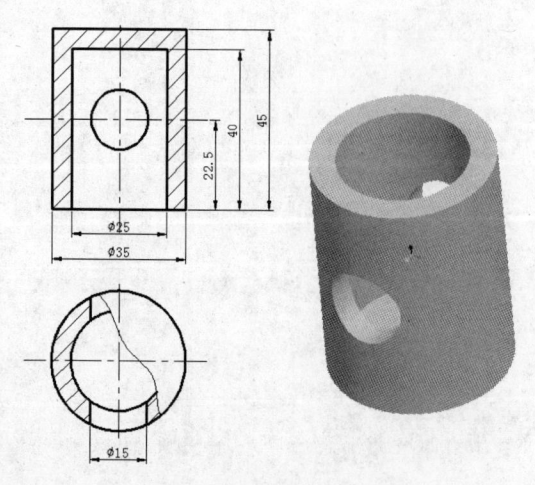

图 3-1 套筒

3.1.3 任务分析

拉伸特征是将二维草图截面沿着与截面垂直的方向拉伸一定的距离来实现建模。拉伸操作既可以向模型中添加实体，也可以从模型中去除材料。无论是添加还是去除生成的特征都是单独存在，可分别进行编辑。

拉伸特征是造型中常用的基本工具。通过任务可以学习拉伸特征的基本操作步骤和参数设定。

3.1.4 相关知识

1. 拉伸参数。
2. 拉伸实体特征。
3. 拉伸剪切特征。

3.1.5 任务过程

步骤一　设置工作目录

选择主菜单栏中的"文件"→"设置工作目录"选项，打开"选取工作目录"对话框。当前设置工作目录在 D:\my word\中，单击"确定"按钮完成设置。

步骤二　新建零件文件

选择主菜单栏中的"文件"→"新建"选项，打开"新建"对话框。选择"零件"单选项，在"名称"文本框中输入模型名称"taotong"，取消勾选"使用缺省模板"复选框，如图 3-2 所示。单击"确定"按钮，在弹出的"新文件选项"对话框中选择"mms_part_solid"选项，如图 3-3 所示。单击"确定"按钮，进入零件建模环境，如图 3-4 所示。

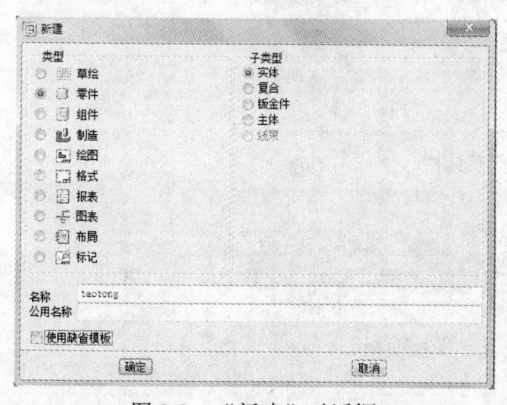

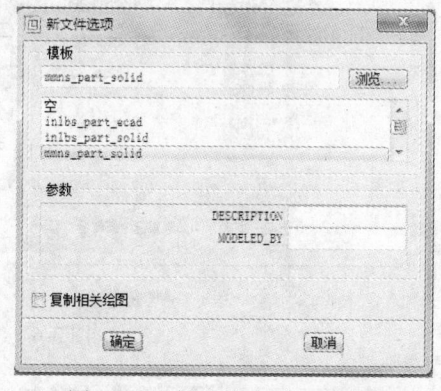

图 3-2　"新建"对话框　　　　　图 3-3　"新文件选项"对话框

步骤三　创建拉伸特征

单击"特征工具栏"中的"拉伸工具"按钮，或在"菜单栏"中单击"插入"→"拉伸"命令，如图 3-5 所示。打开"拉伸工具"操控面板，如图 3-6 所示。

步骤四　定义草绘平面

定义草绘平面是绘制拉伸特征的基础，草绘平面可以是系统的"TOP"、"RIGHT"、"FRONT"三个基准平面或创建的基准平面，也可以是实体模型的表面。在"拉伸工具"操控面板中单击"放置"按钮，弹出草绘定义面板，如图 3-7 所示。在面板中单击"定义"按钮，

Pro/ENGINEER Wildfire 5.0 项目实例教程

打开"草绘"对话框，在绘图区中单击 TOP 基准平面，则草绘平面被设置为 TOP 面，草绘方向为系统默认方向，如图 3-8 所示。

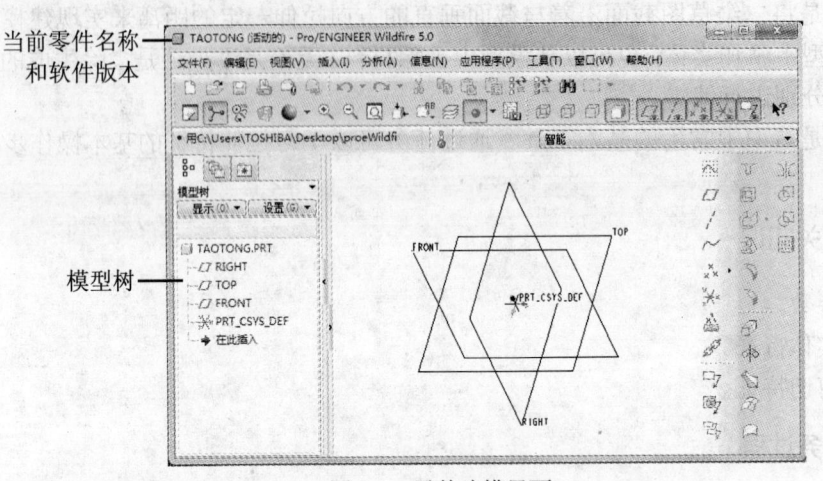

图 3-4 零件建模界面

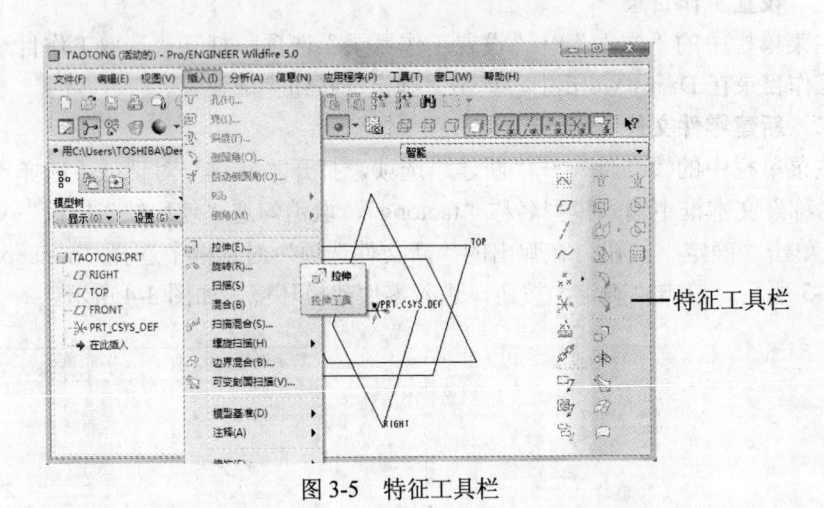

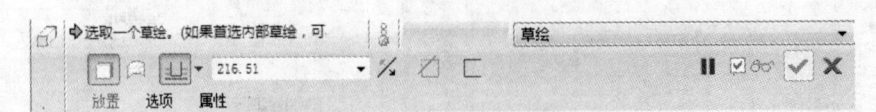

图 3-5 特征工具栏

图 3-6 "拉伸工具"操控面板

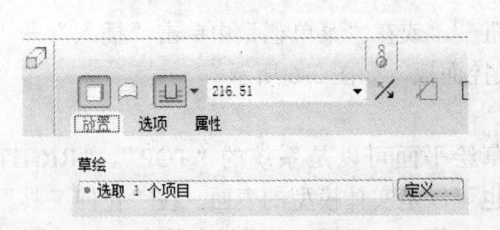

图 3-7 草绘定义面板

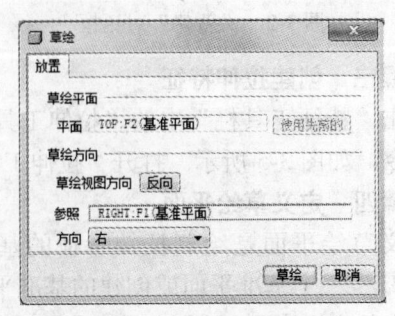

图 3-8 定义草绘平面

步骤五 绘制草绘图形

在"草绘"对话框中单击"草绘"按钮,进入草绘界面,绘制图形,如图3-9所示。绘制完成后单击"完成"按钮✔。

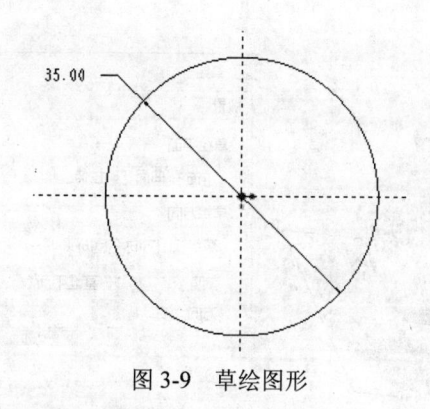

图3-9 草绘图形

步骤六 选择拉伸方式并定义深度值

在"拉伸工具"操控面板中包括三种深度设置方式,如图3-10所示。分别为"盲孔"⊥、"对称"日、"拉伸至"⊥。

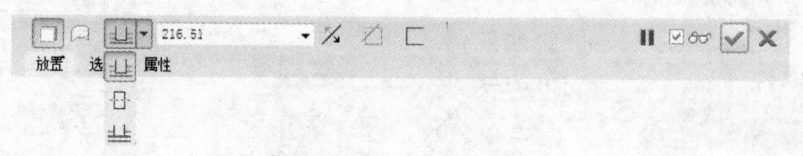

图3-10 拉伸方式

在此选择"盲孔"方式,即从草绘平面以指定的深度值拉伸草绘截面,如果指定值为负则反向拉伸。也可单击✗按钮更改拉伸方向。

步骤七 设置深度值,完成实体特征拉伸

在"拉伸工具"操控面板中输入深度值为"45",如图3-11所示。单击"确定"按钮✔即可创建拉伸特征,如图3-12所示。

图3-11 设置深度值

图3-12 拉伸实体

步骤八 拉伸剪切特征(盲孔方式)

单击"特征工具栏"中的"拉伸工具"按钮,或在"菜单栏"中单击"插入"→"拉伸"命令,打开"拉伸工具"操控面板,单击"去除材料"按钮。

在"拉伸工具"操控面板中单击"放置"按钮,弹出草绘定义面板。在面板中单击"定义"按钮,打开"草绘"对话框,在绘图区中单击步骤七中生成的实体上表面,则草绘平面被设置为圆柱体上表面,草绘方向为系统默认方向,如图 3-13 所示。

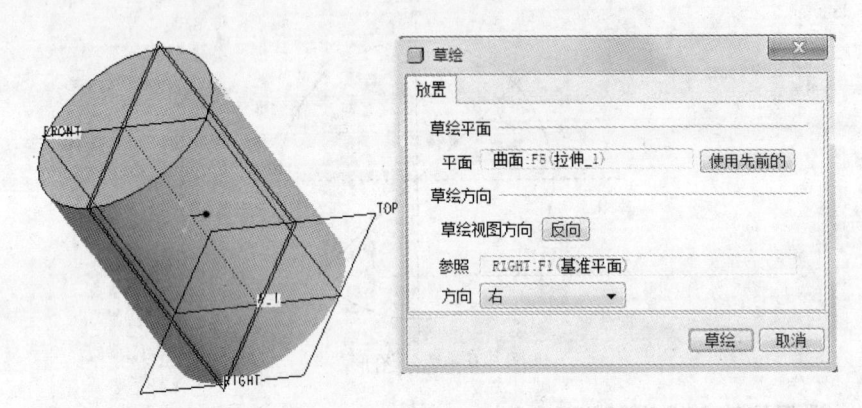

图 3-13 定义草绘平面

在"草绘"对话框中单击"草绘"按钮,进入草绘界面,绘制图形,圆直径为 25,如图 3-14 所示。绘制完成后单击"完成"按钮✓。

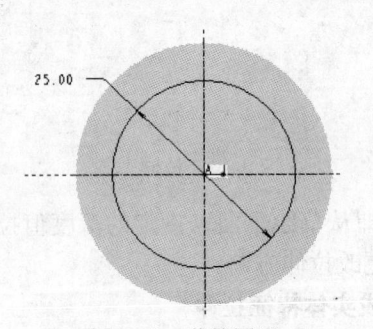

图 3-14 草绘图形

在"拉伸工具"操控面板中输入深度值为"40",按 Enter 键,绘图区预览发生改变,查看去除材料的方向是否正确,如果错误,则可单击"拉伸工具"操控面板中的"方向"按钮✗来改变方向,如图 3-15 所示。单击"确定"按钮✓完成剪切特征创建,如图 3-16 所示。

图 3-15 设置深度值和改变方向　　　　　　　图 3-16 剪切特征

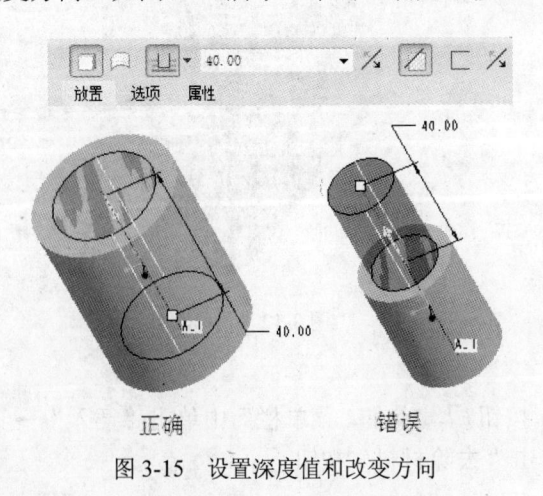

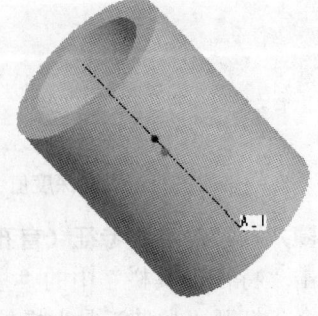

步骤九　拉伸剪切特征（对称方式）

单击"特征工具栏"中的"拉伸工具"按钮，或在"菜单栏"中单击"插入→"拉伸"命令，打开"拉伸工具"操控面板，单击"去除材料"按钮。

在"拉伸工具"操控面板中单击"放置"按钮，弹出草绘定义面板。在面板中单击"定义"按钮，打开"草绘"对话框，在绘图区中单击 FRONT 基准平面，则草绘平面被设置为 FRONT 基准平面，草绘方向为系统默认方向，如图 3-17 所示。

在"草绘"对话框中单击"草绘"按钮，进入草绘界面，绘制图形，圆直径为 15，圆心距底面 22.5，如图 3-18 所示。绘制完成单击"完成"按钮。

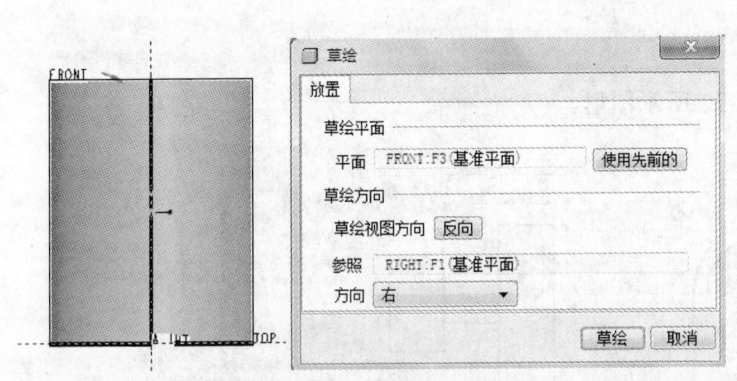

图 3-17　定义草绘平面　　　　　　　　　　图 3-18　草绘图形

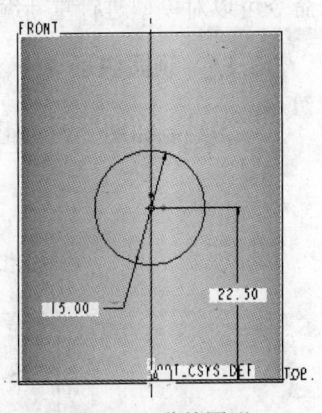

在"拉伸工具"操控面板中单击"对称"按钮，在"深度"文本框中输入深度值 35，按 Enter 键，绘图区预览发生改变，如图 3-19 所示。单击"确定"按钮完成剪切特征创建，如图 3-20 所示。

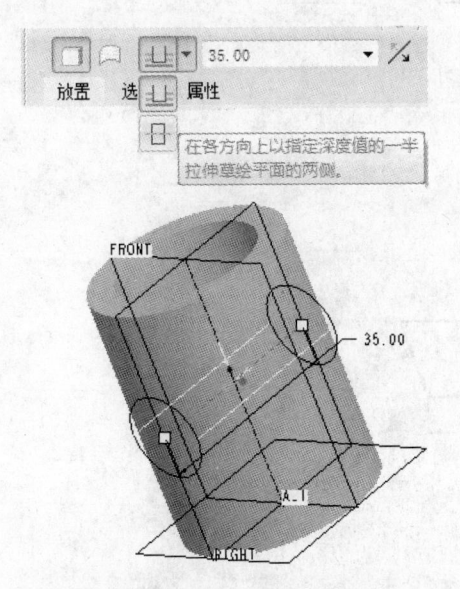

图 3-19　设置深度值和改变方向　　　　　　图 3-20　剪切特征

步骤十　保存文件

单击"保存"按钮，完成保存操作。

3.1.6 任务总结

1．在定义草绘平面时要根据实际情况来定，可以选择系统基准平面 TOP、RIGHT、FRONT，也可以选择已有实体模型上的平面，还可以选择创建的基准平面（项目 4 中介绍）。

2．"草绘方向"可根据需要任意改变。

3．当绘制草绘图形时，草绘图形如果发生旋转，可以在"主工具栏"中单击"草绘方向"按钮，可重新回到垂直的视图方向。

4．单击"确定"按钮生成实体后，在模型树中右击要修改的特征，选择"编辑定义"命令可以对模型进行重新编辑。

3.1.7 巩固练习

练习绘制如图 3-21 秘图 3-22 所示图形。

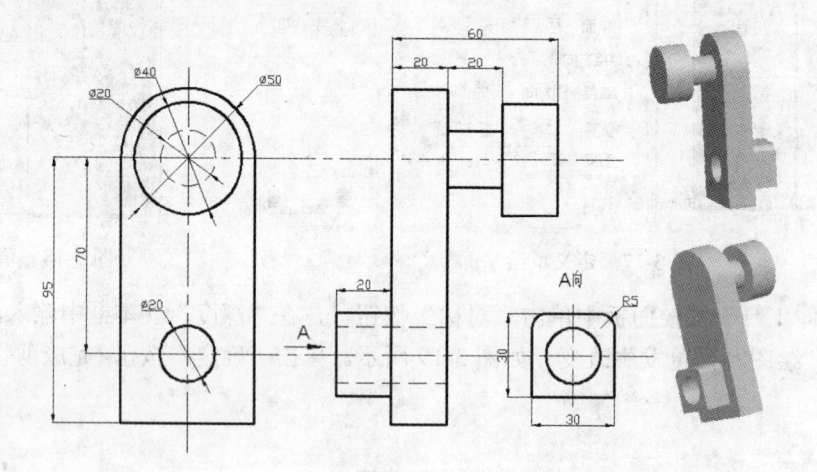

图 3-21　练习 3-1

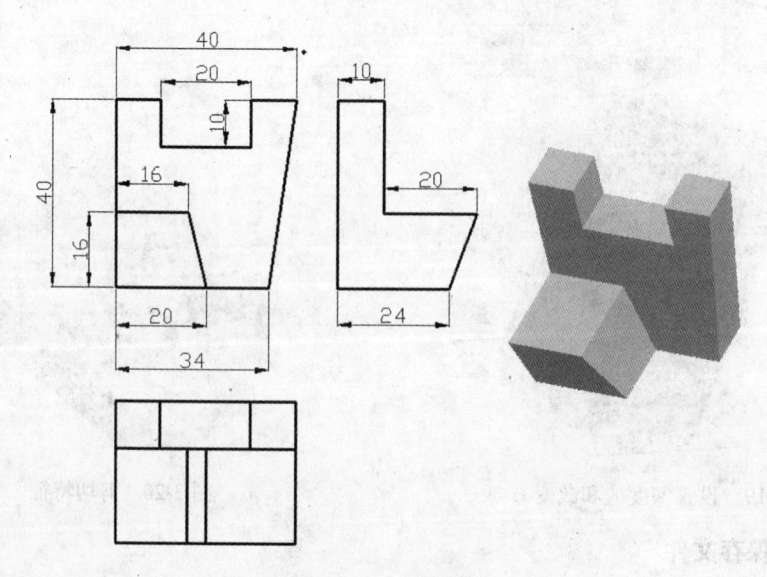

图 3-22　练习 3-2

任务 3.2　阀杆

3.2.1　任务目标

- 熟悉旋转特征的创建步骤。
- 掌握旋转特征的操作步骤和参数设置。

3.2.2　任务分析

应用旋转工具完成图 3-23 所示图形。

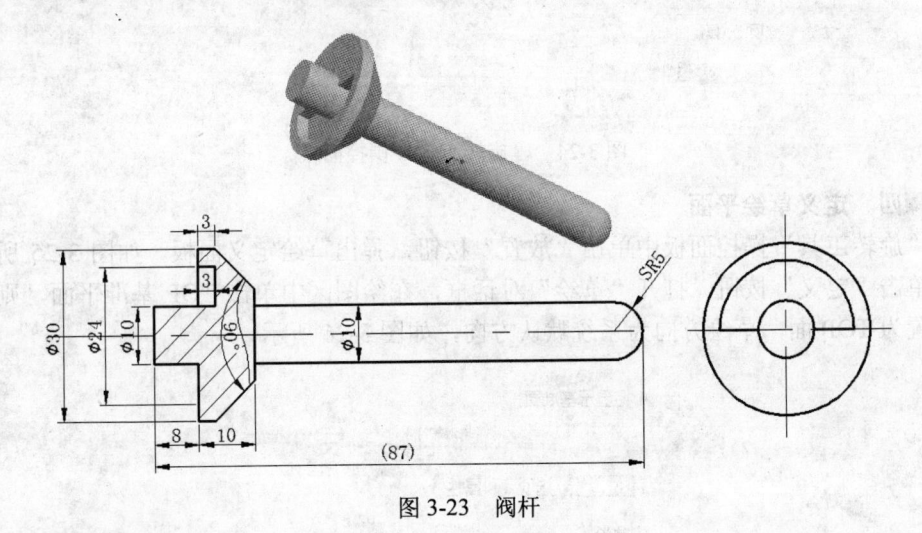

图 3-23　阀杆

3.2.3　任务分析

旋转特征是将草绘截面围绕一条中心线旋转而生成实体或曲面的特征。主要用于回转类零件的创建。旋转操作过程中是将剖截面绕草绘平面中的心轴单向或双向旋转一定角度而形成的旋转特征。

旋转特征也是造型中常用的基本工具。通过任务可以学习旋转特征的基本操作步骤和参数设定。

3.2.4　相关知识

1. 旋转参数。
2. 旋转实体特征。
3. 旋转剪切特征。

3.2.5　任务过程

步骤一　设置工作目录

选择主菜单栏中的"文件"→"设置工作目录"选项，打开"选取工作目录"对话框。当前设置工作目录在 D:\my word\ 中，单击"确定"按钮完成设置。

步骤二 新建零件文件

选择主菜单栏中的"文件"→"新建"选项,打开"新建"对话框。选择"零件"选项,在"名称"文本框中输入模型名称"fagan",取消勾选"使用缺省模板"复选框。单击"确定"按钮,在弹出的"新文件选项"对话框中选择"mms_part_solid"选项。单击"确定"按钮,进入零件建模环境。

步骤三 创建旋转特征一

单击"特征工具栏"中的"旋转工具"按钮,或在"菜单栏"中单击"插入"→"旋转"命令,打开"旋转工具"操控面板,如图 3-24 所示。

图 3-24 "旋转工具"操控面板

步骤四 定义草绘平面

在"旋转工具"操控面板中单击"放置"按钮,弹出草绘定义面板,如图 3-25 所示。在面板中单击"定义"按钮,打开"草绘"对话框,在绘图区中单击 TOP 基准平面,则草绘平面被设置为 TOP 面,草绘方向为系统默认方向,如图 3-26 所示。

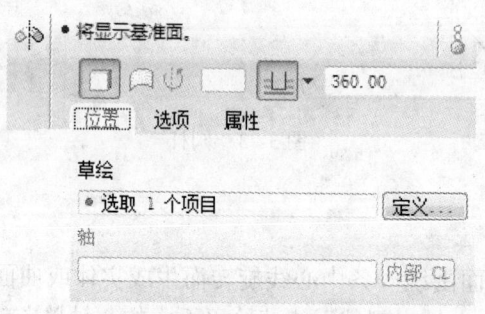

图 3-25 草绘定义面板

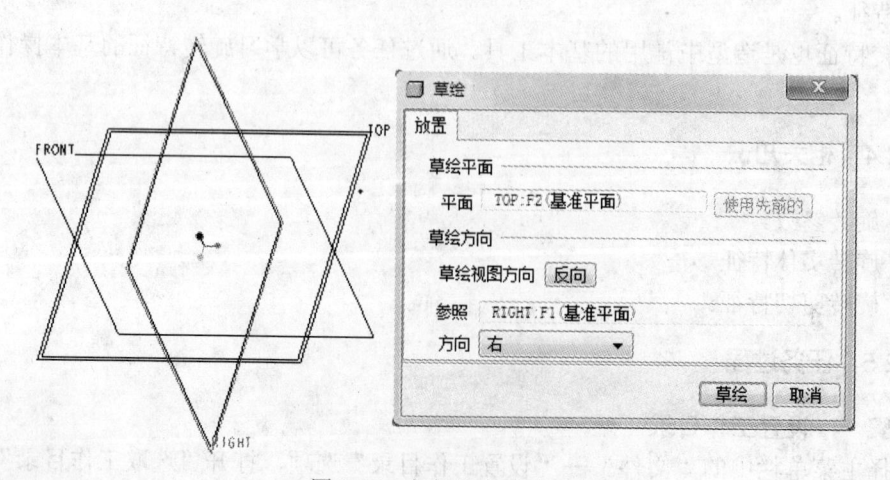

图 3-26 定义草绘平面

步骤五 绘制草绘图形

在"草绘"对话框中单击"草绘"按钮,进入草绘界面,大致绘制出图纸给出的图形,然后按照图纸给出的尺寸进行一一标注,当没有弱尺寸时,表示尺寸标注完全,如图3-27所示。

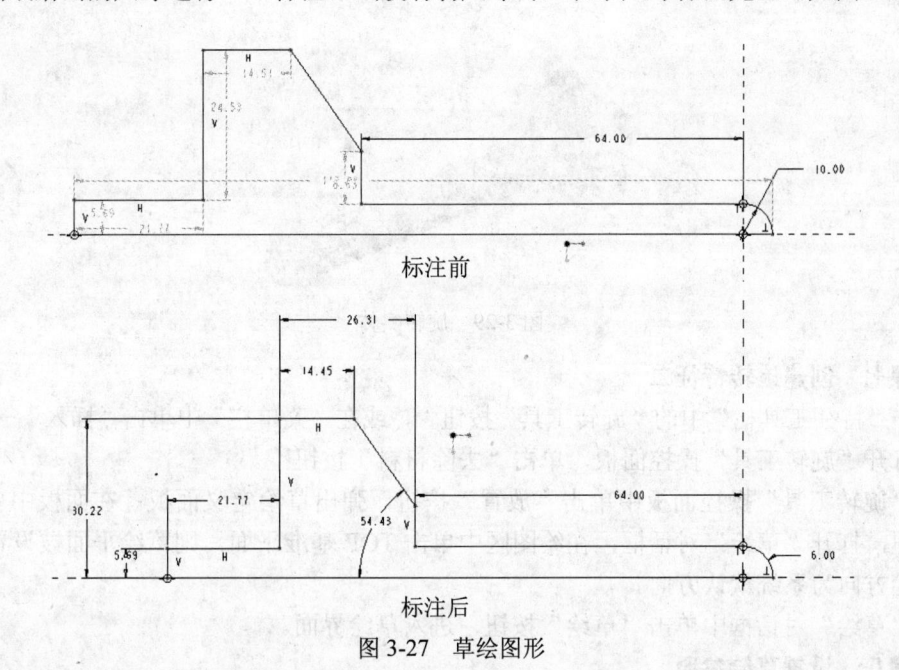

标注前

标注后

图3-27 草绘图形

按住鼠标左键并移动鼠标来框选所有尺寸后,在"草绘工具栏"中单击 按钮,弹出"修改尺寸"对话框,取消勾选"再生"复选项,依次按图纸修改所有尺寸,单击 按钮,完成尺寸更改,如图3-28所示。

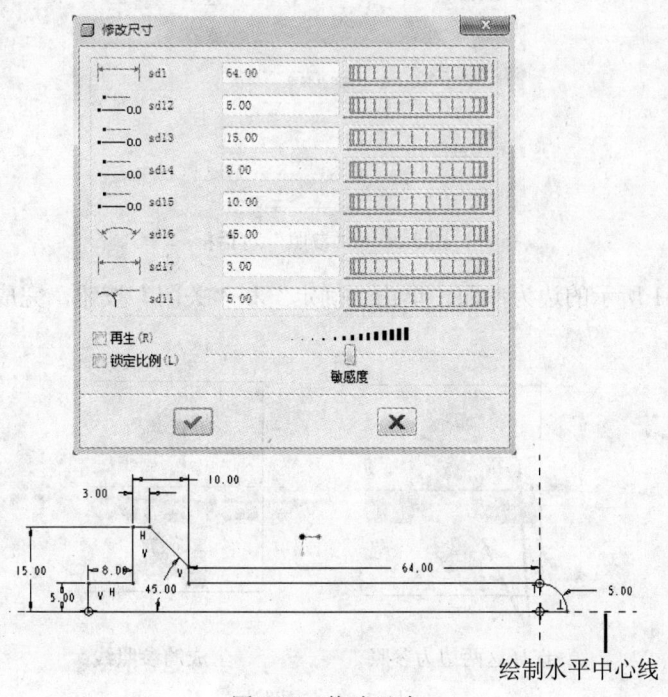

绘制水平中心线

图3-28 修改尺寸

单击"中心线"按钮，绘制一条中心线作为旋转中心，如图 3-28 所示。

步骤六　创建旋转实体

绘制完成后单击"完成"按钮✓，再单击"确定"按钮✓，完成旋转特征的创建，如图 3-29 所示。

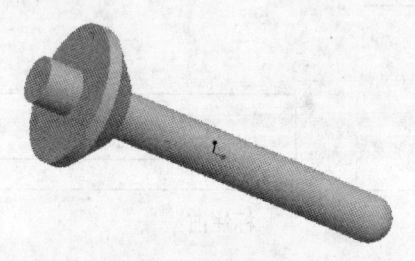

图 3-29　旋转实体

步骤七　创建旋转特征二

单击"特征工具栏"中的"旋转工具"按钮，或在"菜单栏"中单击"插入"→"旋转"命令，打开"旋转工具"操控面板，单击"去除材料"按钮。

在"旋转工具"操控面板中单击"放置"按钮，弹出草绘定义面板。在面板中单击"定义"按钮，打开"草绘"对话框，在绘图区中单击 TOP 基准平面，则草绘平面被设置为 TOP 面，草绘方向为系统默认方向。

在"草绘"对话框中单击"草绘"按钮，进入草绘界面。

步骤八　设置草绘参照

选择"主工具栏"→"草绘"→"参照"命令，弹出"参照"对话框，如图 3-30 所示。

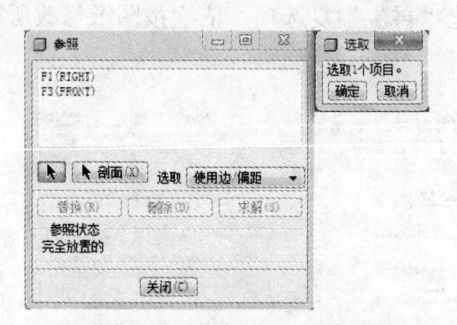

图 3-30　"参照"对话框

选择如图 3-31 所示的边为参照，单击"确定"和"关闭"按钮，完成参照设置。

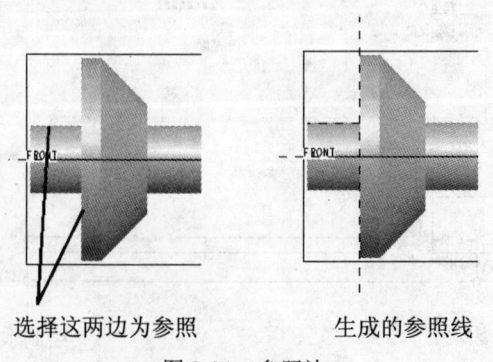

选择这两边为参照　　　生成的参照线

图 3-31　参照边

步骤九　绘制草绘图形

在"草绘工具栏"中单击"中心线"按钮，绘制一条和步骤五中位置相同的中心线。再单击"矩形"按钮，以两参照线交点为矩形一个顶点，绘制图形并修改尺寸，如图 3-32 所示。

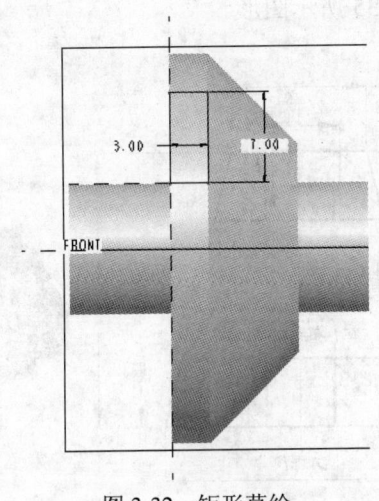

图 3-32　矩形草绘

步骤十　创建旋转剪切

绘制完成后单击"完成"按钮。在"旋转工具"操控面板中设置旋转角度为 180°。单击"确定"按钮完成旋转特征的创建，如图 3-33 所示。

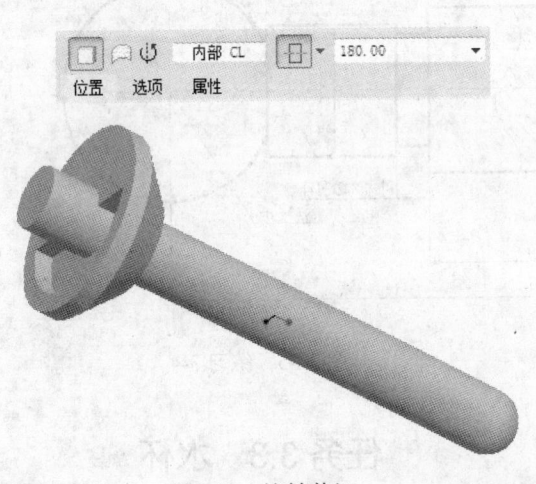

图 3-33　旋转剪切

步骤十一　保存文件

单击"保存"按钮，完成保存操作。

3.2.6　任务总结

1．创建旋转特征时，草绘平面的选择正确与否决定了最终的旋转结果。

2．绘制旋转特征的草绘图形后，一定要再绘制一条中心线作为旋转中心，且截面草图必须位于中心线一侧，可与中心线重合，截面必须为封闭图形，否则无法生成旋转特征。

3. 在草绘界面中有系统给定的水平和竖直两条参照线，而在草图绘制中必须有至少两个参照，当不慎删除时，可应用步骤八来添加参照。

3.2.7 巩固练习

练习绘制如图 3-34 和图 3-35 所示图形。

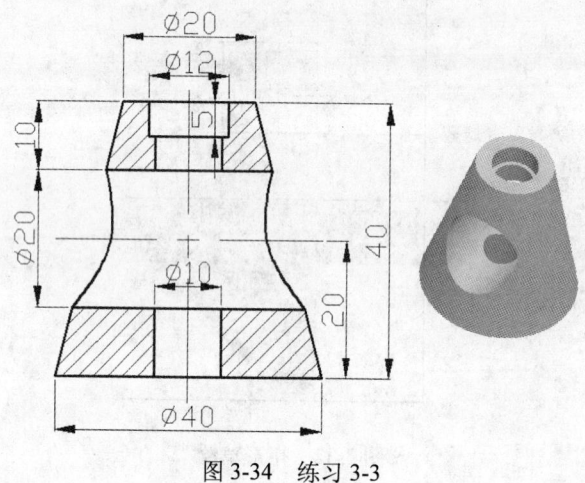

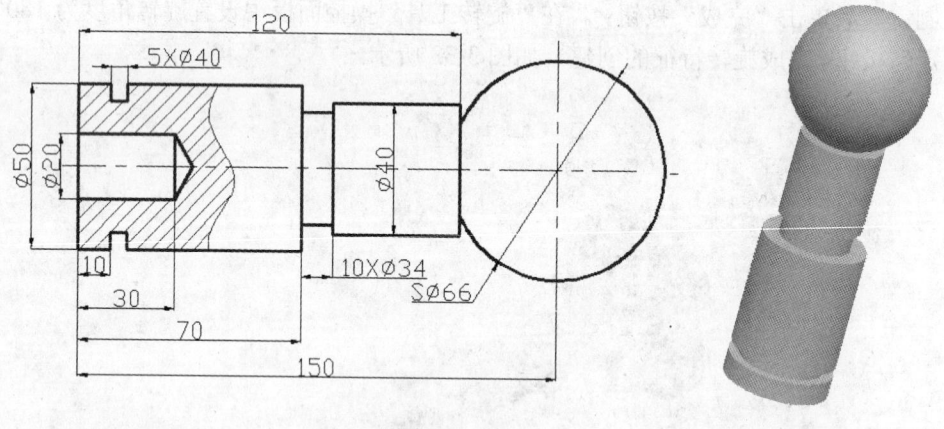

图 3-34 练习 3-3

图 3-35 练习 3-4

任务 3.3 水杯

3.3.1 任务目标

- 了解基准平面的创建。
- 熟悉扫描特征的创建步骤。
- 熟悉倒圆角工具。
- 掌握添加参照的方法。
- 掌握扫描特征的操作步骤和参数设置。

3.3.2 任务分析

应用扫描工具完成图 3-36 所示图形。

图 3-36 水杯

3.3.3 任务分析

扫描特征是将截面沿着选定的轨迹曲线运动而生成的实体或曲面特征。在扫描实体伸出项时，扫描轨迹可以是闭合的，也可以是开放的。

薄壁实体具有实体的大小和质量，是实体特征的一种特殊类型。表现为外部具有一定壁厚且内部呈中空状态的实体模型，一般利用"加厚草绘"工具实现。

3.3.4 相关知识

1．扫描参数。
2．封闭轨迹扫描。
3．开放轨迹扫描。
4．拉伸薄壁实体特征。
5．旋转薄壁实体特征。

3.3.5 任务过程

步骤一　设置工作目录

选择主菜单栏中的"文件"→"设置工作目录"选项，打开"选取工作目录"对话框。当前设置工作目录在 D:\my word\中，单击"确定"按钮完成设置。

步骤二　新建零件文件

选择主菜单栏中的"文件"→"新建"选项，打开"新建"对话框。选择"零件"选项，在"名称"文本框中输入模型名称"shuibei"，取消勾选"使用缺省模板"复选框。单击"确定"按钮，在弹出的"新文件选项"对话框中选择"mms_part_solid"选项。单击"确定"按钮，进入零件建模环境。

步骤三　创建旋转薄壁特征

单击"特征工具栏"中的"旋转工具"按钮，或在"菜单栏"中单击"插入"→"旋转"命令，打开"旋转工具"操控面板，单击"加厚草绘"按钮，然后在旁边的文本框中设置壁厚为 3，如图 3-37 所示。

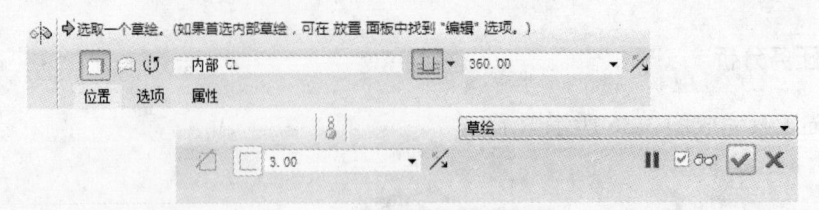

图 3-37 旋转薄壁参数设置

步骤四　定义草绘平面

在"旋转工具"操控面板中单击"放置"按钮，弹出草绘定义面板。在面板中单击"定义"按钮，打开"草绘"对话框，在绘图区中单击 TOP 基准平面，则草绘平面被设置为 TOP 面，草绘方向为系统默认方向。

步骤五　绘制草绘图形

在"草绘"对话框中单击"草绘"按钮，进入草绘界面，绘制草绘图形和一条竖直的中心线作为旋转中心，如图 3-38 所示。

步骤六　完成创建旋转薄壁

绘制完成后单击"完成"按钮✓。再单击"确定"按钮✓完成旋转特征的创建，如图 3-39 所示。

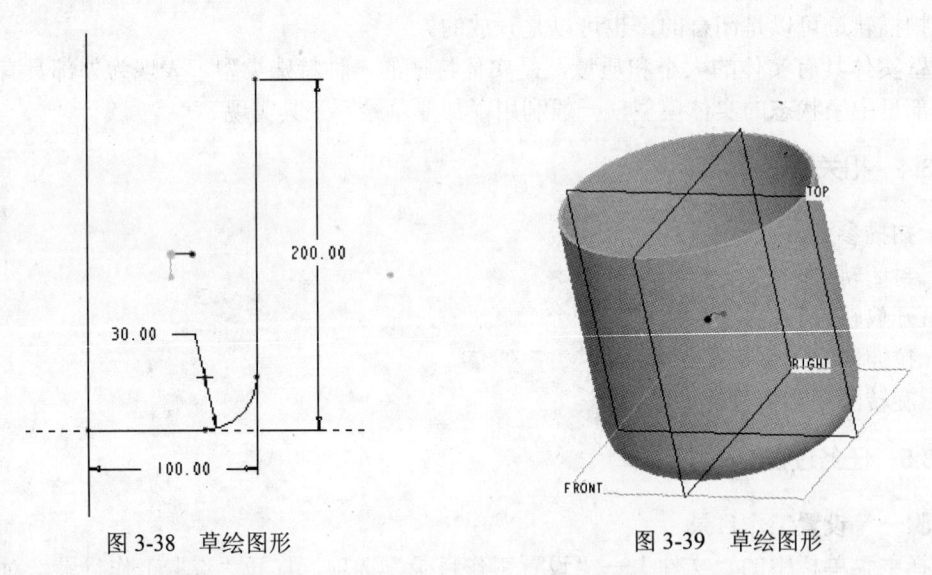

图 3-38　草绘图形　　　　　　　图 3-39　草绘图形

步骤七　创建拉伸薄壁特征

单击"特征工具栏"中的"拉伸工具"按钮，或在"菜单栏"中单击"插入"→"拉伸"命令。打开"拉伸工具"操控面板，设置拉伸深度为 3。单击"加厚草绘"按钮，然后在旁边的文本框中设置壁厚为 5，如图 3-40 所示。

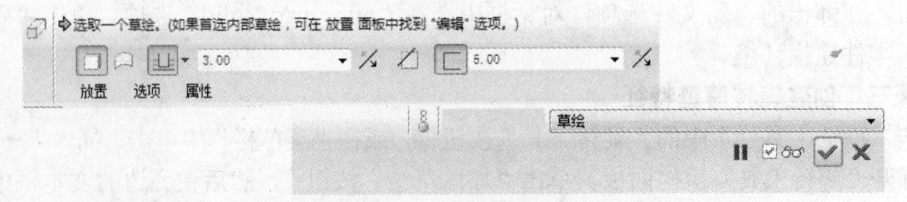

图 3-40　拉伸薄壁参数设置

步骤八　定义草绘平面

在"拉伸工具"操控面板中单击"放置"按钮，弹出草绘定义面板。在面板中单击"定义"按钮，打开"草绘"对话框，在绘图区中单击杯底平面，该平面被设置为草绘平面，草绘方向为系统默认方向，如图 3-41 所示。

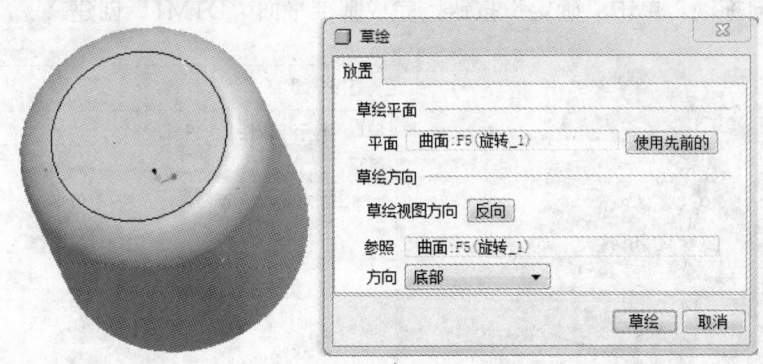

图 3-41　定义草绘平面

步骤九　绘制草绘图形

在"草绘"对话框中单击"草绘"按钮，进入草绘界面。

在"草绘工具栏"中单击"使用"按钮，弹出"类型"选择对话框，如图 3-42 所示。左键选择杯底两个半圆，则该轮廓将被投影到草绘平面形成草绘图形，如图 3-43 所示。

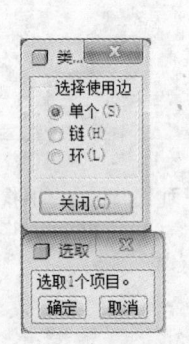

图 3-42　"类型"选择对话框

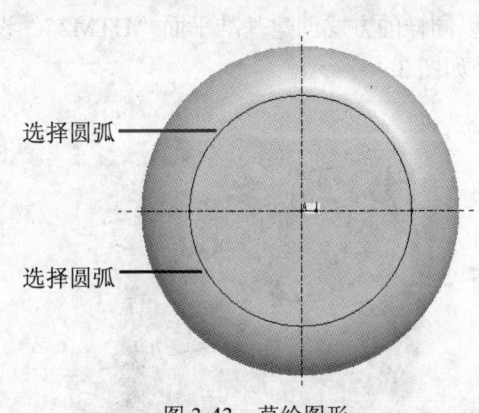

图 3-43　草绘图形

步骤十　完成创建拉伸薄壁

绘制完成后单击"完成"按钮。再单击"确定"按钮完成旋转特征的创建，如图 3-44 所示。

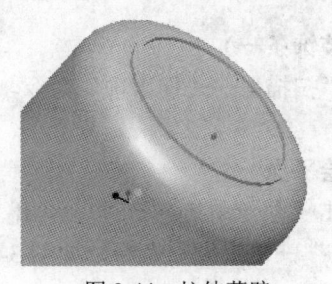

图 3-44　拉伸薄壁

步骤十一　通过一个平面创建基准平面

在"特征工具栏"中单击"基准平面"按钮，打开"基准平面"对话框。在绘图区选取 FRONT 基准平面，并设置参照为"偏移"，然后在"平移"文本框中输入偏移距离为 50，如图 3-45 所示。如果要生成的平面方向错误，可以把鼠标移动到绘图区中的小白框上，按住左键向相反的方向拖动。单击"确定"按钮，完成基准平面"DTM1"创建。

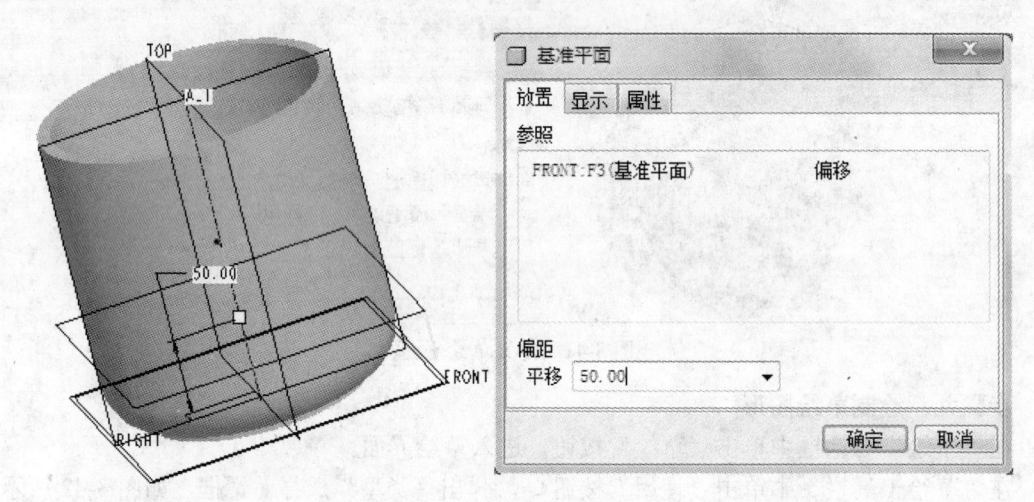

图 3-45　"基准平面"参数设置

以同样的方式创建基准平面"DTM2"。设置"DTM2"与"FRONT 基准平面"的偏距为 150，如图 3-46 所示。

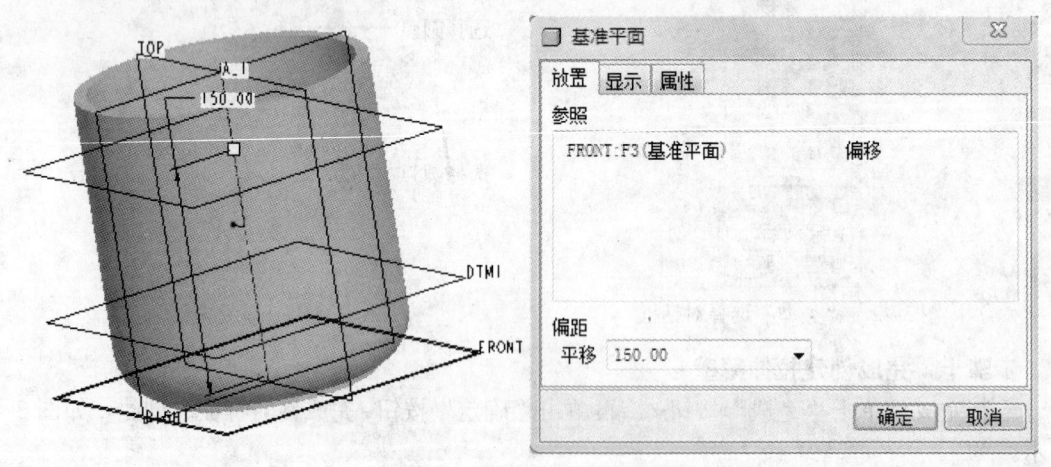

图 3-46　"DTM2"基准平面

步骤十二　创建扫描特征（装饰条一）

在菜单栏中单击"插入"→"扫描"→"伸出项"命令，如图 3-47 所示。打开"扫描工具"对话框，如图 3-48 所示。

步骤十三　定义扫描轨迹草绘平面

在"扫描工具"对话框中单击"草绘轨迹"选项，弹出"菜单管理器"下拉菜单。单击"DTM1"基准平面，选择"正向"→"缺省"命令，如图 3-49 所示。

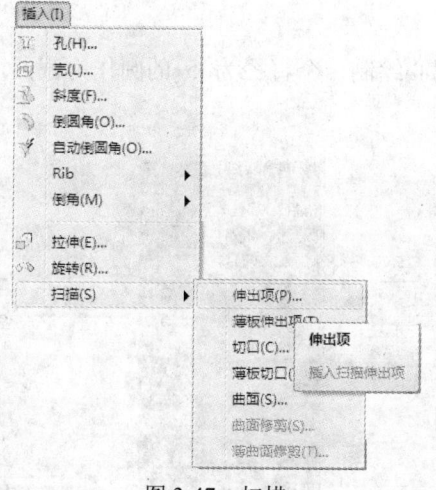

图 3-47 扫描　　　　　　　　　　　　图 3-48 "扫描工具"对话框

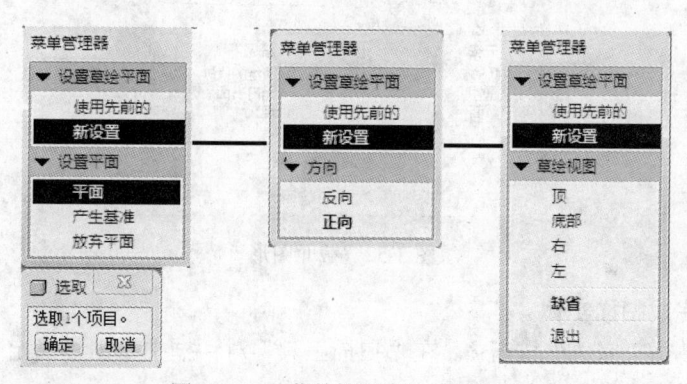

图 3-49 "菜单管理器"下拉菜单

步骤十四　绘制草绘图形

在"草绘工具栏"中单击"圆"按钮○，绘制轨迹图形，如图 3-50 所示。

步骤十五　定义属性

绘制完成后单击"完成"按钮✓。弹出"属性"菜单，选择"无内部因素"→"完成"命令，如图 3-51 所示。

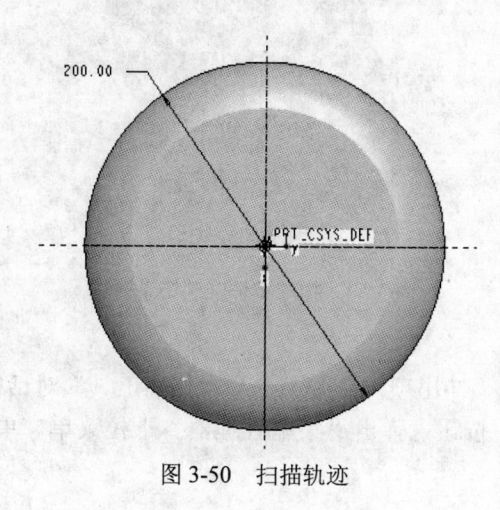

图 3-50 扫描轨迹　　　　　　　　　　图 3-51 "属性"菜单

步骤十六 定义截面

屏幕出现十字交叉的两条中心线，以交点为圆心绘制一个直径为 5 的圆作为截面，如图 3-52 所示。

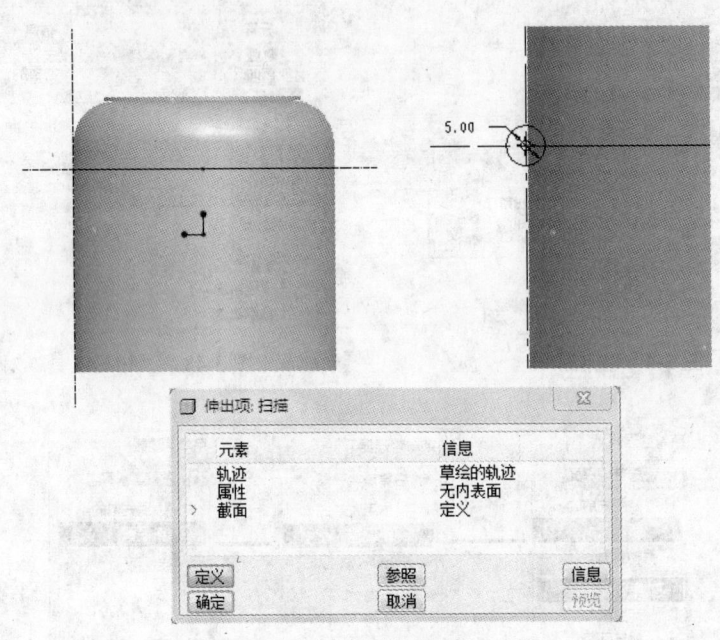

图 3-52 截面图形

步骤十七 完成扫描实体

绘制完成后单击"完成"按钮✔。在"扫描工具"对话框中单击"确定"按钮，生成扫描实体，如图 3-53 所示。

以"DTM2"基准平面为扫描轨迹草绘平面，绘制方法和数据同上，完成装饰条二的创建，如图 3-54 所示。

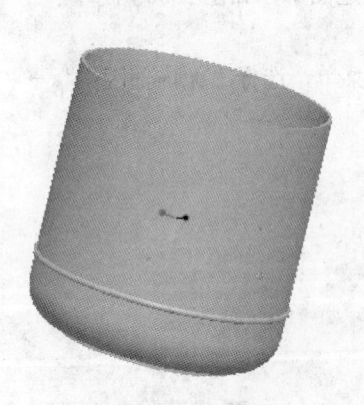

图 3-53 扫描实体（装饰条一）　　　　图 3-54 扫描实体（装饰条二）

步骤十八 创建扫描特征（杯把）

在"菜单栏"中单击"插入"→"扫描"→"伸出项"命令，打开"扫描工具"对话框。在"扫描工具"对话框中单击"草绘轨迹"按钮，弹出"菜单管理器"下拉菜单。单击 TOP 基准平面，选择"正向"→"缺省"命令。

步骤十九　设置草绘参照

选择"主工具栏"→"草绘"→"参照"命令，弹出"参照"对话框。选择如图3-55所示的边为参照，单击"确定"和"关闭"按钮，完成参照设置。

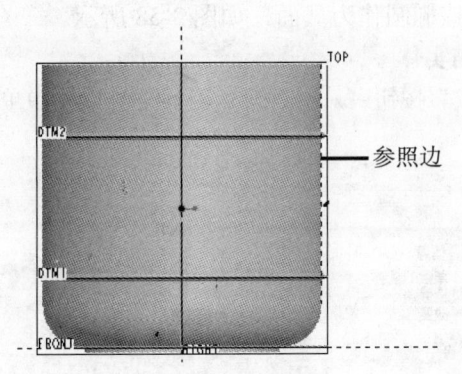

图3-55　草绘参照

步骤二十　绘制扫描轨迹

在"草绘工具栏"中单击"样条"按钮，在绘图区单击左键指定样条曲线的起点1，各个控制点2、3、4、5和终点6，单击鼠标中键完成绘制，再次单击鼠标中键结束该功能，如图3-56所示。

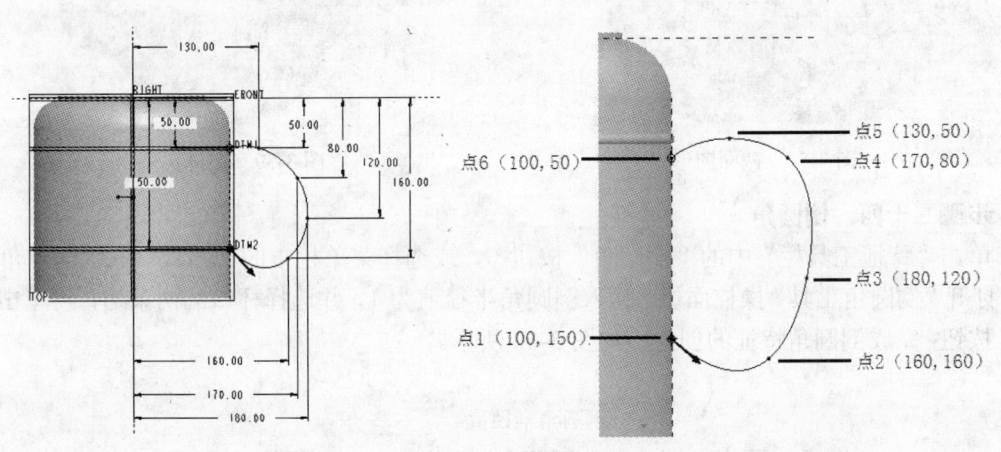

图3-56　扫描轨迹

步骤二十一　定义属性

绘制完成后单击"完成"按钮。弹出"属性"菜单，选择"合并终点"→"完成"命令，如图3-57所示。

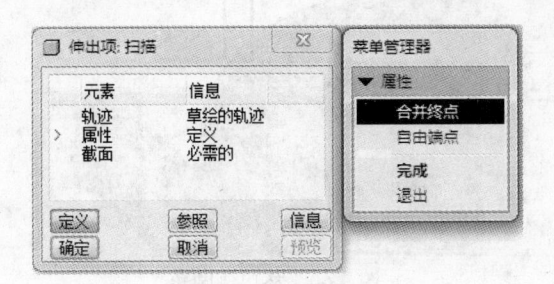

图3-57　属性菜单

步骤二十二 定义截面

屏幕出现十字交叉的两条中心线,在"特征工具栏"中单击"中心和轴椭圆"按钮,以交点为椭圆心向上拖动鼠标,在竖直中心上确定椭圆轴的一个顶点,完成椭圆绘制并修改尺寸,长轴为40,短轴为20,以该椭圆作为截面,如图3-58所示。

步骤二十三 完成扫描实体

绘制完成后单击"完成"按钮。在"扫描工具"对话框中单击"确定"按钮,生成扫描实体,如图3-59所示。

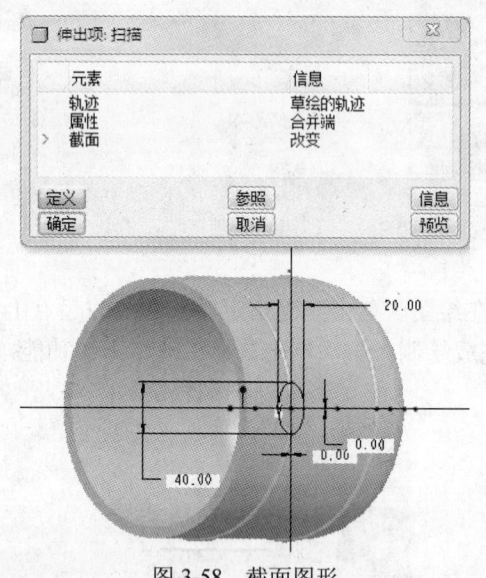

图3-58 截面图形

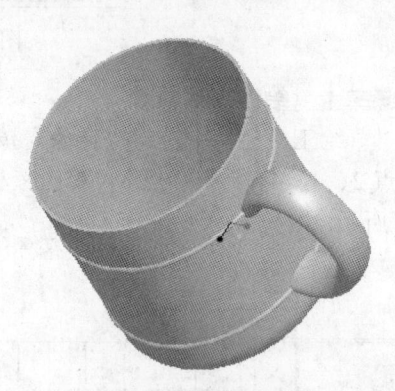

图3-59 扫描实体

步骤二十四 倒圆角

单击"特征工具栏"中的"倒圆角"按钮,或选择菜单栏中的"插入"→"倒圆角"命令,打开"倒圆角工具"操控面板。输入倒圆角半径值为1,并选择杯口的两条边,再单击"确定"按钮完成倒圆角特征的创建,如图3-60所示。

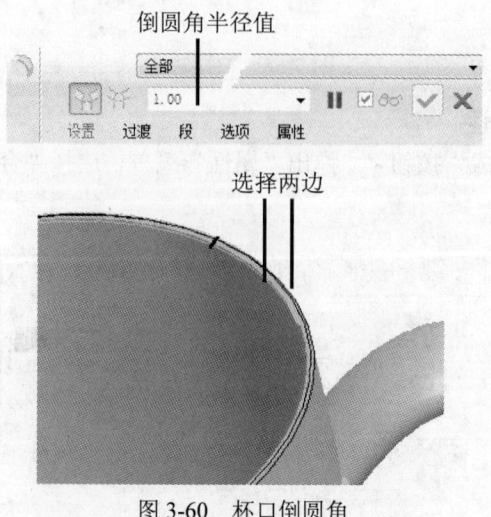

图3-60 杯口倒圆角

单击"特征工具栏"中的"倒圆角"按钮，或选择菜单栏中的"插入"→"倒圆角"命令，打开"倒圆角工具"操控面板。输入倒圆角半径值为3，选择杯把和杯身连接处，一共八条边，如图3-61所示。单击"确定"按钮完成倒圆角特征的创建，如图3-62所示。

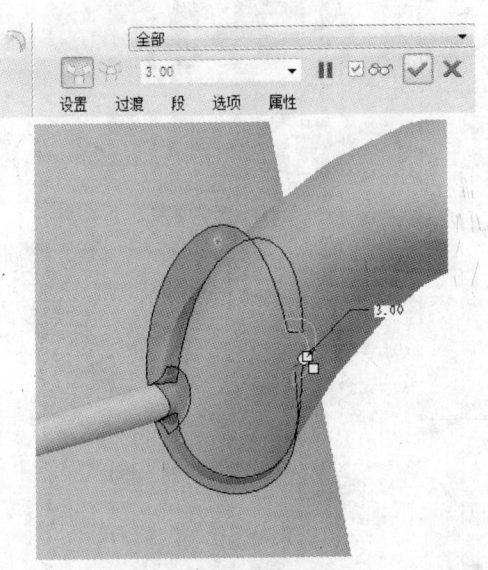

图3-61 杯口倒圆角   图3-62 圆角特征

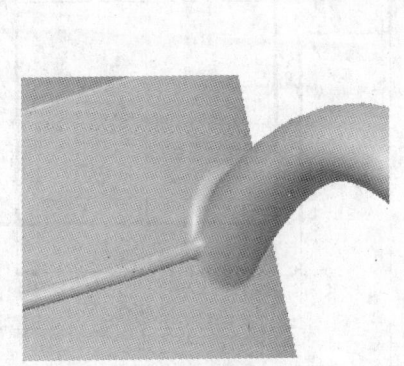

步骤二十五　保存文件

单击"保存"按钮，完成保存操作。

3.3.6　任务总结

1. 创建旋转薄壁特征时，要先在操控面板上单击"加厚草绘"按钮，否则在完成草图绘制后，系统将提示"截面不完整"。
2. 创建开放轨迹扫描时，选择"属性"选项时，"合并终点"和"自由端点"的区别如图3-63所示。

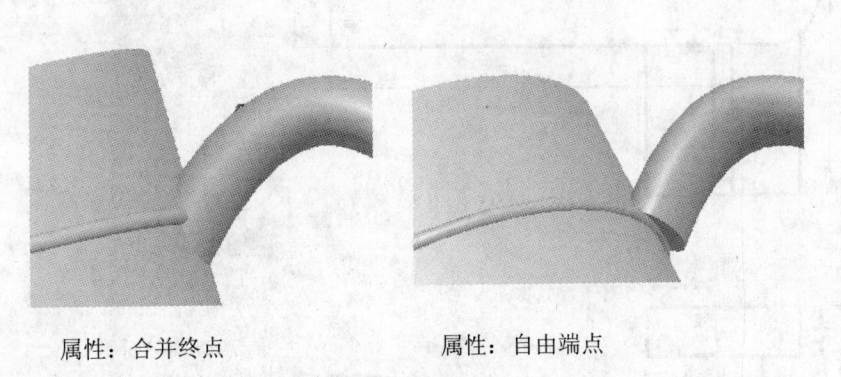

属性：合并终点   属性：自由端点

图3-63 "属性"项区别

3.3.7　巩固练习

练习绘制如图3-64～图3-66所示图形。

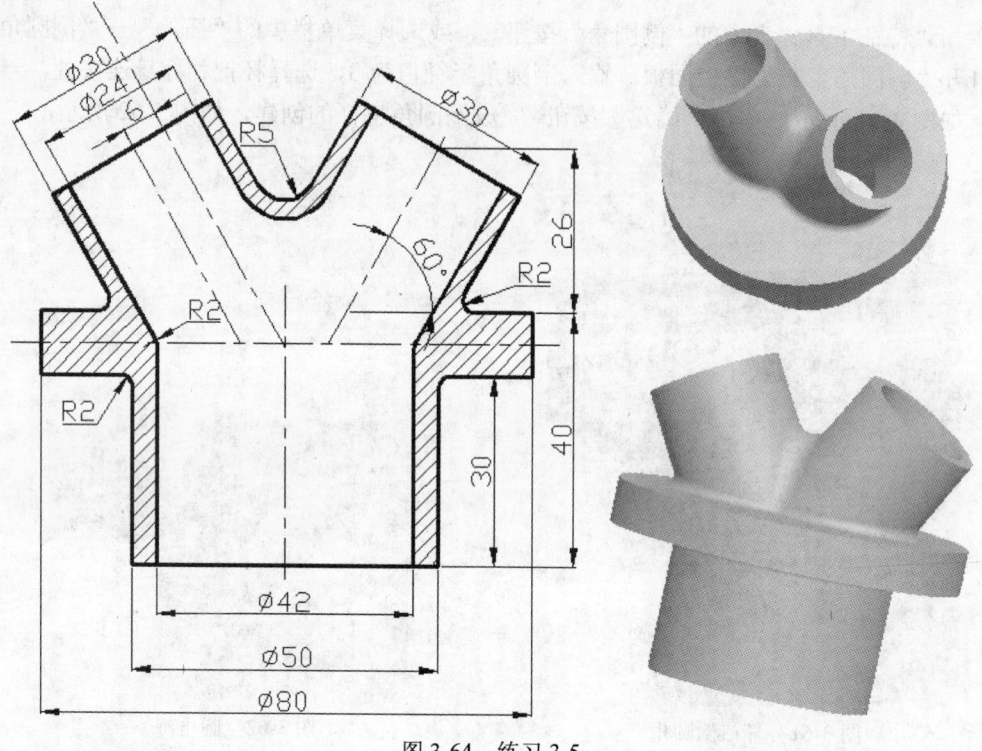

图 3-64　练习 3-5

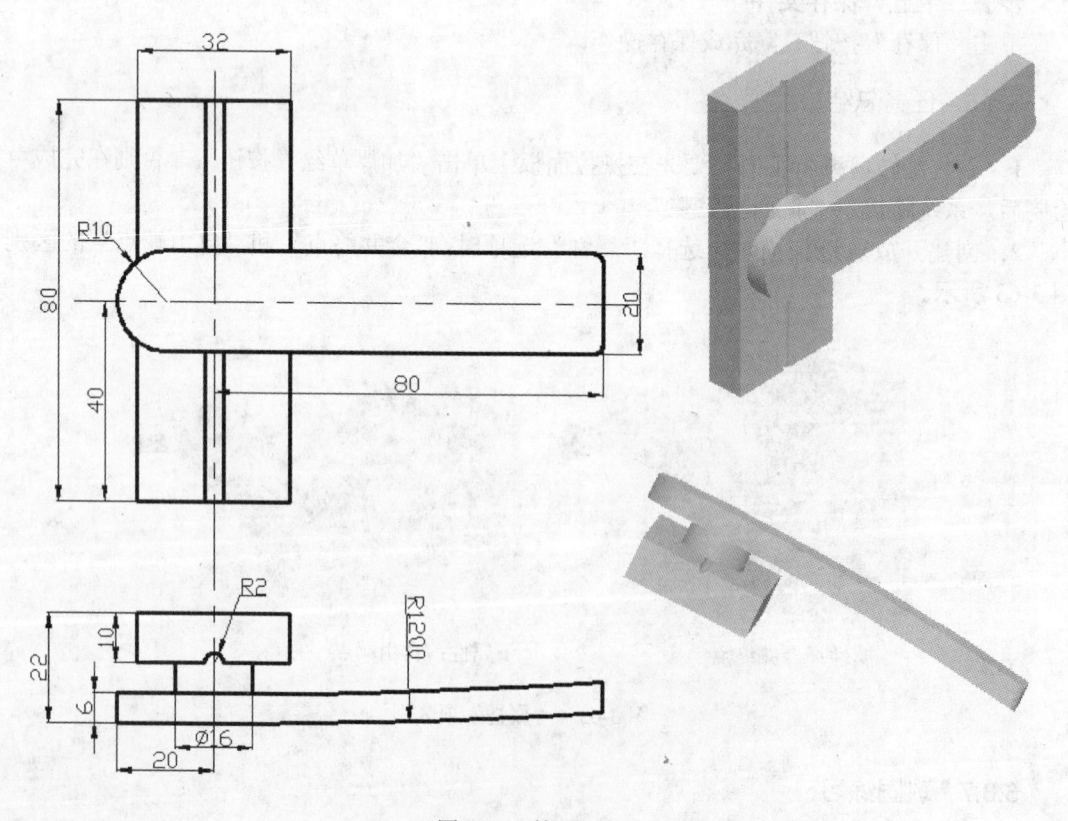

图 3-65　练习 3-6

项目 3　基本特征

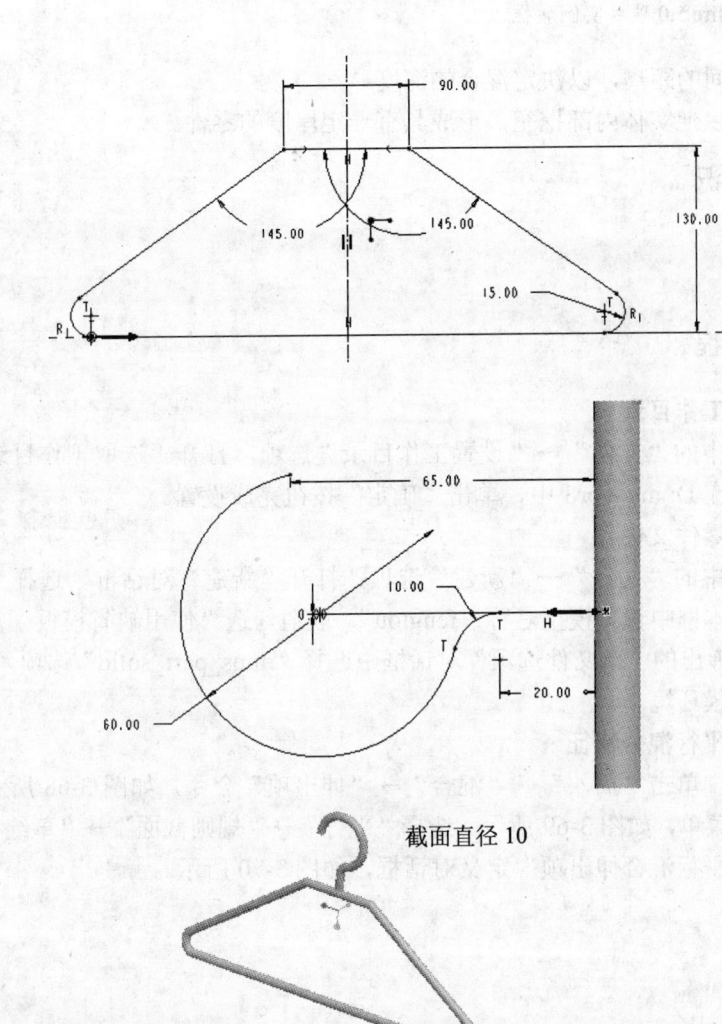

截面直径 10

图 3-66　练习 3-7

任务 3.4　吹风机风头

3.4.1　任务目标

- 掌握平行混合操作步骤和参数设置。
- 掌握壳特征工具。

3.4.2　任务分析

应用平行混合和壳工具完成图 3-67 所示图形。

3.4.3　任务分析

平行混合特征是连接两个或两个以上的平行草绘剖面而形成的特征模型，且所有剖面都在同一个绘图窗口绘制，

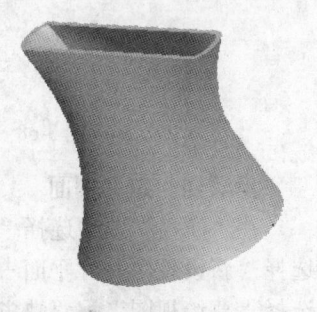

图 3-67　风头

需要指定各截面之间的距离，以决定混合的深度。

利用壳特征可以把实体内部挖空，形成具有一定厚度的零件。

3.4.4 相关知识

1. 平行混合。
2. 壳特征。

3.4.5 任务过程

步骤一 设置工作目录

选择主菜单栏中的"文件"→"设置工作目录"选项，打开"选取工作目录"对话框。当前设置工作目录在 D:\my word\中，单击"确定"按钮完成设置。

步骤二 新建零件文件

选择主菜单栏中的"文件"→"新建"选项，打开"新建"对话框。选择"零件"单选项，在"名称"文本框中输入模型名称"fengtou"，取消勾选"使用缺省模板"复选框。单击"确定"按钮，在弹出的"新文件选项"对话框中选择"mms_part_solid"选项。单击"确定"按钮，进入零件建模环境。

步骤三 创建平行混合特征

在"菜单栏"中单击"插入"→"混合"→"伸出项"命令，如图 3-68 所示。弹出"菜单管理器"瀑布式菜单，如图 3-69 所示。选择"平行"→"规则截面"→"草绘截面"→"完成"命令，弹出"平行混合伸出项"定义对话框，如图 3-70 所示。

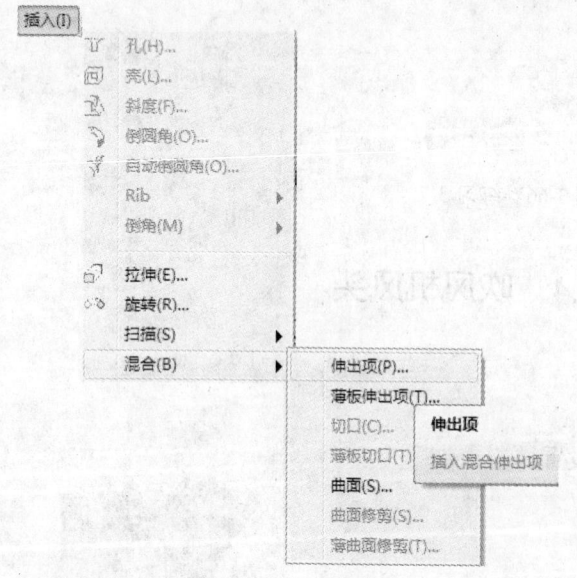

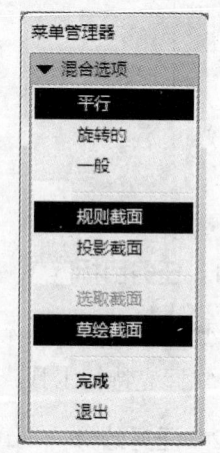

图 3-68 选择命令   图 3-69 菜单管理器

步骤四 定义剖面

在"属性"项中选择"光滑"→"完成"命令，弹出"设置平面"菜单，如图 3-71 所示。选择"新设置"→"平面"，并在绘图区选择 TOP 基准平面，选择"方向"→"正向"命令，选择"草绘视图"→"缺省"命令，进入草绘界面。

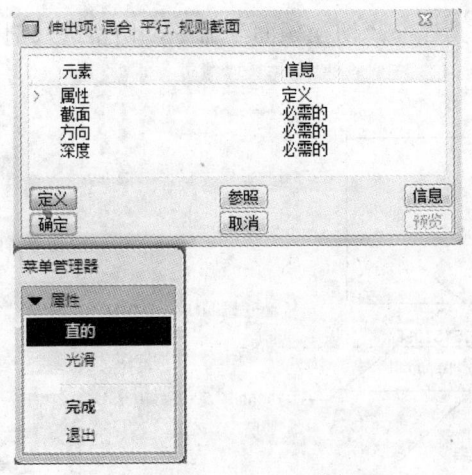

图 3-70 "属性"菜单　　　　　　　　图 3-71 "设置平面"菜单

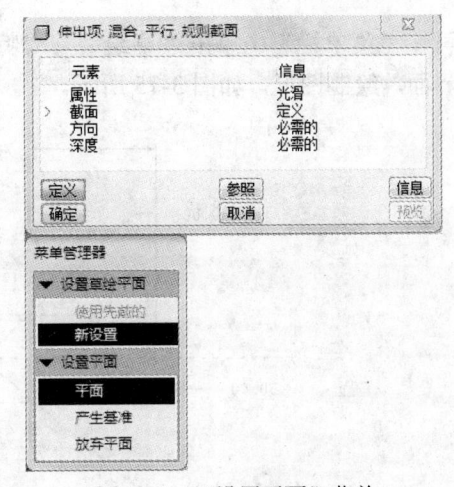

首先在剖面一中绘制一个直径为 80 的圆，如图 3-72 所示。

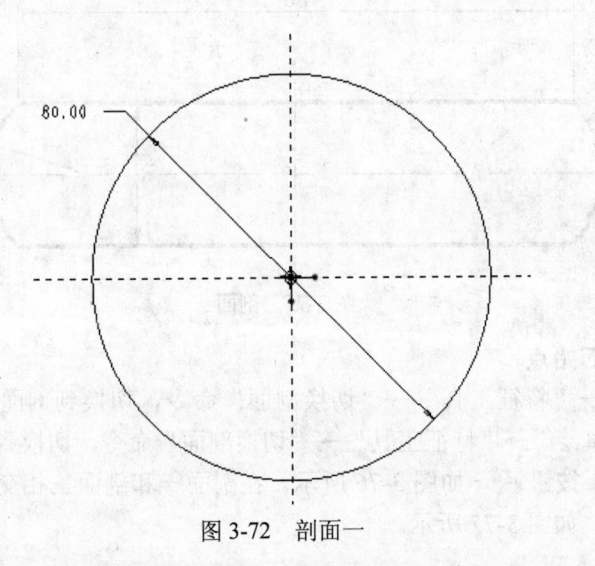

图 3-72 剖面一

在"菜单栏"中单击"草绘"→"特征工具"→"切换剖面"命令，如图 3-73 所示。剖面一变为灰色，进入剖面二草绘界面，绘制一个直径为 60 的圆，如图 3-74 所示。

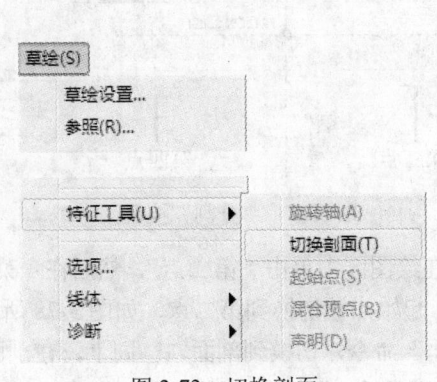

图 3-73 切换剖面　　　　　　　　　　图 3-74 剖面二

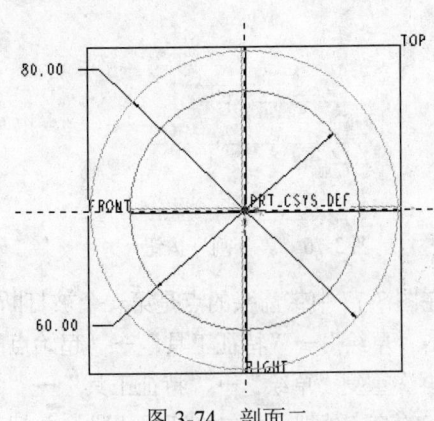

再在"菜单栏"中单击"草绘"→"特征工具"→"切换剖面"命令,切换进入剖面三草绘界面,绘制图形,如图 3-75 所示。

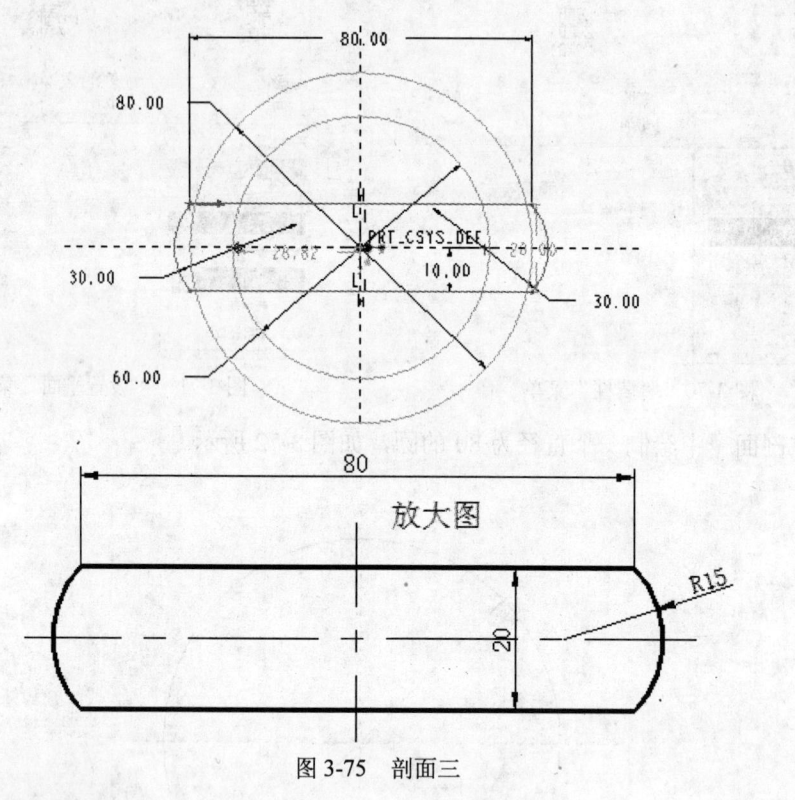

图 3-75 剖面三

步骤五 定义起始点

重复"草绘"→"特征工具"→"切换剖面"命令,切换到剖面四,剖面四不需要绘制图形。再次重复"草绘"→"特征工具"→"切换剖面"命令,切换到剖面一。在"草绘工具栏"中单击"分割"按钮,如图 3-76 所示。在剖面一和剖面三相交的四点上单击,从而把剖面一打断成 4 段,如图 3-77 所示。

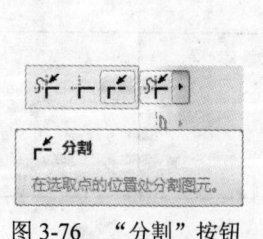

图 3-76 "分割"按钮

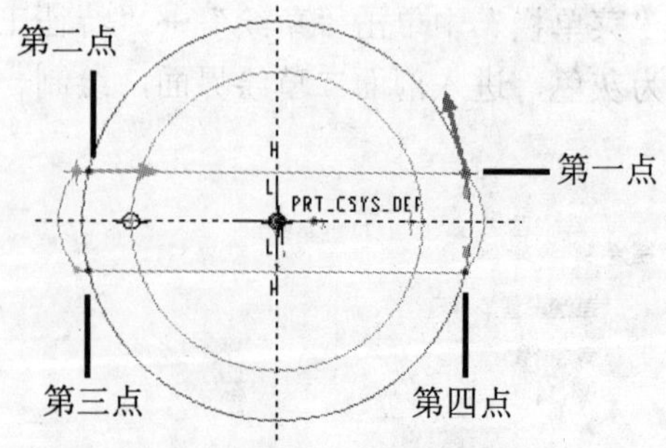

图 3-77 "分割"按钮

在图 3-77 中带箭头的点是第一个被打断的点。在绘图区中单击"第二点",然后在"菜单栏"中单击"草绘"→"特征工具"→"起始点"命令,起始点被切换到第二点,如图 3-78 所示。

再次重复"草绘"→"特征工具"→"切换剖面"命令,切换到剖面二。同上,在剖面二和剖面三的交点处把剖面二打断成 4 段,并把起始点也设到和剖面一相同的位置,如图 3-79 所示。

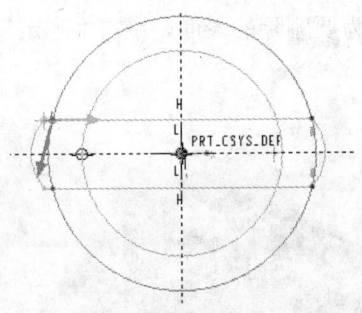

图 3-78 剖面一切换起始点

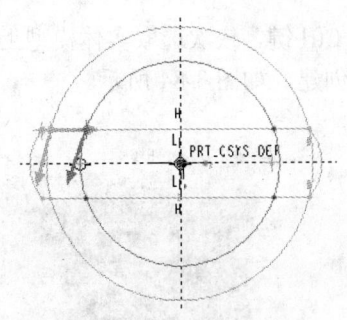

图 3-79 剖面二起始点

步骤六 定义深度值

单击"完成"按钮✓，弹出"截面深度定义"对话框，"输入截面 2 的深度"是指剖面一和剖面二间的距离，在此输入 30，如图 3-80 所示。单击"确定"按钮✓，弹出"输入截面 3 的深度"对话框，在此输入剖面二到剖面三的距离 50，如图 3-81 所示。

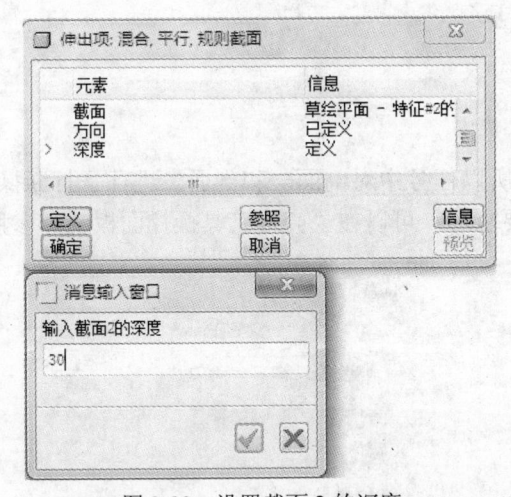

图 3-80 设置截面 2 的深度

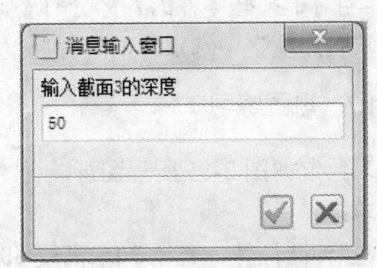

图 3-81 设置截面 3 的深度

步骤七 完成混合实体

在"输入截面 3 的深度"对话框中单击"确定"按钮✓，再在"平行混合伸出项"定义对话框中单击 确定 按钮，完成混合实体的创建，如图 3-82 所示。

步骤八 创建壳特征

单击"特征工具栏"中的"壳工具"按钮，或选择菜单栏中的"插入"→"壳"命令，打开"壳"工具操控面板，输入壁厚值 2，如图 3-83 所示。

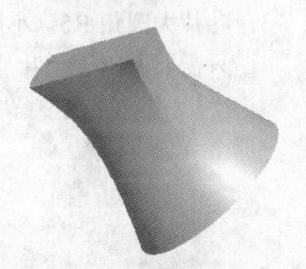

图 3-82 混合实体

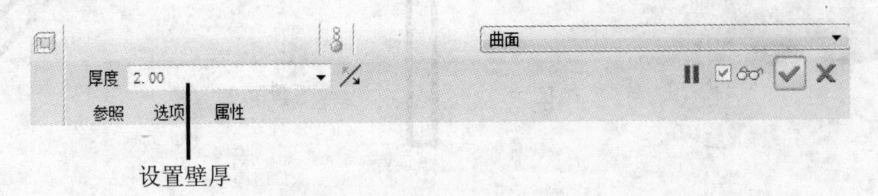

设置壁厚

图 3-83 "壳"工具操控面板

按住 Ctrl 键，依次选取实体模型上下两个平面作为要删除的表面，单击"确定"按钮✓完成壳特征创建，如图 3-84 所示。

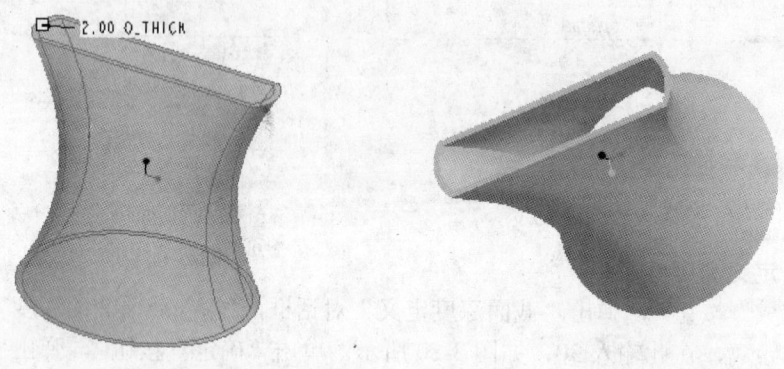

图 3-84　壳特征

步骤九　保存文件

单击"保存"按钮，完成保存操作。

3.4.6　任务总结

1. 平行混合中各剖面的图元数必须相同，所以任务中对剖面一和剖面二进行了打断操作。
2. 当对于某些零件的各部分有不同厚度要求时，可以在"壳"工具操控面板的"参照"→"非缺省厚度"中选定平面进行厚度设置。

3.4.7　巩固练习

练习绘制如图 3-85 所示图形。
要求：
1. 拉伸圆柱体，直径 30，高度 30。
2. 混合高度 20。
3. 叶片大圆角 R5，小圆角 R1。
4. 只需要做出一个叶片即可，关于阵列将在后面介绍。

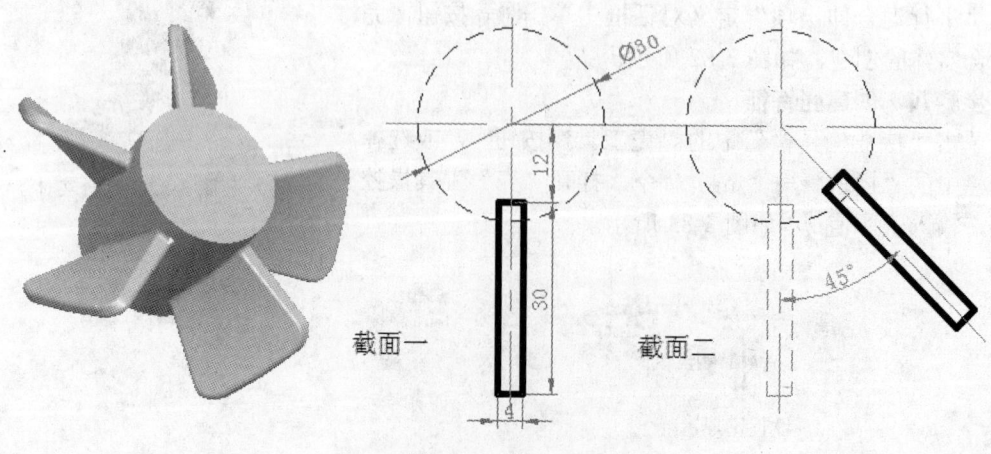

图 3-85　练习 3-8

任务 3.5 钻头

3.5.1 任务目标

- 掌握一般混合操作步骤和参数设置。
- 掌握调用草绘图形的方法。

3.5.2 任务分析

应用一般混合工具完成图 3-86 所示图形。

3.5.3 任务分析

一般混合特征兼有平行混合和旋转混合的特点，其中各个草绘截面可以同时绕 X、Y、Z 轴旋转或平移，并且必须单独绘制。当旋转角度和坐标系尺寸都设置为 0 时，一般混合就可以产生平行混合特征的效果。如果将 X 轴和 Z 轴的旋转角度设置为 0，只设置 Y 轴角度，并将各截面的深度设置为 0，即可创建旋转混合特征。

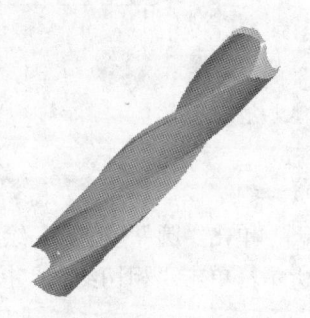

图 3-86 钻头

3.5.4 相关知识

1. 一般混合。
2. 旋转去除材料。

3.5.5 任务过程

步骤一 设置工作目录

选择"主菜单栏"中的"文件"→"设置工作目录"选项，打开"选取工作目录"对话框。当前设置工作目录在 D:\my word\ 中，单击"确定"按钮完成设置。

步骤二 新建草绘文件

选择主菜单栏中的"文件"→"新建"选项，打开"新建"对话框。选择"草绘"命令，在"名称"文本框中输入模型名称"zuantoucaohui"。

单击"确定"按钮，进入草绘环境。

在"草绘工具栏"中单击"中心线"按钮，在绘图区中任意绘制两垂直中心线，如图 3-87 所示。

在"草绘工具栏"中单击"圆"按钮，在中心线相交点的位置绘制一个圆，双击直径，数值更改为 15，如图 3-87 所示。

在"草绘工具栏"中单击"直线"按钮。在水平中心线上下两侧分别绘制一条水平直线，双击尺寸，分别距中心线距离为 0.6，如图 3-88 所示。

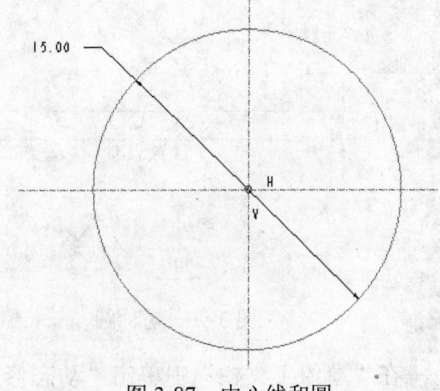

图 3-87 中心线和圆

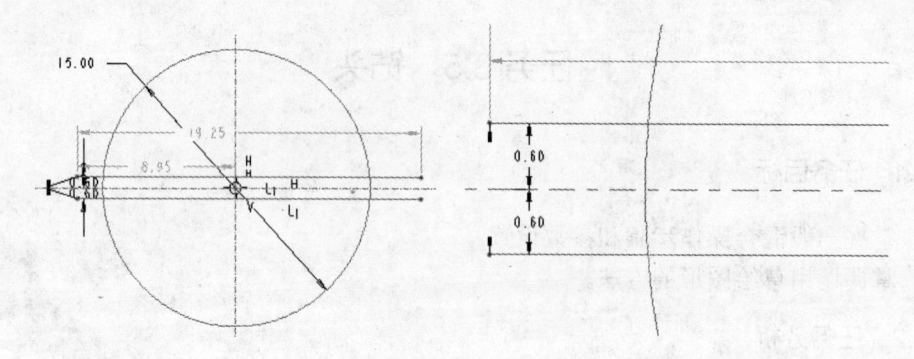

图 3-88 两水平直线

单击"圆"按钮◯，绘制一个圆心在竖直中心上且和上水平直线相切的圆，如图 3-89（a）所示，单击"相切约束"按钮，选择小圆和大圆，完成相切约束，如图 3-89（b）所示。

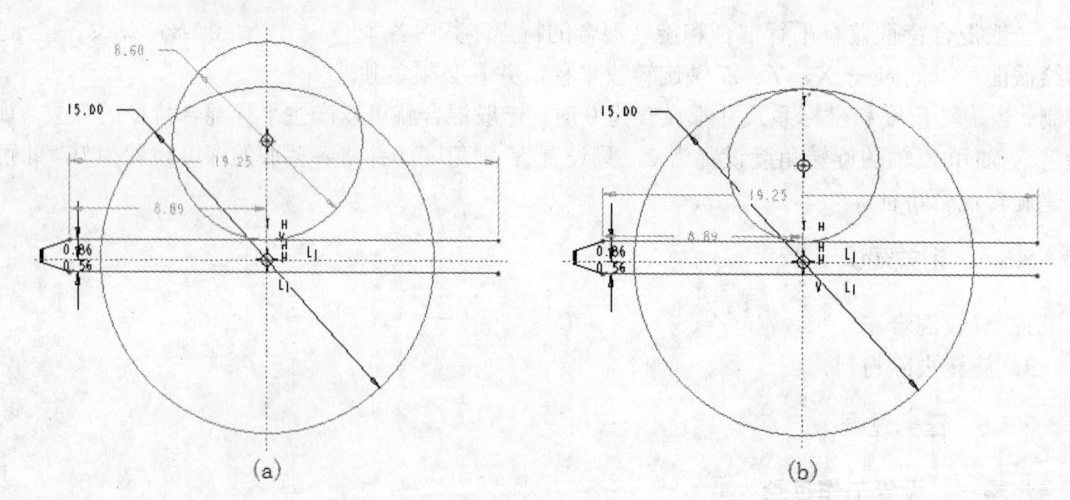

(a)　　　　　　　　　　　　(b)

图 3-89 相切圆

以同样的方式在下方绘制一个圆，如图 3-90 所示。

单击"圆"按钮◯，绘制一个以中心线交点为圆心的直径为 16 的圆，如图 3-91 所示。

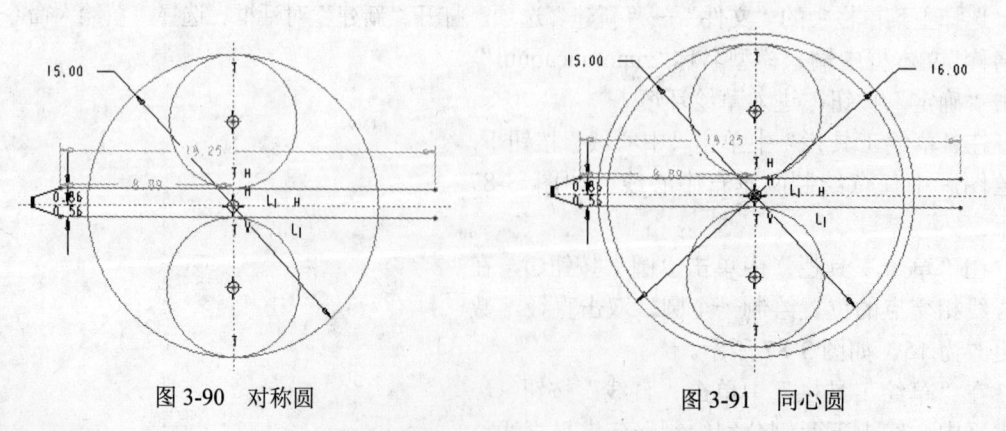

图 3-90 对称圆　　　　　　　　图 3-91 同心圆

在"草绘工具栏"中单击"动态修剪"按钮，然后在绘图区按住鼠标左键并拖动鼠标，划过需要删除的部分，完成修剪，如图 3-92 所示。

图 3-92 草绘图形

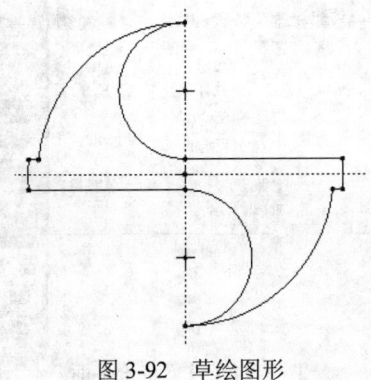

步骤三　保存文件

单击"保存"按钮, 完成保存操作。

步骤四　新建零件文件

选择主菜单栏中的"文件"→"新建"选项, 打开"新建"对话框。选择"零件"单选项, 在"名称"文本框中输入模型名称"zuantou", 取消勾选"使用缺省模板"复选框。单击"确定"按钮, 在弹出的"新文件选项"对话框中选择"mms_part_solid"选项。单击"确定"按钮, 进入零件建模环境。

步骤五　创建一般混合特征

在"菜单栏"中单击"插入"→"混合"→"伸出项"命令。弹出"菜单管理器"瀑布式菜单。选择"一般"→"规则截面"→"草绘截面"→"完成"命令, 弹出"平行混合伸出项"定义对话框, 如图 3-93 所示。

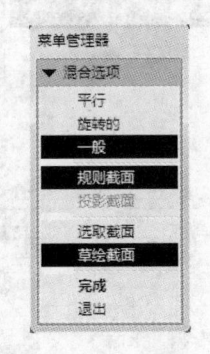

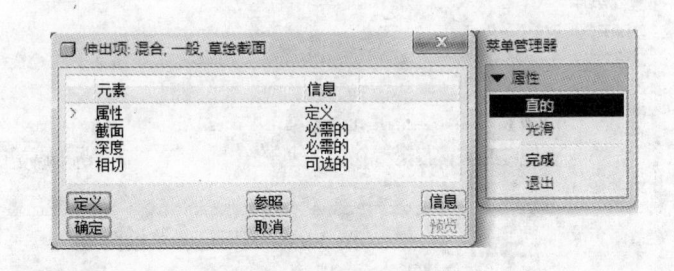

图 3-93　"平行混合伸出项"定义对话框

步骤六　定义剖面

在"属性"项中选择"光滑"→"完成"命令, 弹出"设置平面"菜单, 如图 3-94 所示。选择"新设置"→"平面"命令, 并在绘图区选择 TOP 基准平面, 选择"方向"→"正向"命令, 选择"草绘视图"→"缺省"命令, 进入草绘界面。

步骤七　调用草绘图形

选择"主菜单栏"中的"草绘"→"数据来自文件"→"文件系统"选项, 如图 3-95 所示。弹出"打开"对话框, 如图 3-96 所示。选择步骤三中保存的草绘文件, 单击 打开 按钮。绘图区箭头右下角出现一个加号符号。

在绘图区大致中心位置单击, 弹出"Move&Resize"对话框, 如图 3-97 所示。在此不改变参数, 单击"确定"按钮。

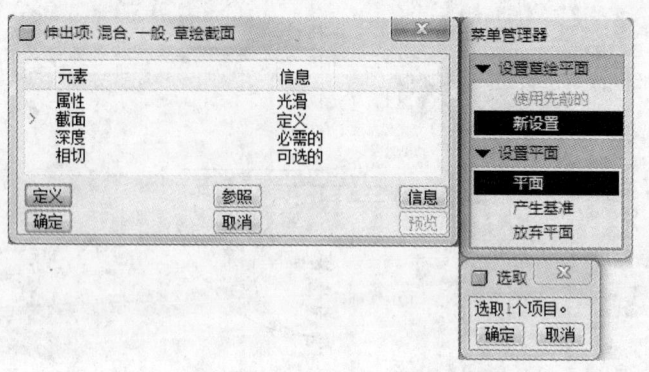

图 3-94　设置草绘平面

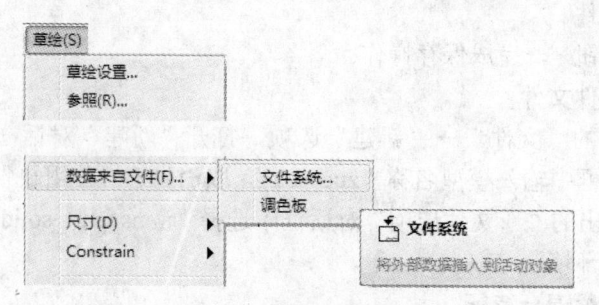

图 3-95　设置草绘平面

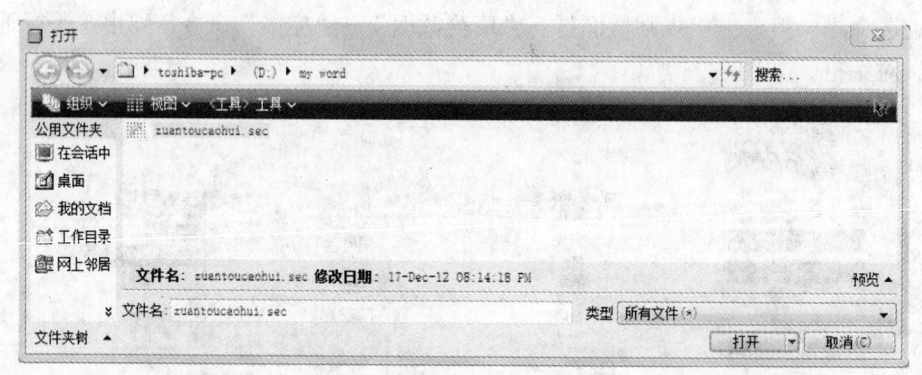

图 3-96　调用已有草绘图形

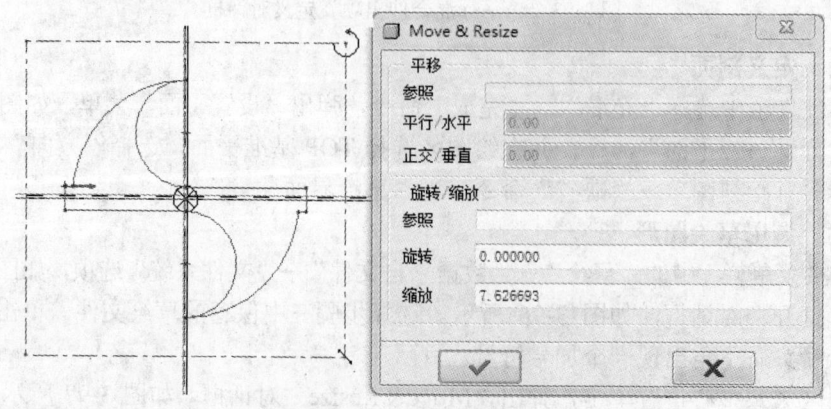

图 3-97　放置草绘图形

框选绘图区所有尺寸，在"草绘工具栏"中单击▱按钮，弹出"修改尺寸"对话框，勾选"再生"和"锁定比例"复选项，按图纸尺寸任意修改其中的一个，则所有尺寸都会被修改为图纸尺寸，单击✓按钮，完成尺寸更改，如图3-98所示。

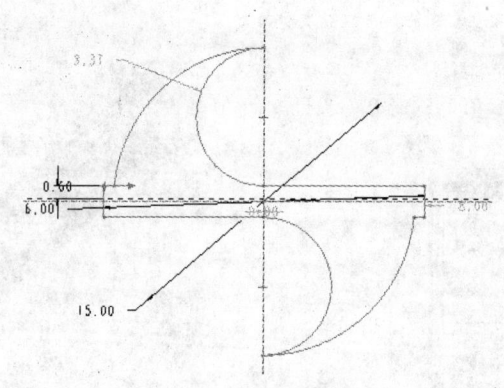

图3-98 修改后的尺寸

步骤八 剖面参数设置

在"草绘工具栏"中单击"坐标系"按钮↙，放置坐标系在中心位置。单击"完成"按钮✓，弹出"消息输入窗口"对话框，输入绕X轴旋转角度为"0"，如图3-99所示。单击✓按钮，弹出"消息输入窗口"对话框，输入绕Y轴旋转角度为"0"，如图3-100所示。单击✓按钮，弹出"消息输入窗口"对话框，输入绕Z轴旋转角度为"45"，如图3-101所示。

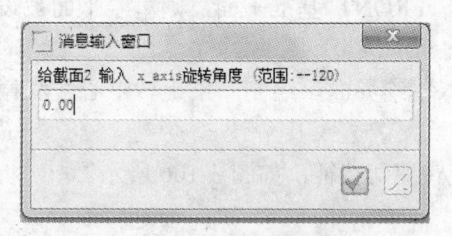

图3-99 设置绕X轴旋转角度 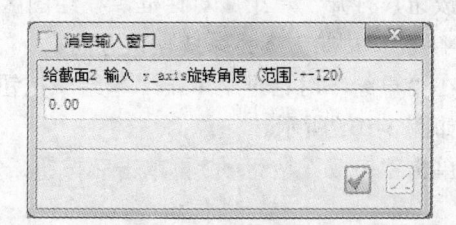　　　　　图3-100 设置绕Y轴旋转角度

步骤九 其余剖面草绘设置

单击✓按钮，弹出全新草绘界面二，重复步骤七和步骤八完成剖面二。弹出"确认"对话框，单击 是(Y) 按钮，进入下一草绘界面，如图3-102所示。

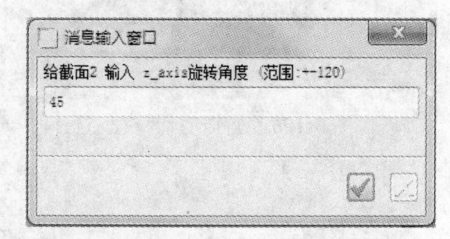

图3-101 设置绕Z轴旋转角度　　　　　图3-102 "确认"对话框

全部需要设置六个剖面。

步骤十 剖面深度设置

以同样的方式设置完成草绘界面六后，单击 否(N) 按钮。弹出截面2深度"消息输入窗口"，输入数值20。单击✓按钮，弹出截面3深度"消息输入窗口"，输入数值20。依次设置深度

数值都为20，如图3-103所示。

步骤十一　完成一般混合创建

设置完成截面6深度值，单击✓按钮。在"伸出项"对话框中单击 确定 按钮，完成一般混合创建，如图3-104所示。

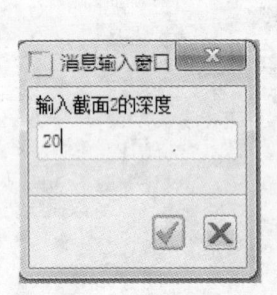

图3-103　"确认"对话框 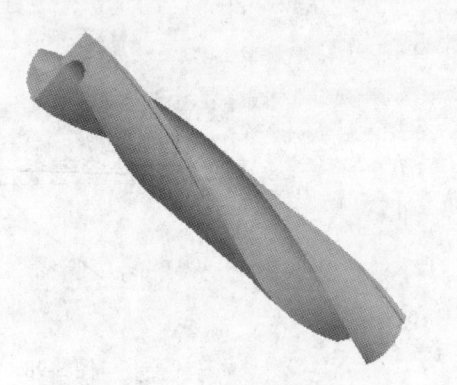　　　　　　图3-104　一般混合特征

步骤十二　旋转剪切特征

单击"特征工具栏"中的"旋转工具"按钮，或在"菜单栏"中单击"插入"→"旋转"命令。打开"旋转工具"操控面板，单击"去除材料"按钮。

在"旋转工具"操控面板中单击"放置"按钮，弹出草绘定义面板。在面板中单击"定义"按钮，打开"草绘"对话框，在绘图区中单击FRONT基准平面，则草绘平面被设置为FRONT面，草绘方向为系统默认方向。

在"草绘"对话框中单击"草绘"按钮，进入草绘界面。绘制一条旋转中心线和截面图形，如图3-105所示。

单击"完成"按钮✓，再单击✓按钮，完成旋转剪切特征，如图3-106所示。

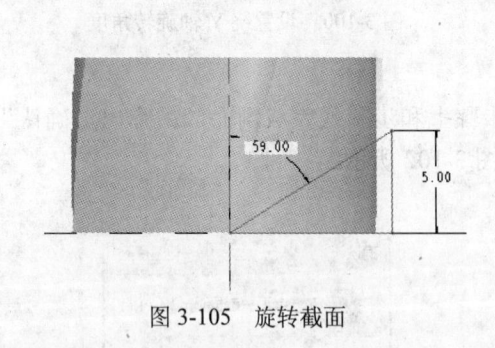

图3-105　旋转截面 　　　　　　图3-106　旋转剪切特征

步骤十三　保存文件

单击"保存"按钮，完成保存操作。

3.5.6　任务总结

1．"一般混合"各剖面图形中一定要有坐标系，以该坐标系为旋转参照。

2．步骤七中调用草绘图形时弹出"Move&Resize"对话框，在"缩放"栏中输入1，草绘图形按原有尺寸调用。

3.5.7 巩固练习

练习绘制如图 3-107 所示图形。

剖面之间间距 20，线 Z 轴旋转角度 45°

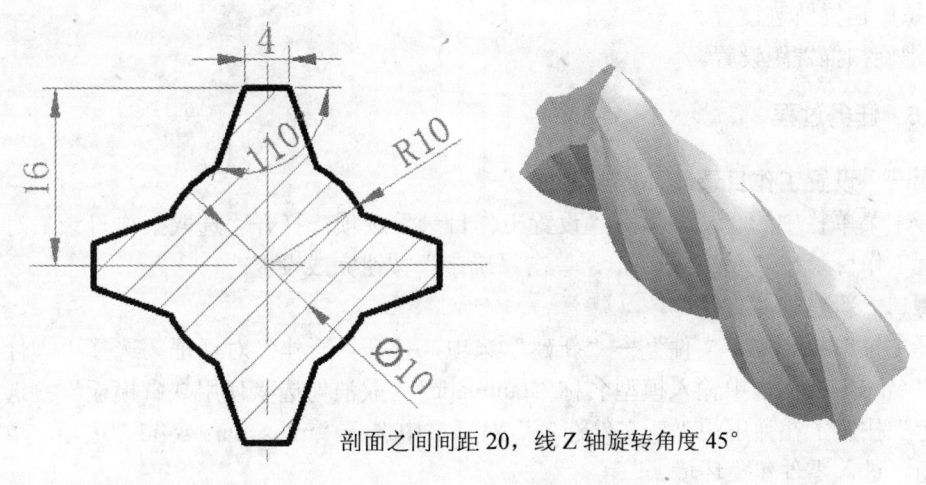

图 3-107　练习 3-9

任务 3.6　弹簧

3.6.1 任务目标

- 掌握螺旋扫描操作步骤和参数设置。
- 运用螺旋扫描特征创建较复杂的旋转造型。

3.6.2 任务分析

应用螺旋扫描工具完成图 3-108 所示图形。

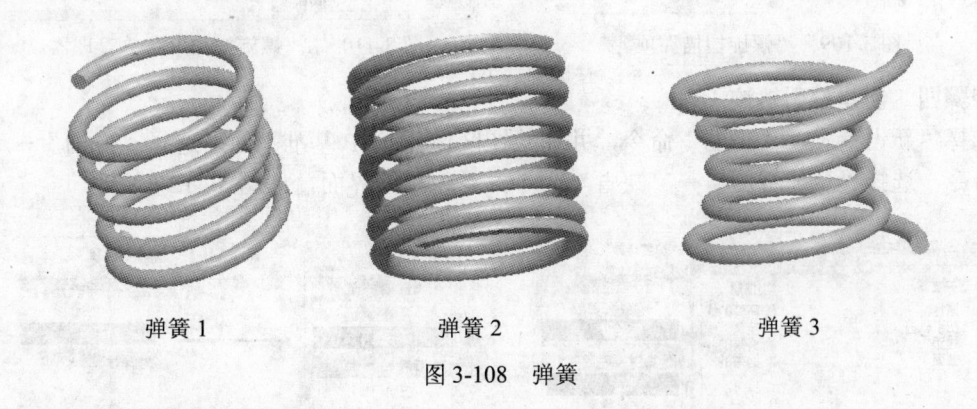

弹簧 1　　　　弹簧 2　　　　弹簧 3

图 3-108　弹簧

3.6.3 任务分析

螺旋扫描是将截面沿着螺旋轨迹曲线扫描，从而形成螺旋扫描特征的一种造型方法。常应用于创建弹簧、螺纹等螺旋特征。不同的参数设定会有不同的实体造型。

3.6.4 相关知识

1. 螺旋扫描参数设置。
2. 螺旋扫描轨迹设置。
3. 螺旋扫描螺距设置。

3.6.5 任务过程

步骤一　设置工作目录

选择主菜单栏中的"文件"→"设置工作目录"选项，打开"选取工作目录"对话框。当前设置工作目录在 D:\my word\中，单击"确定"按钮完成设置。

步骤二　新建零件文件

选择主菜单栏中的"文件"→"新建"选项，打开"新建"对话框。选择"零件"单选项，在"名称"文本框中输入模型名称"tanhuang"，取消勾选"使用缺省模板"复选框。单击"确定"按钮，在弹出的"新文件选项"对话框中选择"mms_part_solid"选项。单击"确定"按钮，进入零件建模环境。

步骤三　创建螺旋扫描特征（创建弹簧1）

在"菜单栏"中单击"插入"→"螺旋扫描"→"伸出项"命令，如图 3-109 所示。弹出"菜单管理器"瀑布式菜单，如图 3-110 所示。选择"常数"→"穿过轴"→"右手定则"→"完成"命令，弹出"设置草绘平面"定义对话框，如图 3-111 所示。

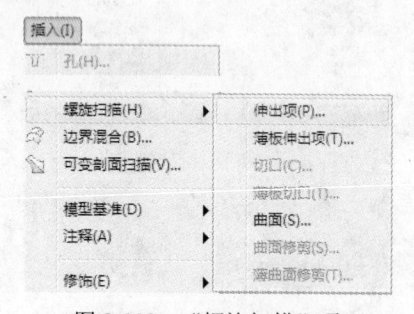

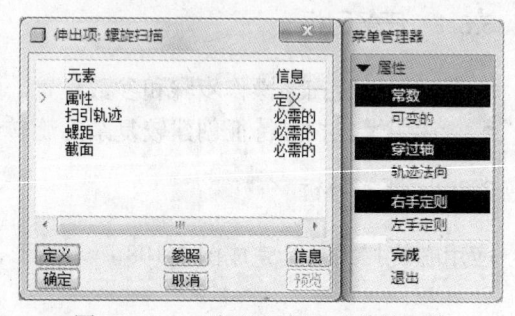

图 3-109　"螺旋扫描"项　　　图 3-110　"螺旋扫描"菜单管理器

步骤四　创建扫引轨迹

选择"新设置"→"平面"命令，并在绘图区选择 TOP 基准平面，选择"方向"→"正向"命令，选择"草绘视图"→"缺省"命令，进入草绘界面，如图 3-112 所示。

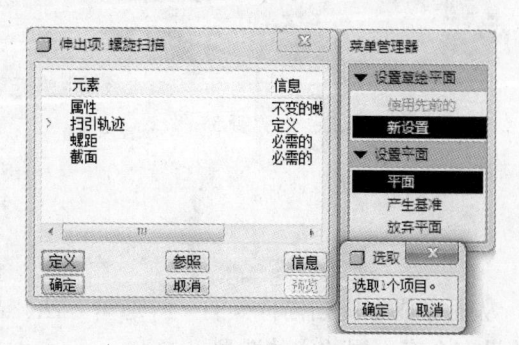

图 3-111　选择草绘平面　　　图 3-112　设置草绘平面

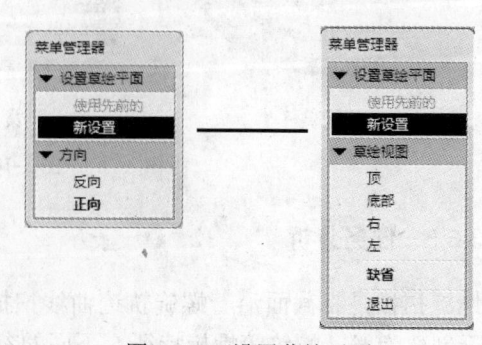

在"草绘工具栏"中单击"中心线"按钮，在绘图区竖直参照上绘制一条中心线。单击"直线"按钮，以水平参照为起点，由下向上绘制一条竖直直线，修改尺寸，该线长100，距中心线50，如图3-113所示。

步骤五　设置螺距值

绘制完成，单击"完成"按钮✔，弹出"消息输入窗口"对话框，输入节距值为20，如图3-114所示。

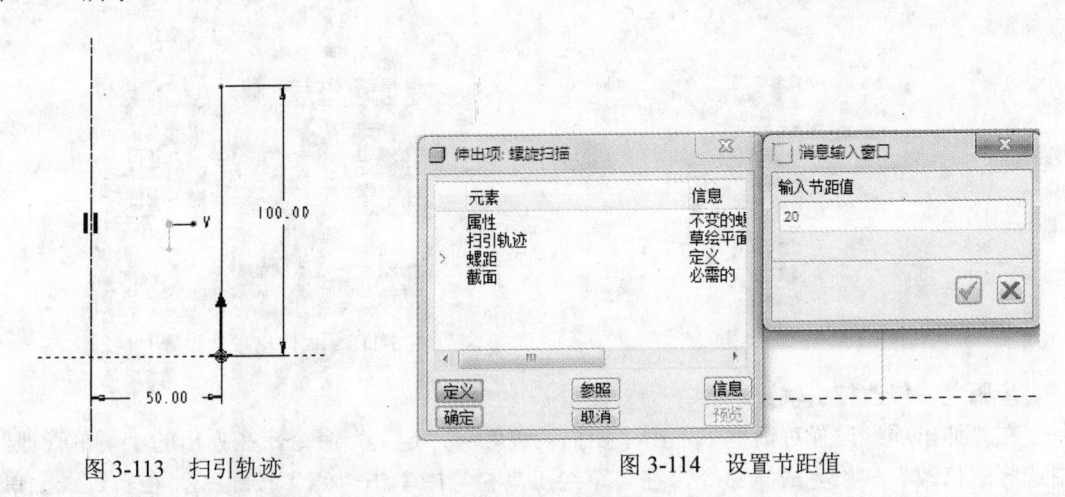

图3-113　扫引轨迹

图3-114　设置节距值

步骤六　绘制截面图形

单击✔按钮，完成节距设置。草绘界面转变成截面绘制界面，在步骤四中的箭头位置出现两条垂直交叉的中心线，以中心为圆心，绘制直径为10的圆，如图3-115所示。

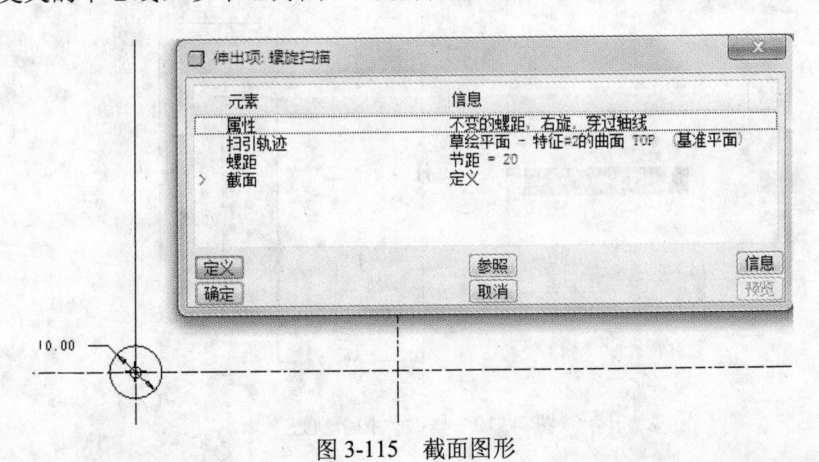

图3-115　截面图形

步骤七　绘制截面图形

单击"完成"按钮✔，在"伸出项"对话框中单击 确定 按钮，完成螺旋扫描创建，如图3-116所示。

步骤八　编辑定义（创建弹簧2）

在模型树中的"伸出项"位置单击右键，在弹出的菜单中选择"编辑定义"命令，如图3-117所示，则返回到"伸出项"设置对话框中，如图3-118所示。

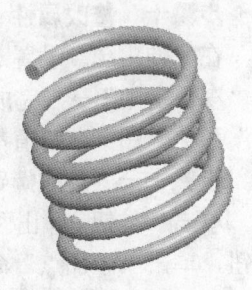

图3-116　弹簧1

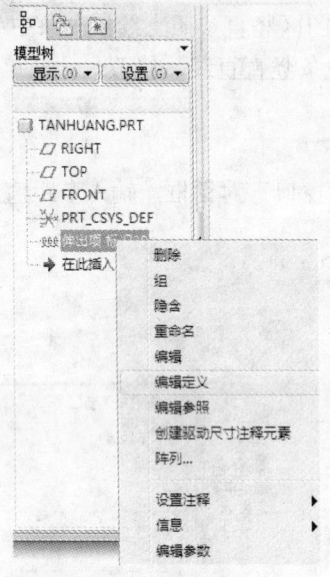

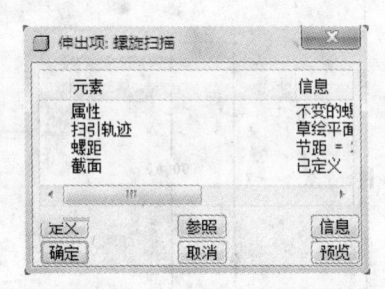

图 3-117 "编辑定义"　　　图 3-118 "伸出项"设置对话框

步骤九　修改扫引轨迹

在"伸出项"设置对话框中单击"扫描轨迹"→"定义"命令，在弹出的"菜单管理器"中选择"修改"→"完成"命令，在"草绘工具栏"中单击"点"按钮×，在轨迹线上单击两点，分别距起始点距离为 25 和 75，如图 3-119 所示。单击"完成"按钮✓，完成修改。

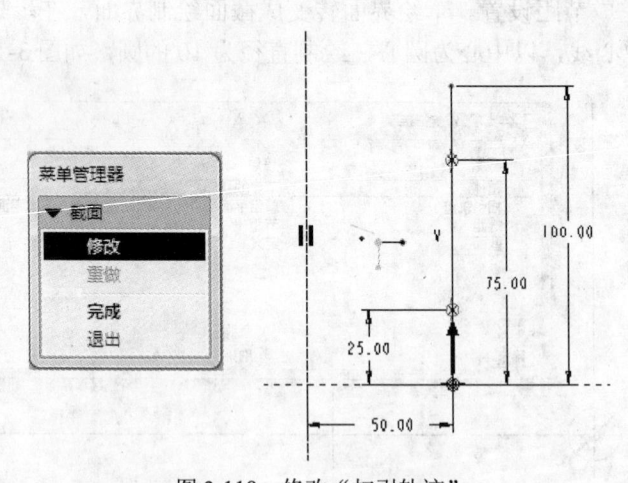

图 3-119　修改"扫引轨迹"

步骤十　修改属性

在"伸出项"设置对话框中单击"属性"→"定义"命令，选择"可变的"→"穿过轴"→"右手定则"→"完成"命令，如图 3-120 所示。弹出"消息输入窗口"对话框，修改"起始"和"末端"节距值都为 8，如图 3-121 所示。

步骤十一　修改螺距

单击✓按钮，弹出"添加点"菜单管理器，如图 3-122 所示。在"选取"对话框中单击"确定"按钮，单击"添加点"命令，在绘图区单击步骤九中添加的"25"点，弹出"消息输入窗口"对话框，输入节距值为 16，单击✓按钮，螺距图发生相应变化，如图 3-123 所示。

图 3-120　修改属性

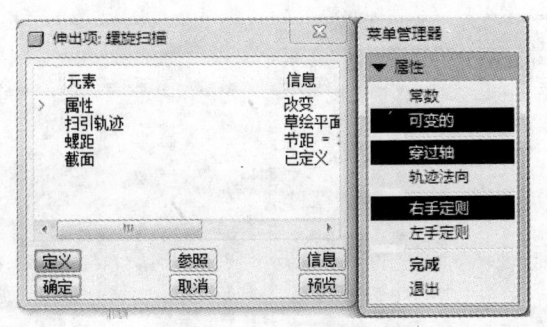

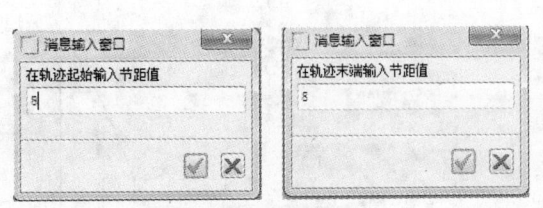

图 3-121　修改节距值

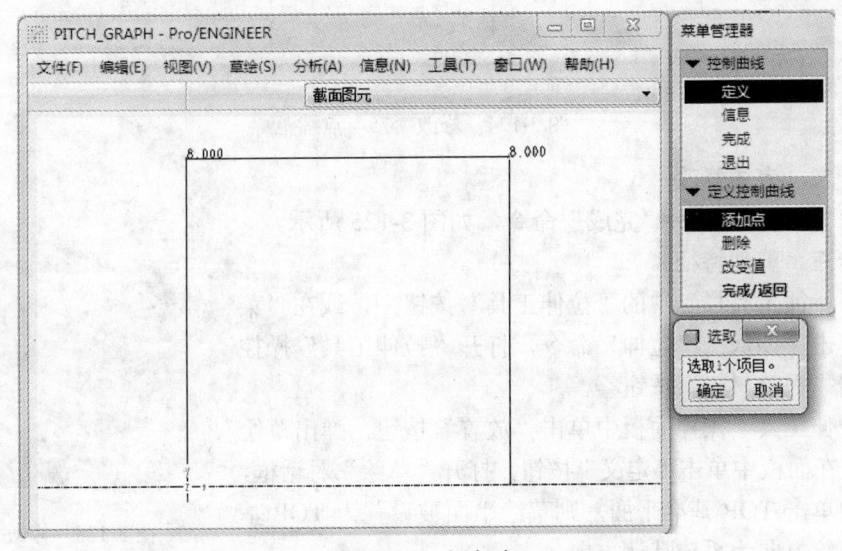

图 3-122　添加点

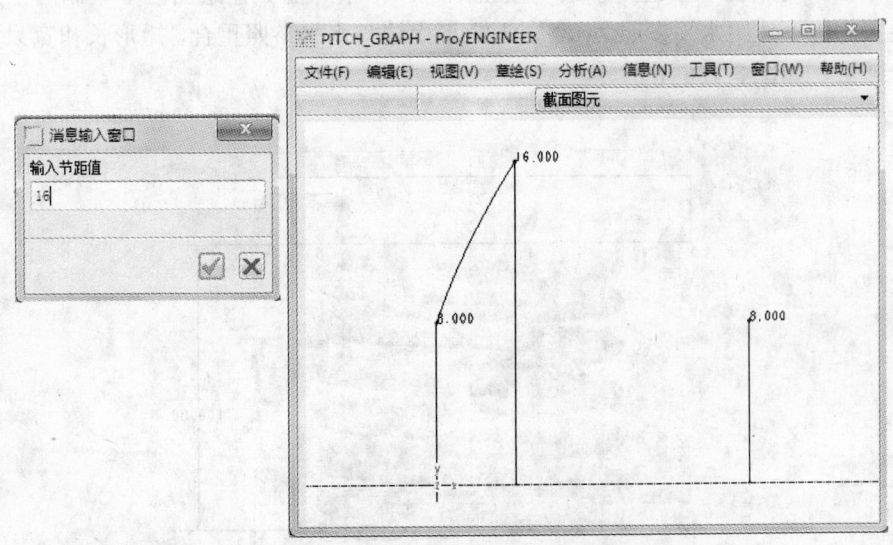

图 3-123　修改"25"点螺距

再次单击"添加点"命令，在绘图区单击步骤九中添加的"75"点，弹出"消息输入窗口"对话框，输入节距值 16，单击 ✓ 按钮，螺距图发生相应变化，如图 3-124 所示。

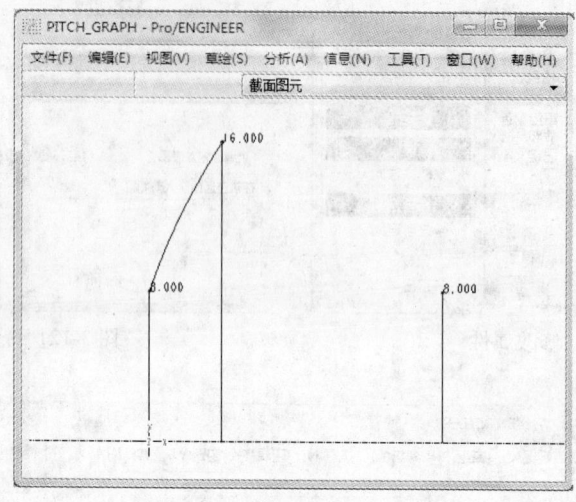

图 3-124 修改 "75" 点螺距

步骤十二 完成修改

单击"完成/返回"→"完成"命令,如图 3-125 所示。

步骤十三 剪切特征

单击"特征工具栏"中的"拉伸工具"按钮,或在"菜单栏"中单击"插入→拉伸"命令,打开"拉伸工具"操控面板,单击"去除材料"按钮。

在"拉伸工具"操控面板中单击"放置"按钮,弹出草绘定义面板。在面板中单击"定义"按钮,打开"草绘"对话框,在绘图区中单击 TOP 基准平面,则草绘平面被设置为 TOP 基准平面,草绘方向为系统默认方向。

图 3-125 修改后实体

在"草绘"对话框中单击"草绘"按钮,进入草绘界面。在绘图区中绘制两个矩形,上矩形主要尺寸为下边距水平参照"100",下矩形上边与水平参照重合,矩形长和宽只要能包络实体部分即可,如图 3-126 所示。

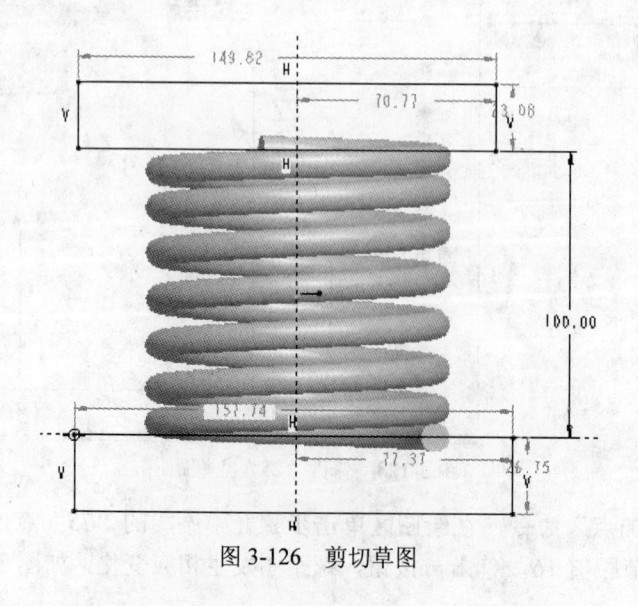

图 3-126 剪切草图

单击"完成"按钮✔。单击按钮，设置拉伸方式为"双向拉伸"，拉伸深度为"110"，如图 3-127 所示。

单击✔按钮，完成剪切特征创建，如图 3-128 所示。

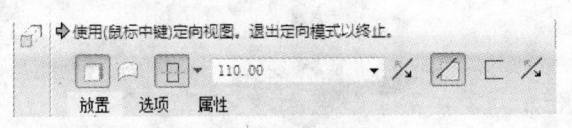

图 3-127 参数设置

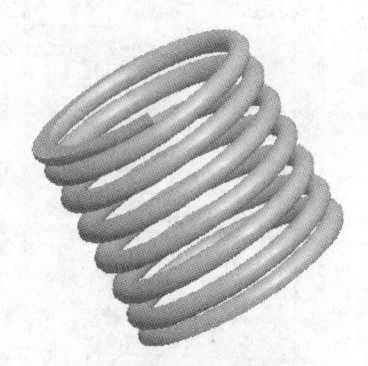

图 3-128 剪切特征

步骤十四 删除拉伸特征（创建弹簧3）

在模型树中的"伸出项"位置单击右键，在弹出的菜单中选择"删除"命令，如图 3-129 所示。弹出"删除"提示对话框，如图 3-130 所示。单击确定按钮，则步骤十三中创建的剪切特征被删除。

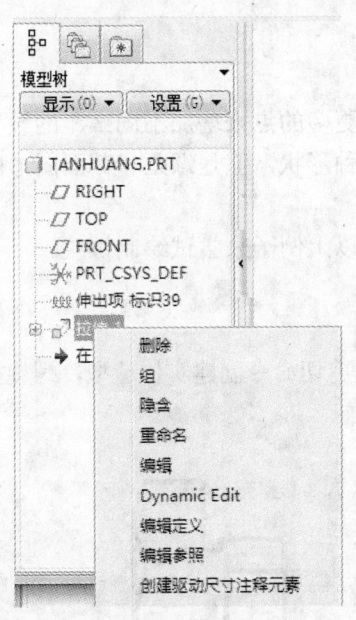

图 3-129 "删除"选项

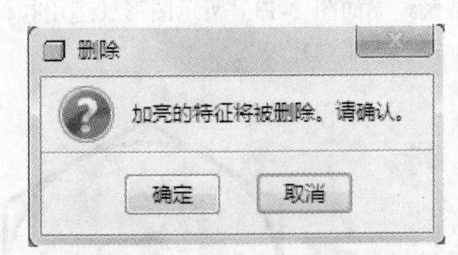

图 3-130 "删除"提示对话框

步骤十五 修改扫引轨迹

在模型树中的"伸出项"位置单击右键，在弹出的菜单中选择"编辑定义"命令。返回到"伸出项"设置对话框中。

在"伸出项"设置对话框中单击"扫描轨迹"→"定义"命令，在弹出的"菜单管理器"中选择"修改"→"完成"命令，删除之前绘制的直线轨迹线。在"草绘工具栏"中单击"三点圆弧"按钮，绘制一段圆弧作为新轨迹线，修改尺寸，如图 3-131 所示。单击"完成"按钮✔。

在"伸出项"设置对话框中单击"属性"→"定义"命令,选择"常数"→"穿过轴"→"右手定则"→"完成"命令。弹出"消息输入窗口"对话框,修改节距值都为20。

在"伸出项"对话框中单击 确定 按钮,完成螺旋扫描的创建,如图3-132所示。

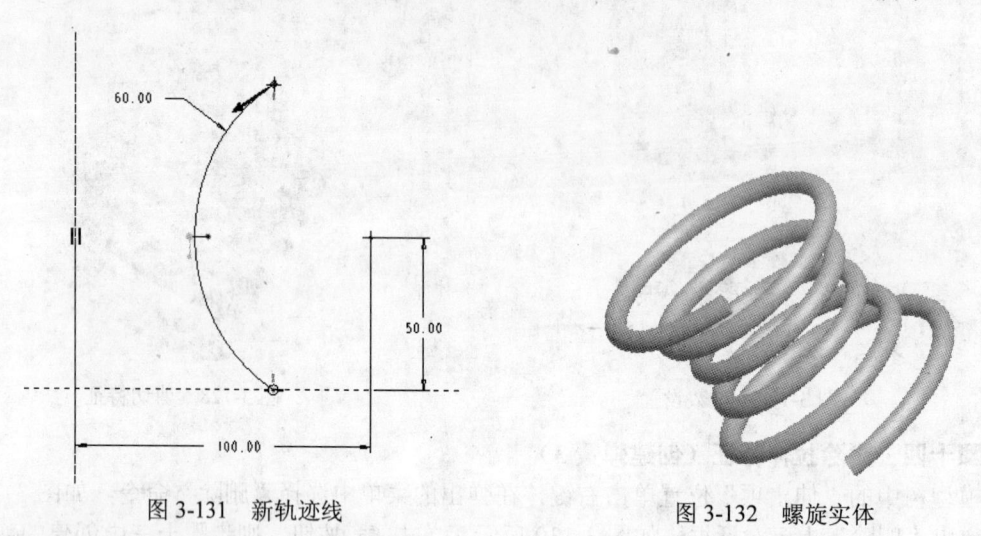

图3-131 新轨迹线

图3-132 螺旋实体

步骤十六 保存文件

单击"保存"按钮,完成保存操作。

3.6.6 任务总结

1. 在属性项"可变的"螺距中,可根据需要设定更多的点来增加不同螺距的设置。
2. 轨迹线的形状不局限于直线和圆弧,可以是各种形状,但是螺距和截面图形的尺寸设置一定要合理。
3. 螺旋扫描工具也可以绘制螺纹,读者可以根据以上例子来尝试绘制螺纹。

3.6.7 巩固练习

准确绘制如图3-133所示图形(运用拉伸、旋转、剪切命令创建实体造型,螺旋扫描中的切口方式创建螺纹)。

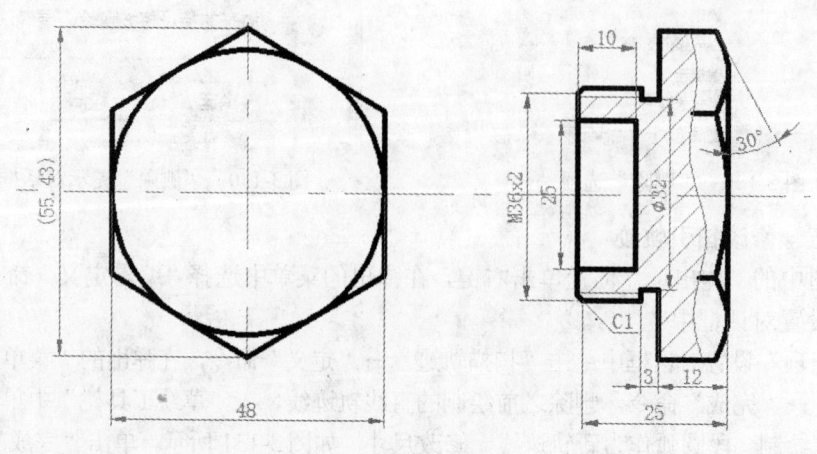

图3-133 练习3-10

任务 3.7 水龙头

3.7.1 任务目标

- 了解拔模工具的简单应用。
- 巩固抽壳工具。
- 掌握拉伸的第三种方式。
- 掌握扫描混合操作步骤和参数设置。
- 运用扫描混合特征创建较复杂的旋转造型。

3.7.2 任务分析

应用扫描混合工具完成图 3-134 所示图形。

3.7.3 任务分析

从零件造型来看，它是由较多截面组合而成，从而可以应用扫描混合工具绘制。扫描混合工具可以看作是扫描和混合特征的综合工具。需要选择扫描轨迹将不同截面混合造型。

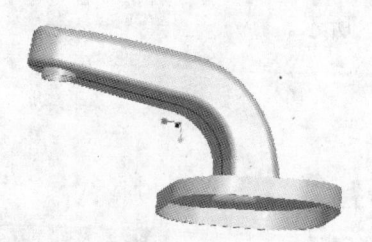

图 3-134 水龙头

3.7.4 相关知识

1．扫描混合参数设置。
2．拔模工具参数设置。
3．拉伸方式"拉伸至"。

3.7.5 任务过程

步骤一 设置工作目录

选择主菜单栏中的"文件"→"设置工作目录"选项，打开"选取工作目录"对话框。当前设置工作目录在 D:\my word\中，单击"确定"按钮完成设置。

步骤二 新建零件文件

选择主菜单栏中的"文件"→"新建"选项，打开"新建"对话框。选择"零件"，在"名称"框中输入模型名称"shuilongtou"，取消勾选"使用缺省模板"复选框。单击"确定"按钮，在弹出的"新文件选项"对话框中选择"mms_part_solid"选项。单击"确定"按钮，进入零件建模环境。

步骤三 创建底座

单击"特征工具栏"中的"拉伸工具"按钮，或在"菜单栏"中单击"插入→"拉伸"命令。打开"拉伸工具"操控面板。

在"拉伸工具"操控面板中单击"放置"按钮，弹出草绘定义面板。在面板中单击"定义"按钮，打开"草绘"对话框，单击 TOP 基准平面，则草绘平面被设置为 TOP 面，草绘方向为系统默认方向。

在"草绘"对话框中单击"草绘"按钮，进入草绘界面。绘制草绘图形，如图 3-135 所示。

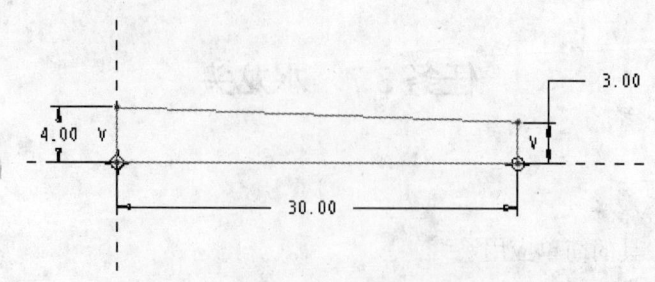

图 3-135 草绘图形

绘制完成后单击"完成"按钮✓。

在"拉伸工具"操控面板中单击"对称"按钮,在"深度"文本框中输入深度值为35,按 Enter 键,绘图区预览发生改变。单击"确定"按钮✓完成剪切特征的创建,如图 3-136 所示。

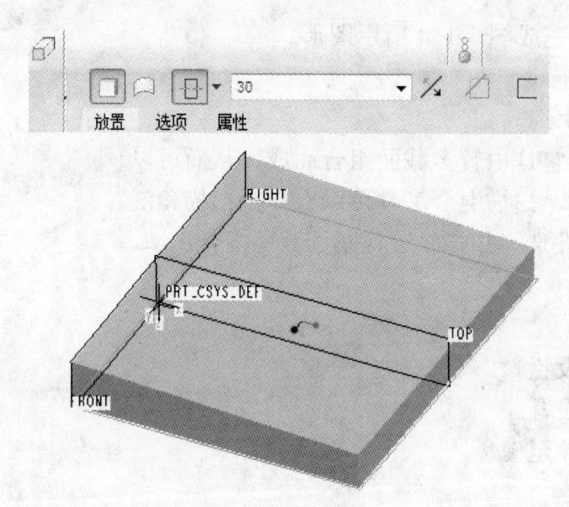

图 3-136 底座实体

步骤四 创建拔模特征

单击"特征工具栏"中的"拔模工具"按钮,或选择菜单栏中的"插入"→"斜度"命令,打开"拔模"工具操控面板,如图 3-137 所示。

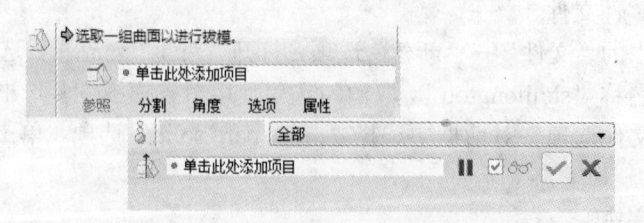

图 3-137 "拔模"工具操控面板

单击"参照"按钮,弹出"参照"定义面板,单击"拔模曲面"下的空白区域,再单击底板需要作倾斜的面,设定该面为拔模曲面。单击"拔模枢轴"下的空白区域,再单击如图轴线作为拔模枢轴。

单击"拖动方向"下的空白区域,再单击上表面作为拔模方向。拔模斜度设置为"3",如图 3-138 所示。

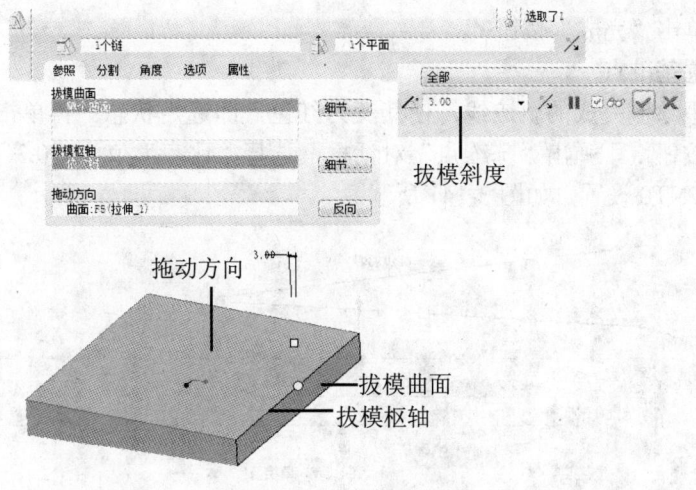

图 3-138　设定拔模参数

重复以上参数设定的方法，对模型其他 3 个侧面进行拔模造型。

步骤五　绘制扫描轨迹

单击"特征工具栏"中的"草绘"按钮，弹出"草绘"对话框，单击 TOP 基准平面，则草绘平面被设置为 TOP 面，草绘方向为系统默认方向。在"草绘"对话框中单击"草绘"按钮，进入草绘界面。

选择"主工具栏"→"草绘"→"参照"命令，弹出"参照"对话框，选择上表面为参照线，如图 3-139 所示。

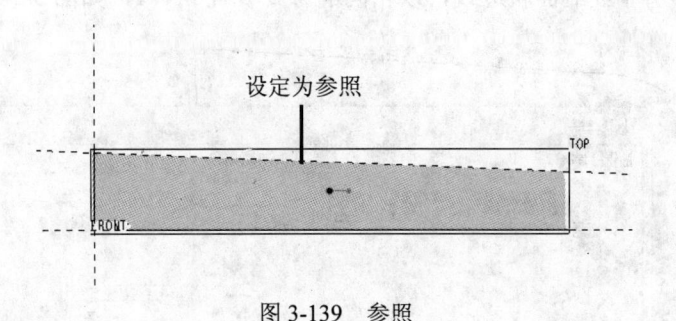

图 3-139　参照

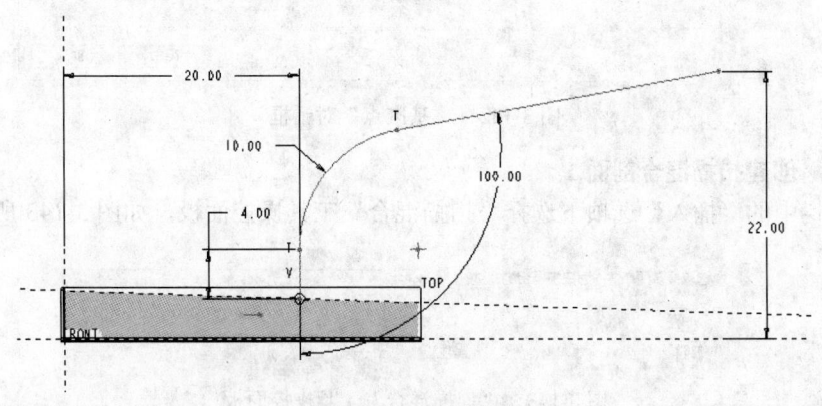

绘制轨迹线，如图 3-140 所示。

图 3-140　扫描轨迹

绘制完成后单击"完成"按钮✔。

步骤六　设置基准点

单击步骤五中绘制完成的轨迹线，使其变为红色，即选定状态。再单击"特征工具栏"中的"基准点"按钮，弹出"基准点"对话框，选择"比率"值为"0.3"，单击 确定 按钮，完成基准点 PNT0 设置，如图 3-141 所示。

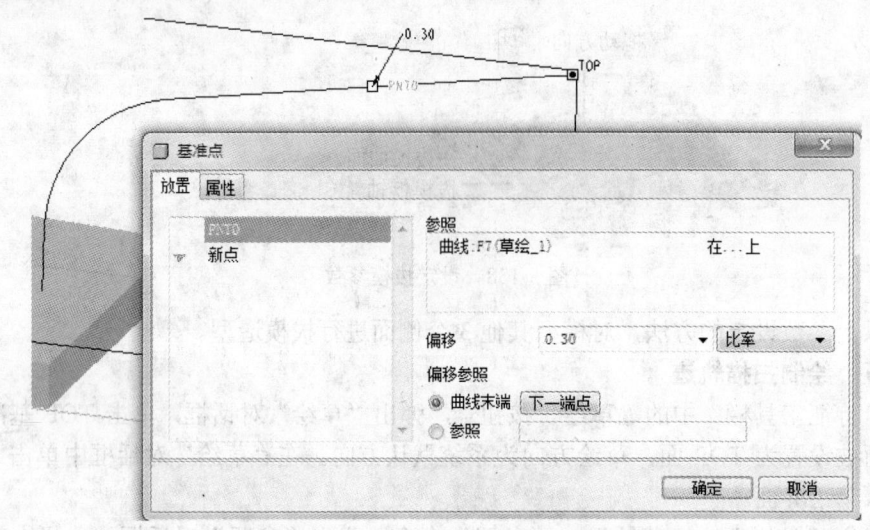

图 3-141　"基准点"对话框

再次单击步骤五中绘制的轨迹线，以相同的方式设置 PNT1，如图 3-142 所示。

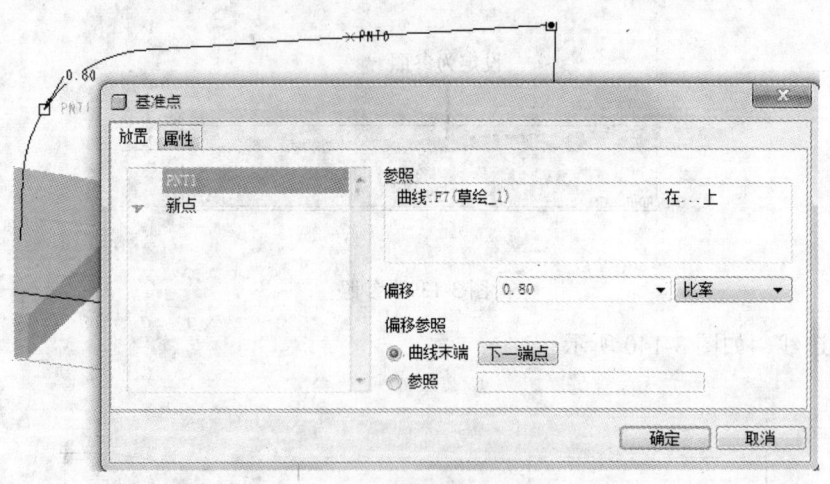

图 3-142　"基准点"对话框

步骤七　创建扫描混合剖面 1

在菜单栏中的"插入"选项下选择"扫描混合"工具操控面板，如图 3-143 所示。

图 3-143　"扫描混合"工具操控面板

在工具操控面板上单击□按钮，在绘图区选中步骤五中绘制的扫描轨迹线。绘图区轨迹线显示发生变化，如图3-144所示。再单击"剖面"按钮，弹出"剖面"定义面板，如图3-145所示。

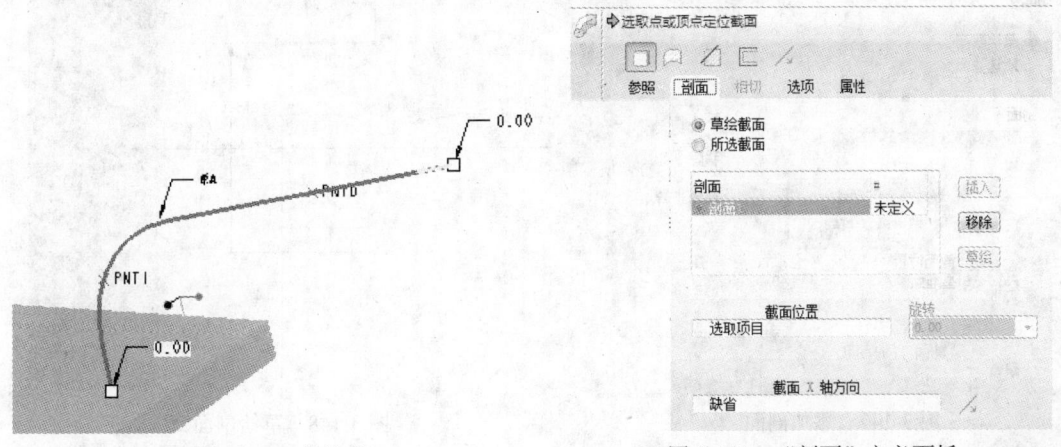

图3-144　轨迹线　　　　　　　图3-145　"剖面"定义面板

在绘图区单击"0.00"起始点，"剖面"定义面板中的 草绘 按钮变为可选，单击 草绘 按钮，在绘图区绘制草绘剖面1，如图3-146所示。绘制完成后单击"完成"按钮✔。

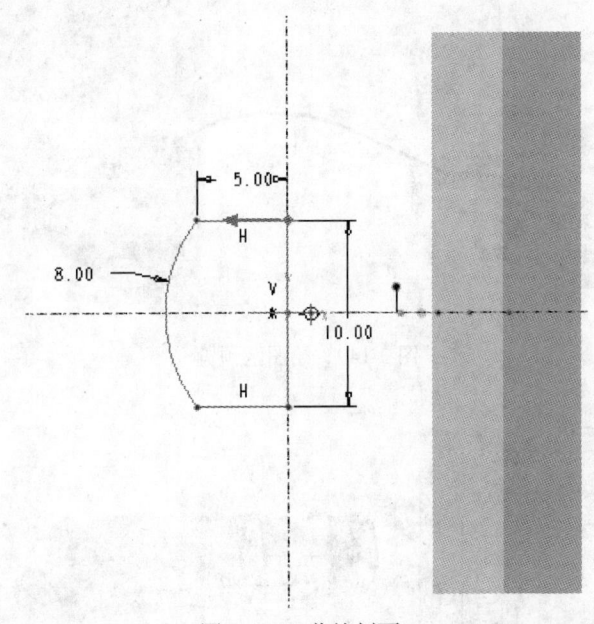

图3-146　草绘剖面1

步骤八　创建扫描混合剖面2

在"剖面"定义面板中的剖面区域单击右键，在弹出的快捷菜单中选择"添加"命令，如图3-147所示。在绘图区单击步骤六创建的PNT0基准点，"剖面"定义面板中的 草绘 按钮变为可选，单击 草绘 按钮，在绘图区绘制草绘剖面2，如图3-148所示。绘制完成后单击"完成"按钮✔，如图3-149所示。

步骤九　创建扫描混合剖面3

重复步骤八，选择PNT1基准点，绘制剖面3，如图3-150所示。

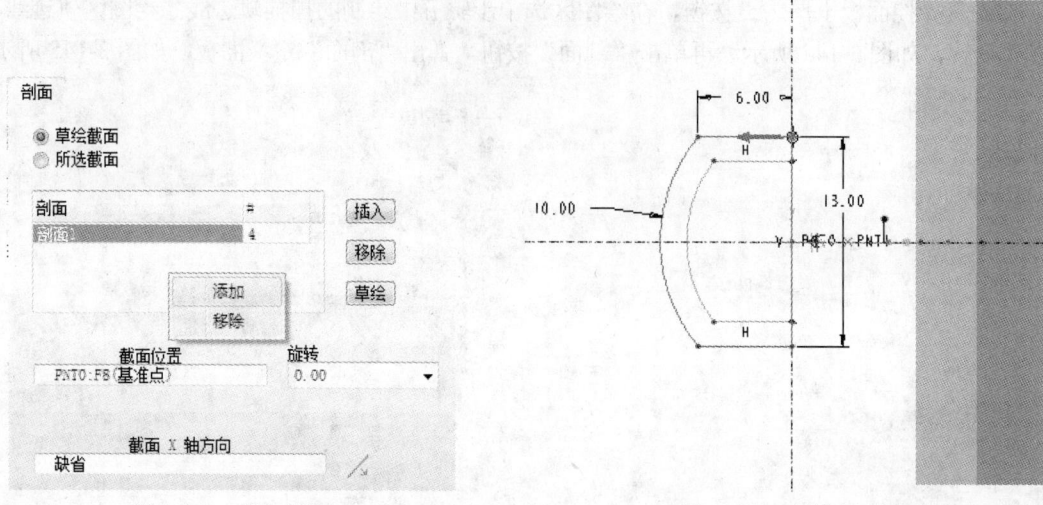

图 3-147 添加剖面

图 3-148 草绘剖面 2

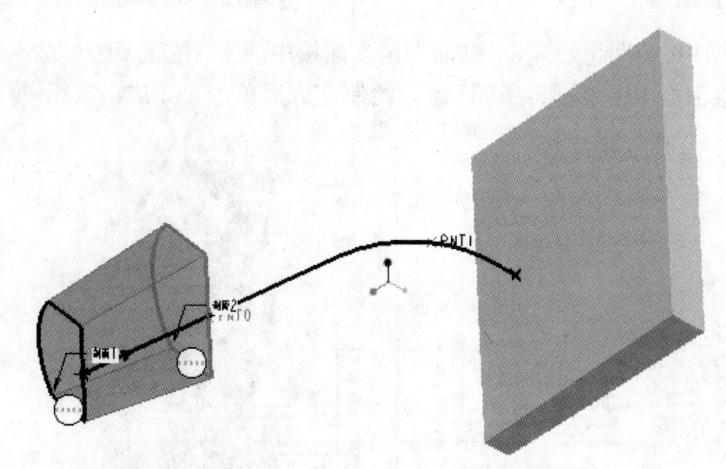

图 3-149 绘图区预览

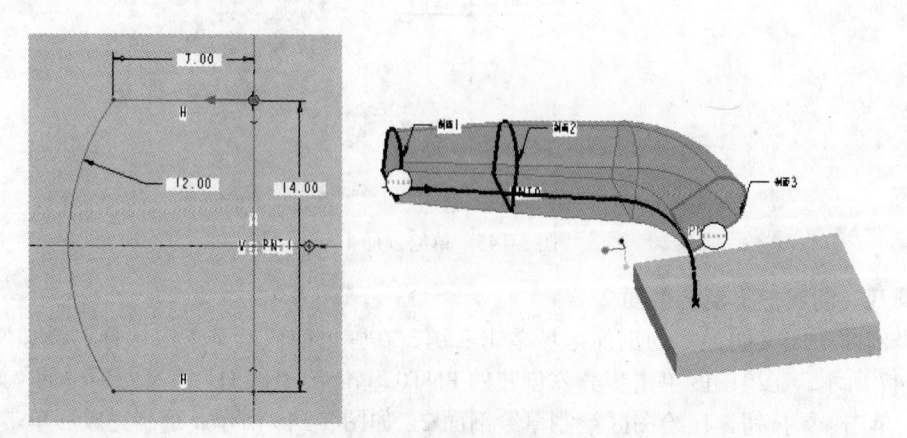

图 3-150 草绘剖面 3

步骤十 创建扫描混合剖面 4

重复步骤八，选择轨迹线末端，绘制剖面 4，如图 3-151 所示。

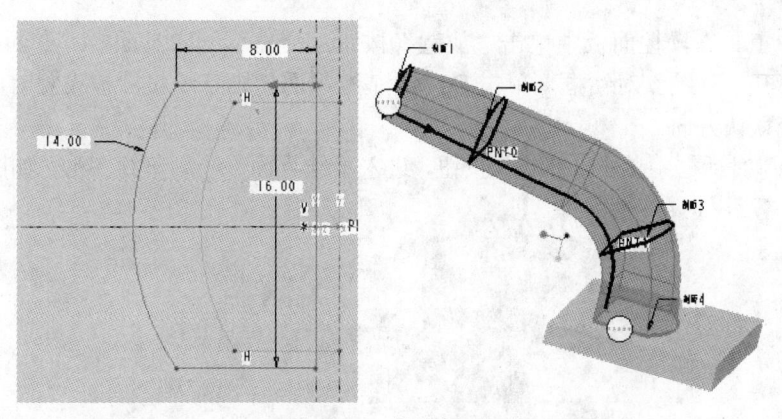

图 3-151 草绘剖面 4

在"扫描混合"工具操控面板上单击"确定"按钮✔,完成扫描混合特征的创建,如图 3-152 所示。

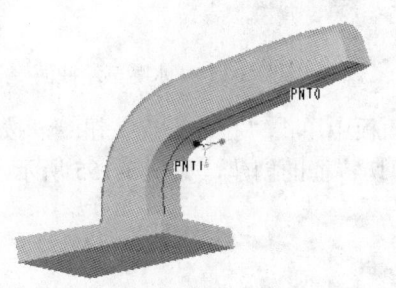

图 3-152 扫描混合实体

步骤十一 创建基准平面

在"特征工具栏"中单击"基准平面"按钮▱,打开"基准平面"对话框。在绘图区选取 FRONT 基准平面,并设置参照为"偏移",然后在"平移"文本框中输入偏移距离为 20,如图 3-153 所示。如果要生成的平面方向错误,可以把鼠标移动到绘图区中的小白框上,按住左键往相反的位置拖动。单击"确定"按钮,完成基准平面"DTM1"创建。

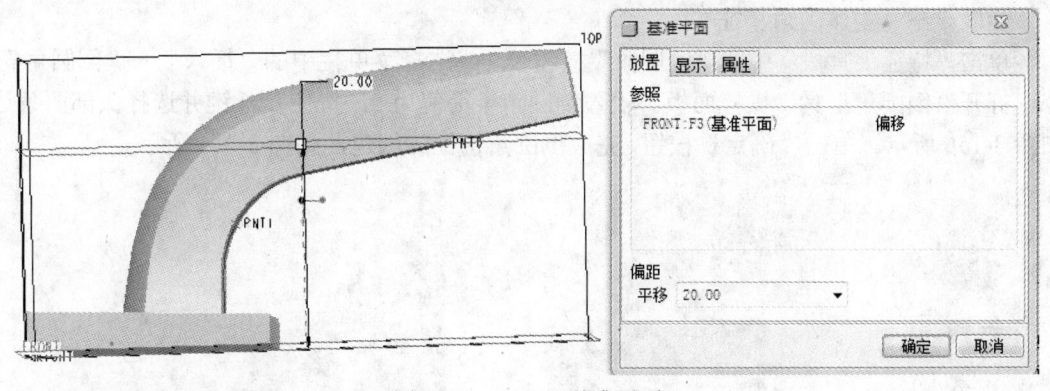

图 3-153 DTM1 基准平面

步骤十二 创建水嘴

单击"特征工具栏"中的"拉伸工具"按钮，或在"菜单栏"中单击"插入→"拉伸"命令。打开"拉伸工具"操控面板。

在"拉伸工具"操控面板中单击"放置"按钮,弹出草绘定义面板。在面板中单击"定义"按钮,打开"草绘"对话框,单击DTM1基准平面,则草绘平面被设置为DTM1面,草绘方向为系统默认方向。

在"草绘"对话框中单击"草绘"按钮,进入草绘界面。绘制草绘图形,如图3-154所示。

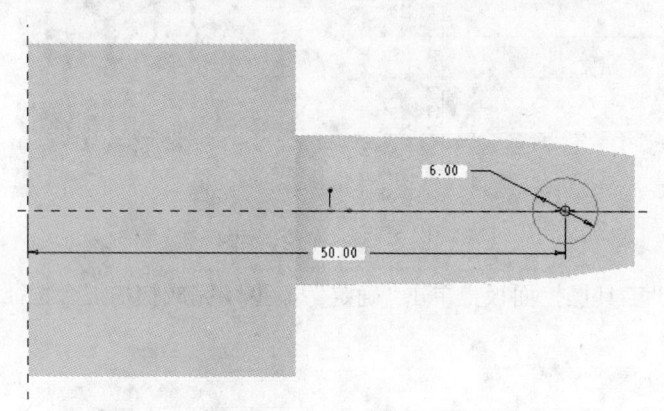

图 3-154 水嘴草绘截面

在"拉伸工具"操控面板中单击"拉伸至"按钮,按Enter键,绘图区预览发生改变。单击"确定"按钮完成剪切特征的创建,如图3-155所示。

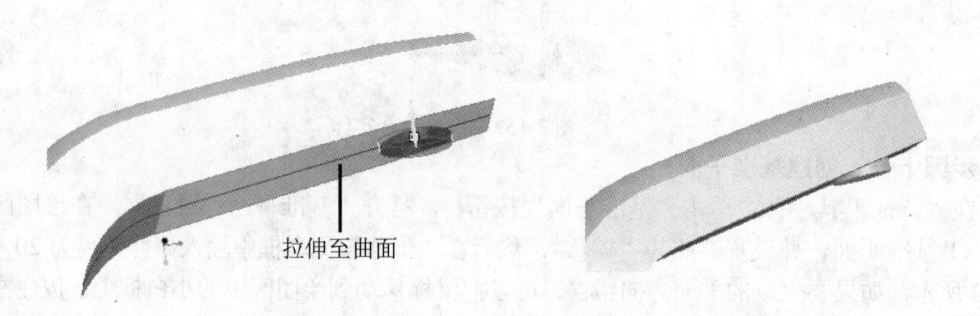

图 3-155 剪切特征

步骤十三 创建圆角特征

单击"特征工具栏"中的"倒圆角"按钮,或选择菜单栏中的"插入"→"倒圆角"命令,打开"倒圆角工具"操控面板。输入倒圆角半径值为5,按住Ctrl键并选择头部两条边,如图3-156所示。单击"确定"按钮完成倒圆角特征的创建,如图3-156所示。

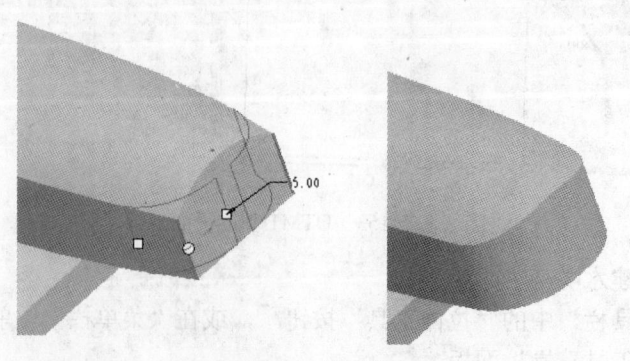

图 3-156 倒圆角 1

重复启动"倒圆角",输入倒圆角半径值为 10,按住 Ctrl 键并选择底座四条立边,如图 3-157 所示。

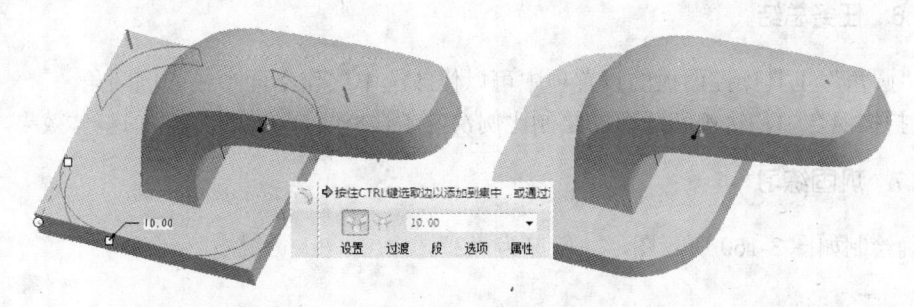

图 3-157 倒圆角 2

重复启动"倒圆角",输入倒圆角半径值为 1,按住 Ctrl 键并选择扫描混合实体棱边,如图 3-158 所示。

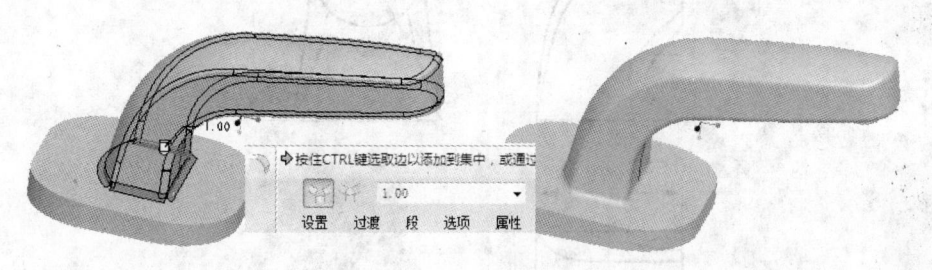

图 3-158 倒圆角 3

步骤十四 创建抽壳特征

单击"特征工具栏"中的"壳工具"按钮,或选择菜单栏中的"插入"→"壳"命令,打开"壳"工具操控面板,输入壁厚值 0.5。

按住 Ctrl 键,依次选取底座下表面和水嘴下表面作为要删除的表面,单击"确定"按钮完成壳特征的创建,如图 3-159 所示。

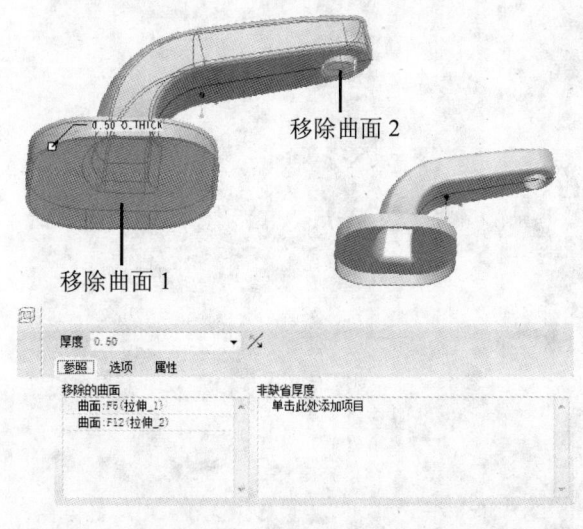

图 3-159 "壳"工具操控面板

步骤十五　保存文件

单击"保存"按钮■，完成保存操作。

3.7.6　任务总结

1．"圆角"工具操控面板的设置项中可以修改选中边作不同半径的倒圆角。
2．扫描混合中，轨迹和截面的绘制比例决定了最终生成的实体模型的整体效果。

3.7.7　巩固练习

准确绘制如图 3-160 所示图形。壁厚为"2"。

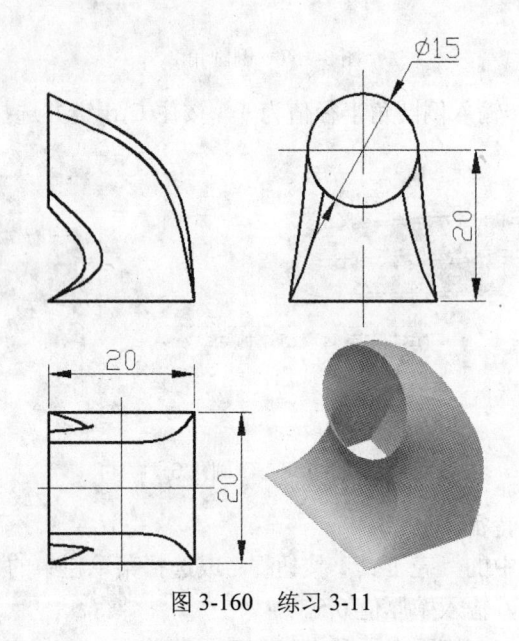

图 3-160　练习 3-11

项目 4 创建基准

项目分析

Pro/E 在实体造型过程中，通常需要使用一些辅助几何对象，如点、线或面作为设计参照，以便更符合设计意图。作为辅助设计的这些点、线或面被整合为一种新特征，即基准特征。

能力目标

- 认识创建基准的意义。
- 掌握基准点的创建方法。
- 掌握基准轴的创建方法。
- 掌握基准平面的创建方法。

任务 4.1 模型基准点

4.1.1 任务目标

- 巩固拉伸工具。
- 熟悉拉伸方式"贯穿"。
- 掌握基准点的创建方法和参数设置。

4.1.2 任务分析

应用拉伸工具完成实体造型，并绘制 5 个基准点，如图 4-1 所示。

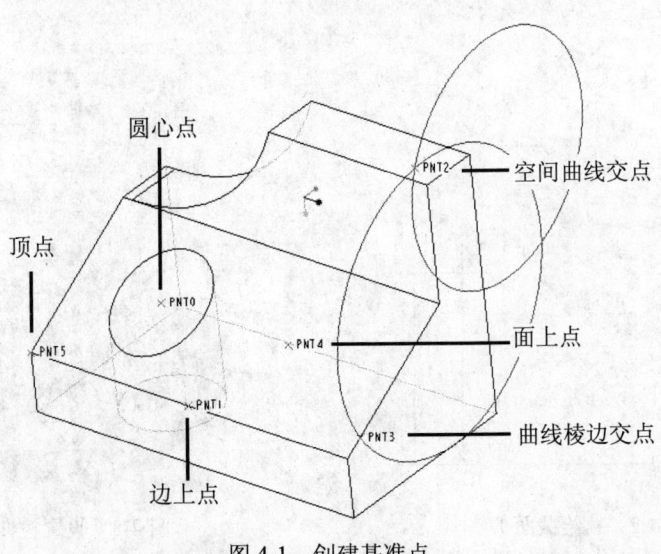

图 4-1 创建基准点

4.1.3 任务分析

作为一种辅助特征，拉伸工具可以构造其他基准特征，也可以作为创建基础特征的终止参照，或作为放置参照。本任务综合应用了基准点的创建方法。

4.1.4 相关知识

1. 基准点。
2. 曲线绘制。

4.1.5 任务过程

步骤一　设置工作目录

选择主菜单栏中的"文件"→"设置工作目录"选项，打开"选取工作目录"对话框。当前设置工作目录在 D:\my word\中，单击"确定"按钮完成设置。

步骤二　新建零件文件

选择主菜单栏中的"文件"→"新建"选项，打开"新建"对话框。选择"零件"单选项，在"名称"文本框中输入模型名称"jizhundian"，取消勾选"使用缺省模板"复选框。单击"确定"按钮，在弹出的"新文件选项"对话框中选择"mms_part_solid"选项。单击"确定"按钮，进入零件建模环境。

步骤三　创建拉伸特征1

单击"特征工具栏"中的"拉伸工具"按钮，或在"菜单栏"中单击"插入→"拉伸"命令，打开"拉伸工具"操控面板。

在"拉伸工具"操控面板中单击"放置"按钮，弹出草绘定义面板。在面板中单击"定义"按钮，打开"草绘"对话框，在绘图区中单击 TOP 表面，则草绘平面被设置为 TOP 表面，草绘方向为系统默认方向。

在"草绘"对话框中单击"草绘"按钮，进入草绘界面，绘制图形，如图 4-2 所示。绘制完成后单击"完成"按钮✔。

设置拉伸参数，如图 4-3 所示。单击"确定"按钮✔完成拉伸。

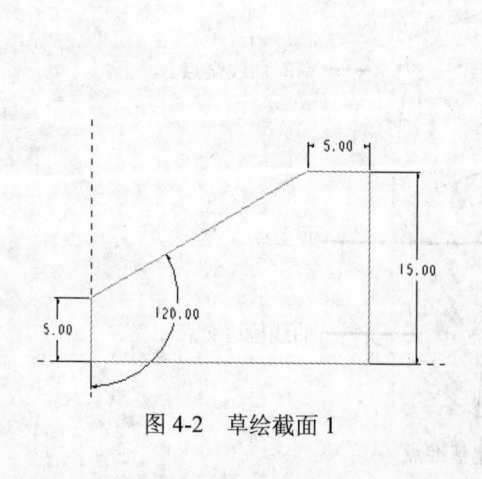

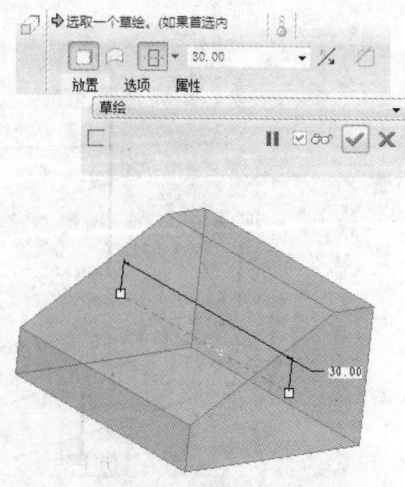

图 4-2　草绘截面 1　　　　　　图 4-3　设置拉伸参数

步骤四　创建拉伸特征 2

在绘图区中单击拉伸特征 1 的前表面作为草绘平面，草绘方向为系统默认方向，如图 4-4 所示。进入草绘界面，在"草绘工具栏"中单击"使用"按钮，弹出"类型"选择对话框，选择如图 4-5 所示的边。

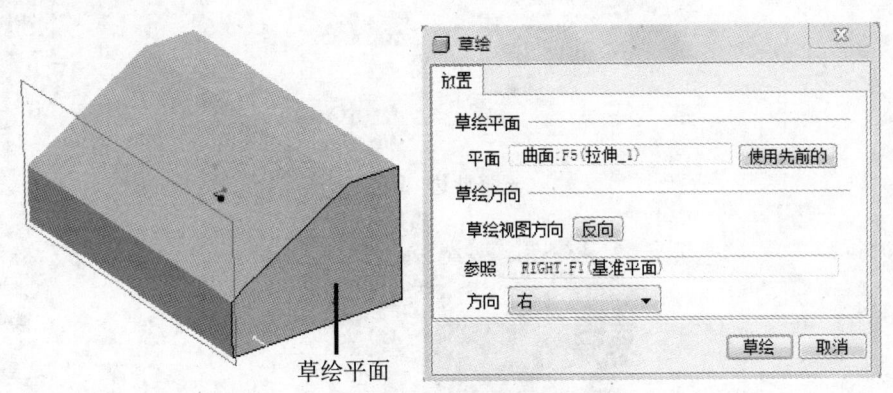

图 4-4　选择草绘平面

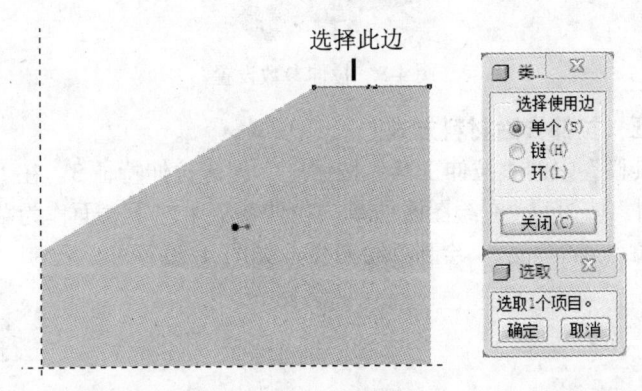

图 4-5　选择边

在"草绘工具栏"中单击"直线"按钮，绘制草绘截面，如图 4-6 所示。单击"完成"按钮。设置深度值为"15"，如果拉伸方向相反，可单击按钮，改变方向，如图 4-7 所示。单击"确定"按钮完成拉伸。

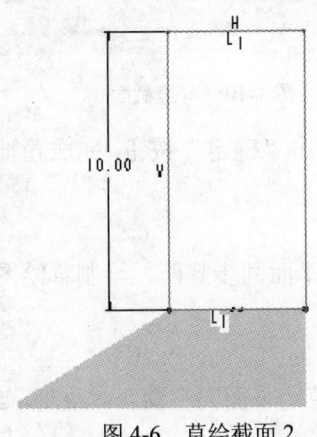

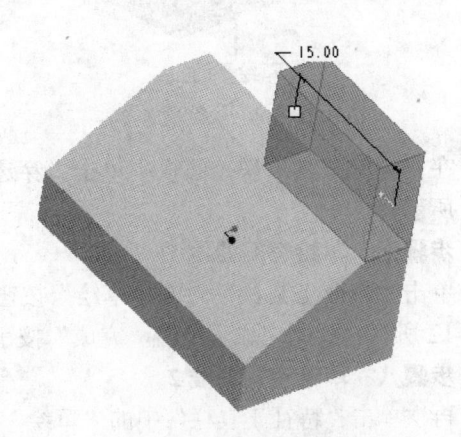

图 4-6　草绘截面 2　　　　　　图 4-7　拉伸参数设置

步骤五 倒圆角

单击"特征工具栏"中的"倒圆角"按钮，打开"倒圆角工具"操控面板。输入倒圆角半径值"15"，选择如图4-8所示的边，单击"确定"按钮完成倒圆角特征的创建。

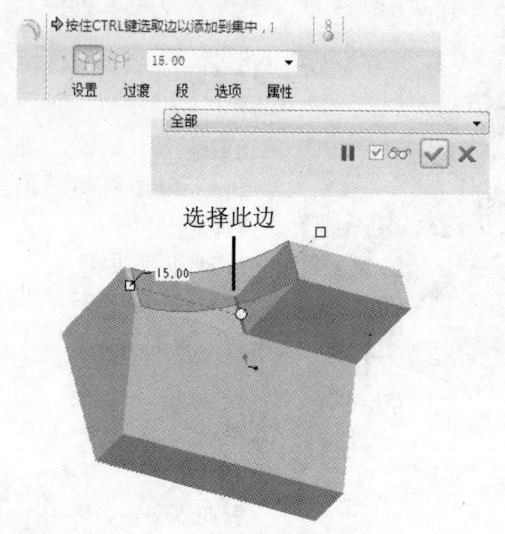

图4-8 拉伸参数设置

步骤六 孔特征（拉伸去除材料方式）

单击"特征工具栏"中的"拉伸工具"按钮，创建拉伸特征3。在"拉伸工具"操控面板中单击"去除材料"按钮。在绘图区中单击拉伸特征1的下表面作为草绘平面，草绘方向为系统默认方向，如图4-9所示。绘制草绘截面，如图4-10所示。绘制完成后单击"完成"按钮。

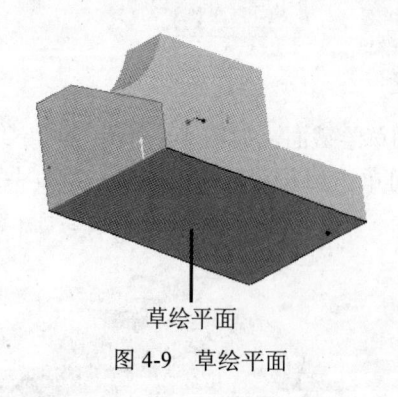

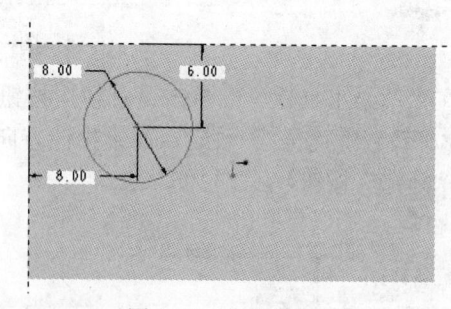

图4-9 草绘平面　　　图4-10 草绘截面3

在"拉伸工具"操控面板中单击"穿透"按钮，单击"确定"按钮完成拉伸，如图4-11所示。

步骤七 草绘空间曲线1

单击"特征工具栏"中的"草绘"按钮，选择草绘平面同步骤四，绘制草绘图形，如图4-12所示。绘制完成后单击"完成"按钮。

步骤八 草绘空间曲线2

再次单击"特征工具栏"中的"草绘"按钮，选择草绘平面同步骤四，绘制草绘图形，如图4-13所示。绘制完成后单击"完成"按钮。

项目 4 创建基准 | 91

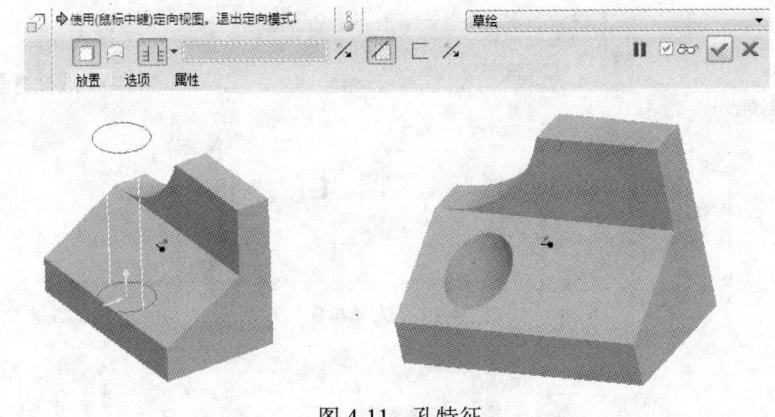

图 4-11 孔特征

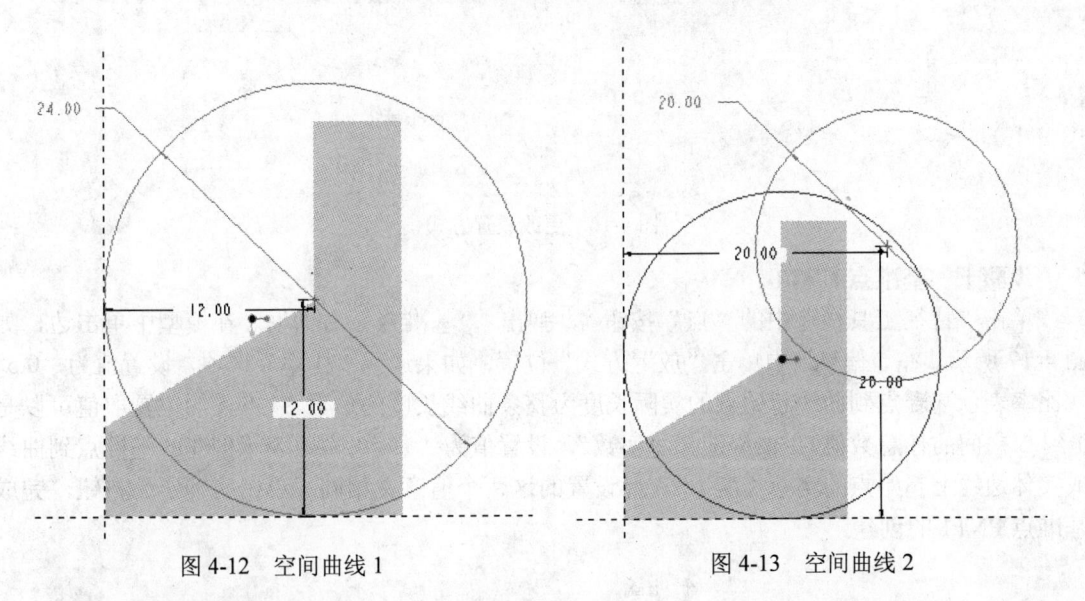

图 4-12 空间曲线 1

图 4-13 空间曲线 2

步骤九 基准点 PNT0

单击"特征工具栏"中的"点"按钮，弹出"基准点"对话框，如图 4-14 所示。在模型中单击孔边缘，如图 4-15 所示。在"参照"中单击"放置方式"位置，选择"居中"选项。单击"确定"按钮，完成基准点 PNT0 的创建，如图 4-16 所示。

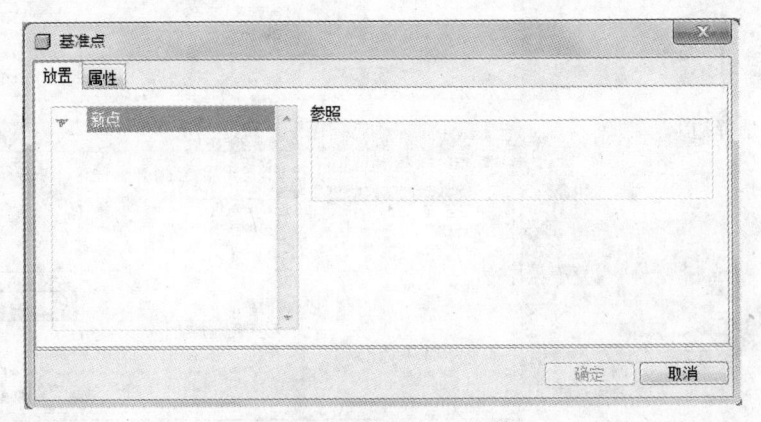

图 4-14 "基准点"对话框

图 4-15 选择参照

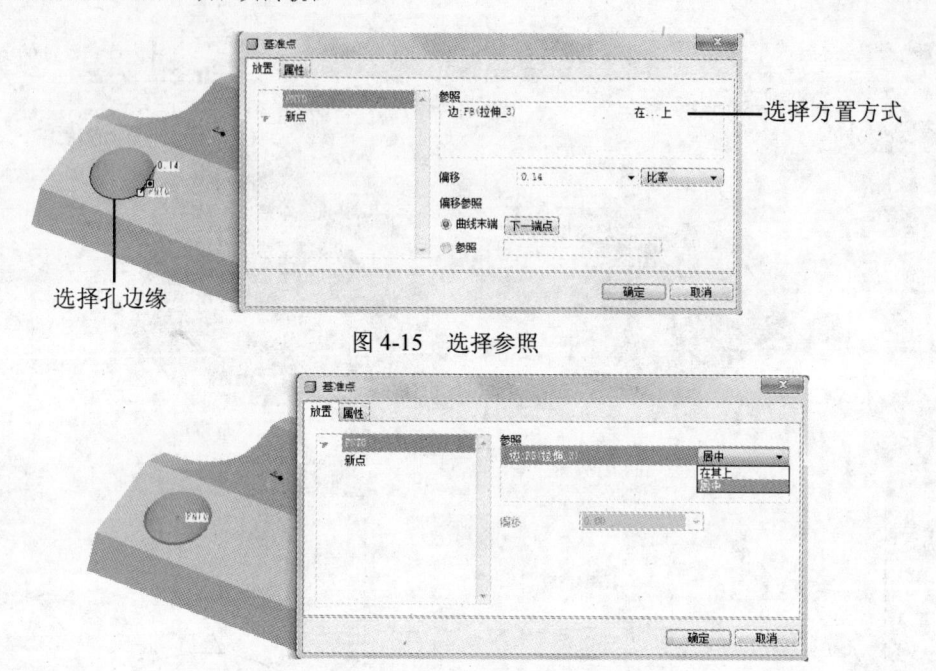

图 4-16 更改放置方式

步骤十 基准点 PNT1

单击"特征工具栏"中的"点"按钮，弹出"基准点"对话框。在模型中单击边，如图 4-17 所示。在"偏移"中单击"放置方式"位置，如果选择"比率"选项，设置值为"0.5"（比率表示基准点到曲线起始点的实际长度为整条曲线长度的倍数，基准点的位置取值可以是 0 到 1 之间的任意数值）；如果选择"实数"，设置值为"15"（实数表示创建的基准点到曲线或实体边线上起始点的实际长度）。在此设置的这两个值意义相同。单击"确定"按钮，完成基准点 PNT1 的创建。

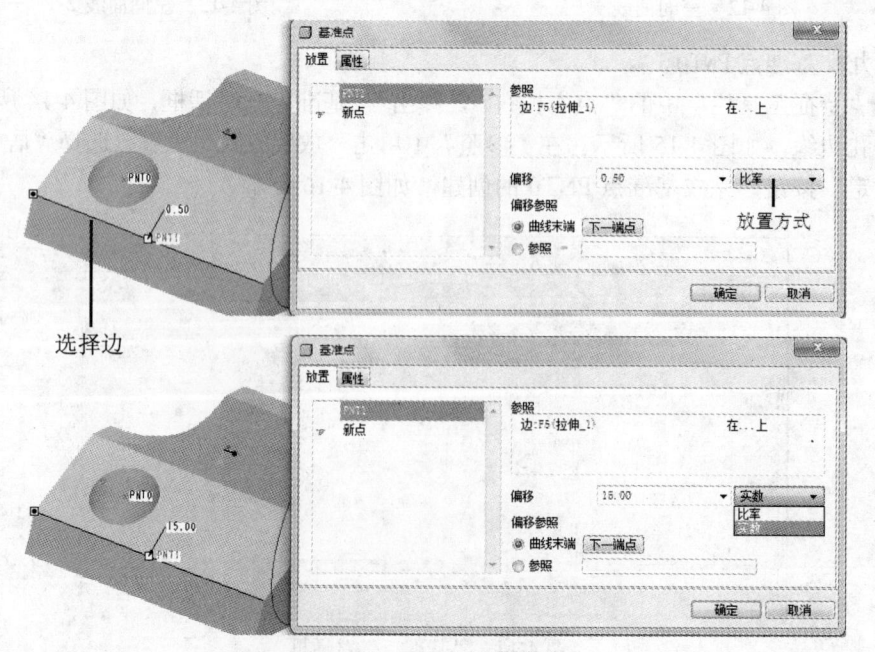

图 4-17 PNT1 参数设置

步骤十一　基准点 PNT2

单击"特征工具栏"中的"点"按钮，弹出"基准点"对话框。按住 Ctrl 键并依次单击空间曲线 1、2 的上半部分，创建两曲线相交基准点 PNT2，如图 4-18 所示。单击"确定"按钮，完成基准点 PNT2 的创建。

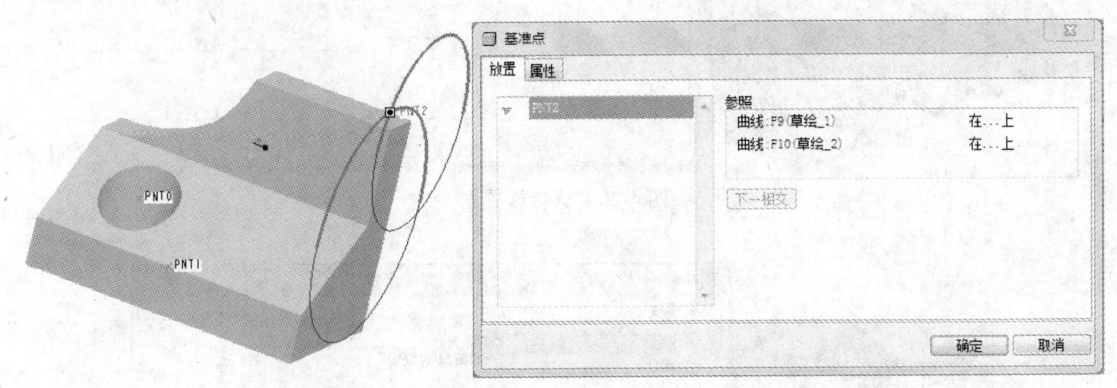

图 4-18　设置 PNT2

步骤十二　基准点 PNT3

单击"特征工具栏"中的"点"按钮，弹出"基准点"对话框。按住 Ctrl 键并依次单击空间曲线 1 的下半部分和模型的边，创建曲线和实体边相交基准点 PNT3，如图 4-19 所示。单击"确定"按钮，完成基准点 PNT3 的创建。

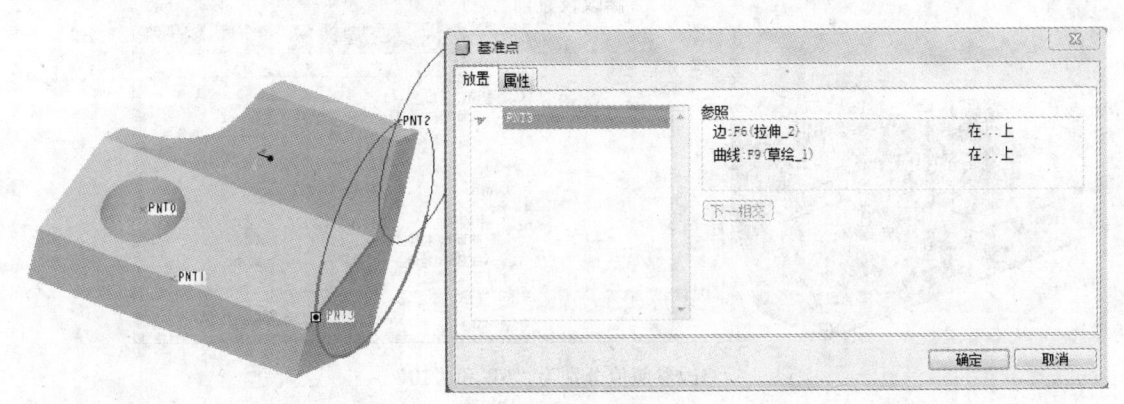

图 4-19　设置 PNT3

步骤十三　基准点 PNT4

单击"特征工具栏"中的"点"按钮，弹出"基准点"对话框。单击模型斜面，在点 4 的周围出现两个绿色控制方框，如图 4-20 所示。分别拖动控制方框到两个参照面上，并在"偏移参照"框中修改基准点 PNT4 到个参照面的距离，如图 4-21 所示。单击"确定"按钮，完成基准点 PNT4 的创建。

步骤十四　基准点 PNT5

单击"特征工具栏"中的"点"按钮，弹出"基准点"对话框。把鼠标放到顶点位置，单击该顶点，在"参照"框中单击"放置方式"位置，选择"在其上"选项。单击"确定"按钮，完成基准点 PNT5 的创建。

图 4-20 选择放置面

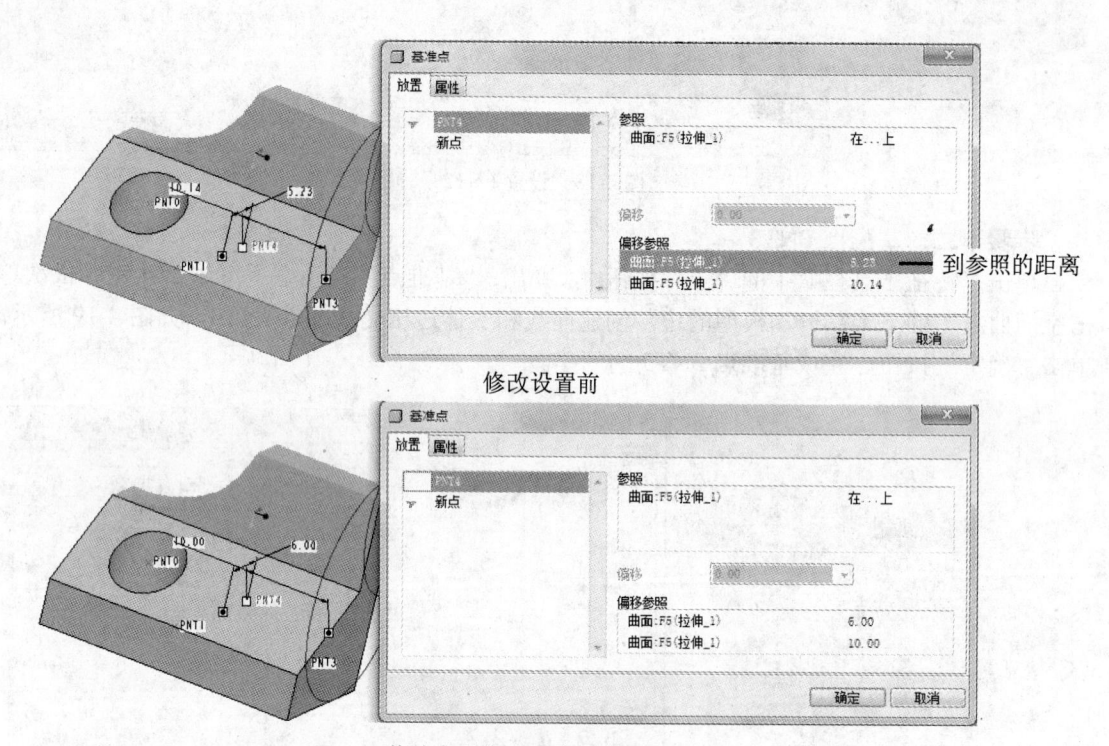

修改设置前

修改参照值分别为"6"和"10"
图 4-21 设置 PNT4

图 4-22 设置 PNT5

步骤十五　保存文件

单击"保存"按钮，完成保存操作。

4.1.6　任务总结

1. 根据不同的需要创建相应的基准点来辅助造型是很关键的。

2. 创建基准点 PNT5 时，在"参照"中单击"放置方式"位置，选择"偏移"选项时，需要按住 Ctrl 键选择一个参照平面。

4.1.7　巩固练习

练习绘制如图 4-23 所示图形。

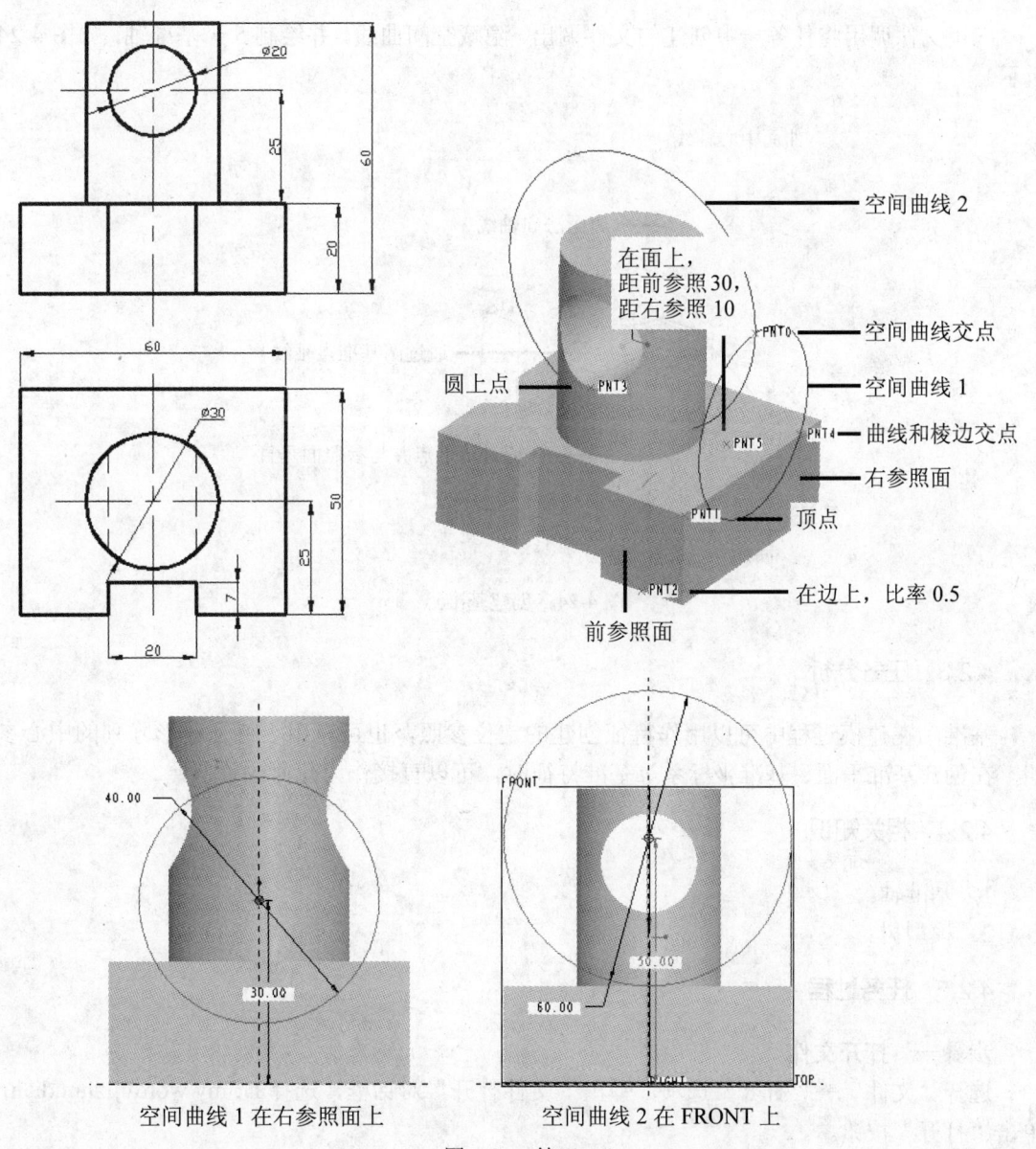

图 4-23　练习 4-1

任务 4.2　模型基准轴

4.2.1　任务目标

- 巩固文件调用。
- 掌握模型树中特征删除方法。
- 掌握模型树中特征隐藏和撤消隐藏方法。
- 掌握基准轴的创建方法和参数设置。

4.2.2　任务分析

应用文件调用将任务一中创建的文件调出，隐藏空间曲线，并绘制 5 个基准轴，如图 4-24 所示。

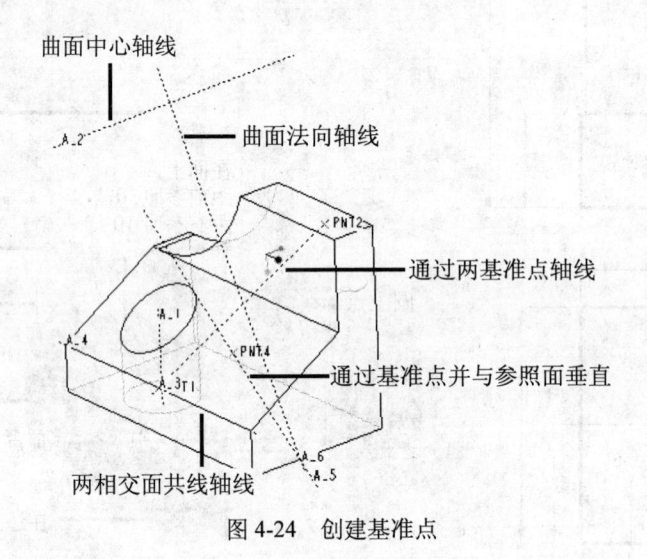

图 4-24　创建基准点

4.2.3　任务分析

基准轴在建模过程中可以用作特征创建的定位参照，也可以用于特征环形阵列的中心参照。在创建基准平面、基准坐标系等基准特征时，可以直接作为几何放置参照。

4.2.4　相关知识

1. 基准轴。
2. 模型树。

4.2.5　任务过程

步骤一　打开文件

选择"文件"→"打开"选项，弹出"文件打开"对话框，选择 D:\my word\ jizhundian，单击"打开"按钮。

步骤二 隐藏和撤消隐藏特征

按住 Ctrl 键，在模型树中依次单击"草绘 1"和"草绘 2"，再单击鼠标右键，弹出快捷菜单，如图 4-25 所示。单击"隐藏"命令，则"草绘 1"和"草绘 2"变为灰色，绘图区该草绘截面消失，如图 4-26 所示。

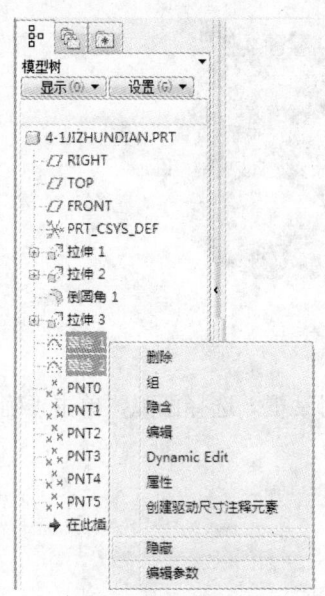

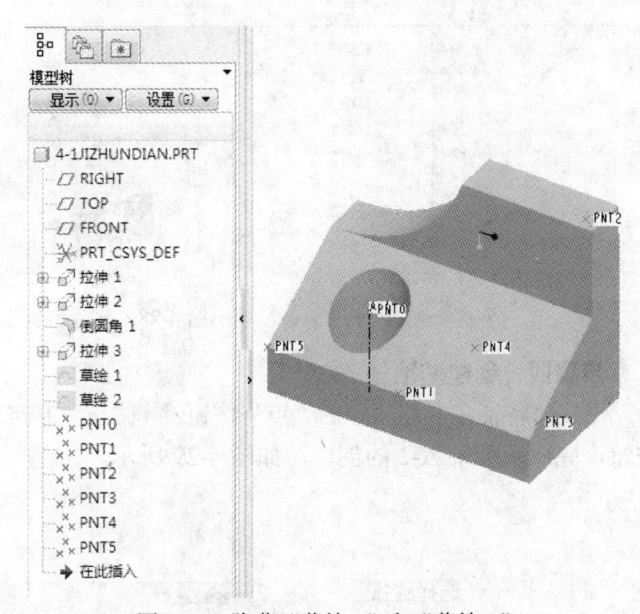

图 4-25 快捷菜单   图 4-26 隐藏"草绘 1"和"草绘 2"

如果撤消隐藏，同样按住 Ctrl 键，在模型树中依次单击"草绘 1"和"草绘 2"，选择"菜单栏"→"编辑"→"撤消（U）：隐藏"命令，完成撤消隐藏，如图 4-27 所示。

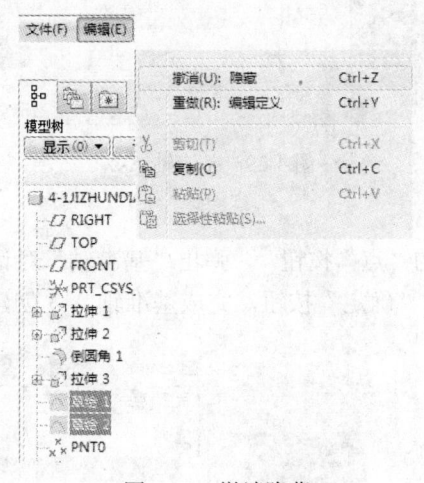

图 4-27 撤消隐藏

本任务中不需要撤消。

步骤三 删除特征

按住 Ctrl 键，在模型树中依次单击 PNT0、PNT3 和 PNT5，再单击鼠标右键，弹出快捷菜单。单击"删除"命令，在弹出的"删除"对话框中单击"确定"按钮，则模型树和绘图区中该三点消失，如图 4-28 所示。

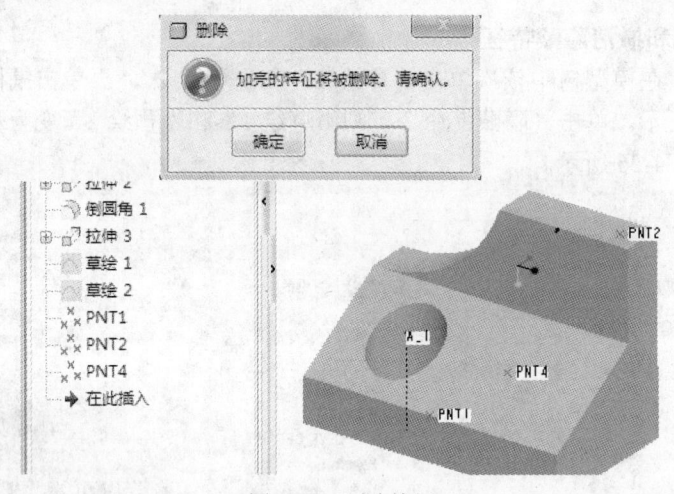

图 4-28 删除特征

步骤四 创建基准轴 A-2

单击"特征工具栏"中的"点"按钮，弹出"基准轴"对话框。选择圆弧，单击"确定"按钮，完成基准轴 A-2 的创建，如图 4-29 所示。

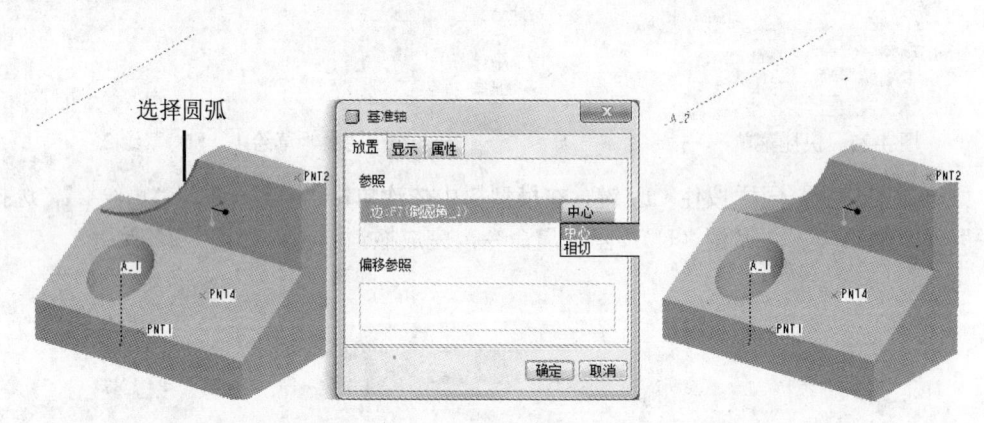

图 4-29 基准轴 A-2

步骤五 创建基准轴 A-3

单击"特征工具栏"中的"点"按钮，弹出"基准轴"对话框。按住 Ctrl 键，依次单击基准点 PNT1 和 PNT2，单击"确定"按钮，完成基准轴 A-3 创建，如图 4-30 所示。

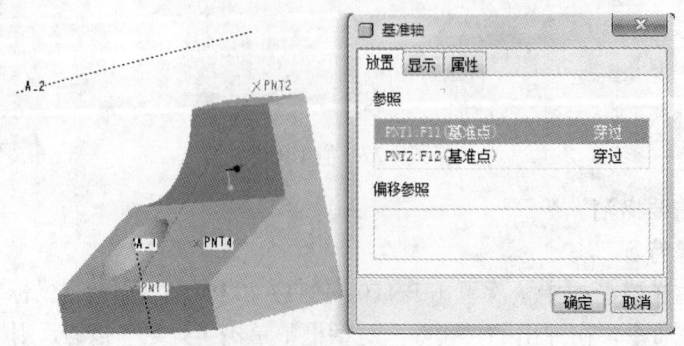

图 4-30 基准轴 A-3

步骤六 创建基准轴 A-4

单击"特征工具栏"中的"点"按钮，弹出"基准轴"对话框。按住 Ctrl 键，依次单击参照平面 1 和参照平面 2，或单击棱边。单击"确定"按钮，完成基准轴 A-4 的创建，如图 4-31 所示。

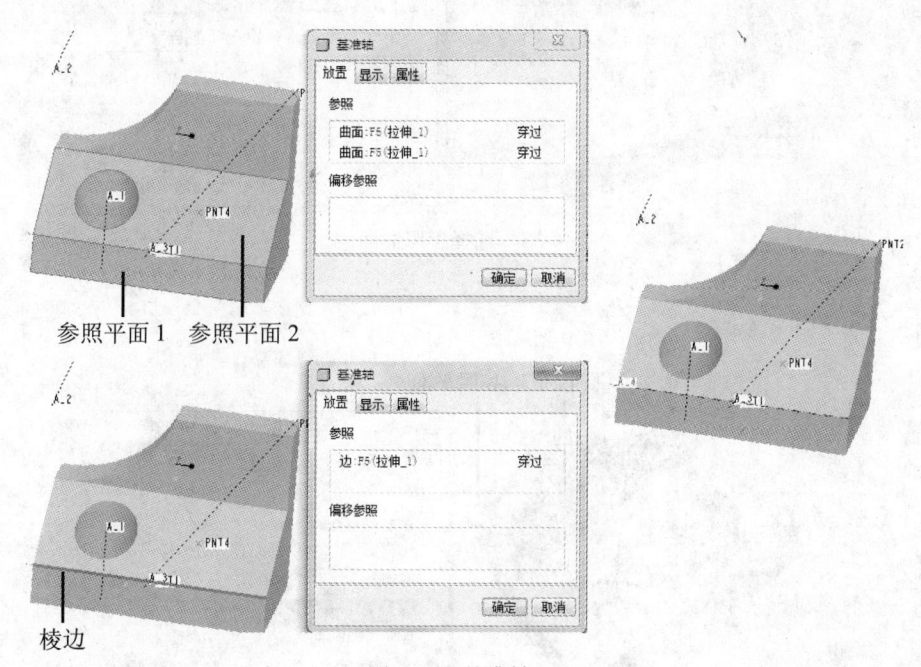

图 4-31 基准轴 A-4

步骤七 创建基准轴 A-5

单击"特征工具栏"中的"点"按钮，弹出"基准轴"对话框。按住 Ctrl 键，依次单击参照平面 2 和 PNT4。单击"确定"按钮，完成基准轴 A-5 的创建，如图 4-32 所示。

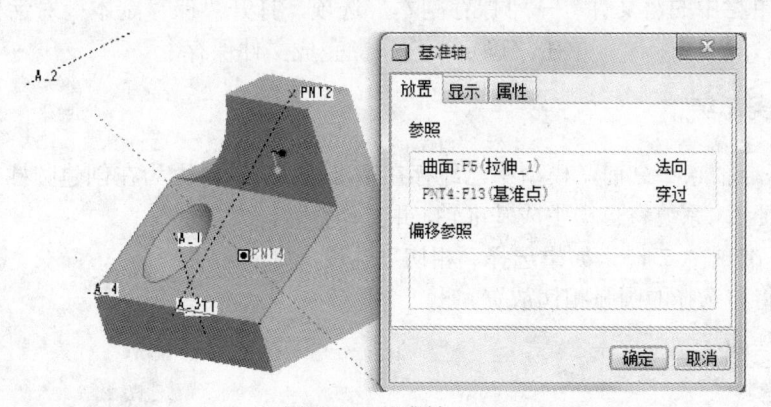

图 4-32 基准轴 A-5

步骤八 创建基准轴 A-6

单击"特征工具栏"中的"点"按钮，弹出"基准轴"对话框。单击曲面，在"参照"中单击"放置方式"位置，选择"法向"选项，如图 4-33 所示。

单击"偏移参照"位置，按住 Ctrl 键，依次单击参照平面 3 和参照平面 4，分别设置参照距离为"2.5"和"8"。单击"确定"按钮，完成基准轴 A-6 的创建，如图 4-34 所示。

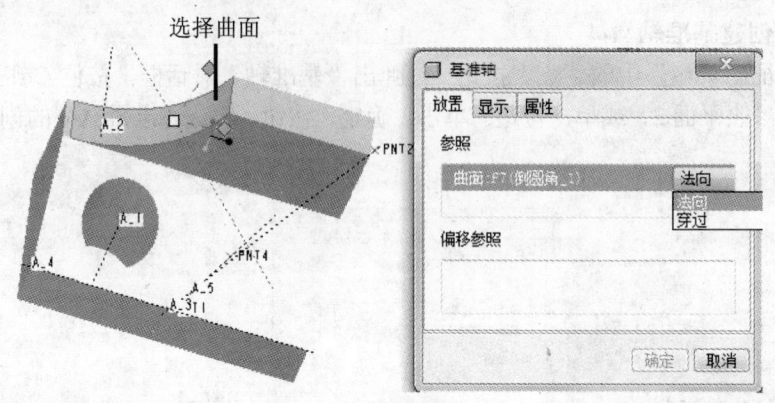

图 4-33 选择参照曲面

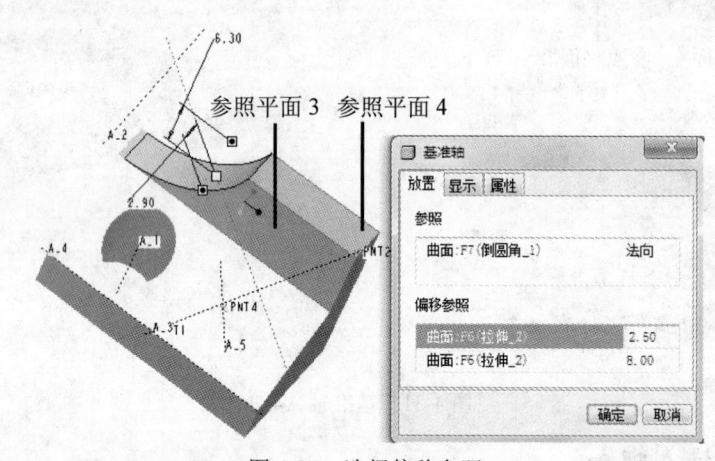

图 4-34 选择偏移参照

步骤九 保存文件

选择主菜单栏中的"文件"→"保存副本"选项,打开"保存副本"对话框。在"新建名称"中输入"jizhunzhou",单击"确定"按钮,完成文件保存。

4.2.6 任务总结

1. 创建基准轴 A-2 之前,模型中已经存在基准轴 A-1,是因为在创建圆柱体、圆台、孔及其他旋转特征后,系统将自动生成基准轴,并自动编号。

2. 创建基准轴 A-2 时,如果选择"相切"选项,则创建的基准轴将与选择的圆弧相切放置。

4.2.7 巩固练习

尺寸自定绘制图形,三边倒圆角,创建基准点 PNT0 和 PNT1。

1. 过 PNT0 作曲面法向基准轴。
2. 过 PNT0 和 PNT1 作基准轴。
3. 选任意棱边作基准轴线。
4. 选两相交面作轴线。

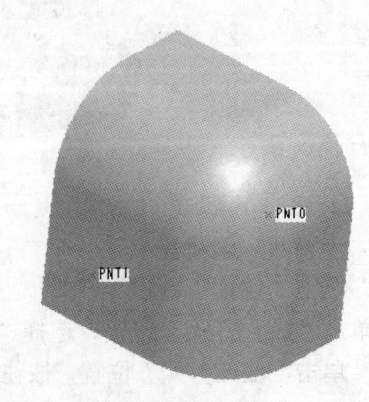

图 4-35 练习 4-2

任务 4.3　模型基准平面

4.3.1　任务目标

掌握基准平面的创建方法和参数设置。

4.3.2　任务分析

应用拉伸工具完成实体造型，并绘制 6 个基准平面，如图 4-36 所示。

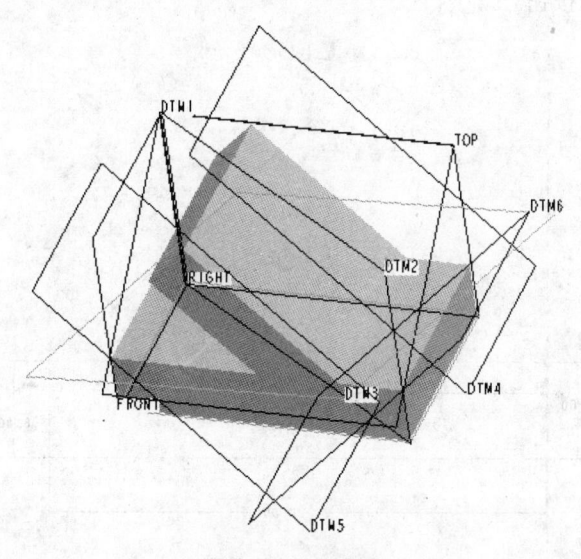

图 4-36　创建基准点

4.3.3　任务分析

基准平面作为一种重要的基准特征，可以作为特征的草绘平面或参照平面，也可以作为尺寸定位参照或约束参照，还可以作为特征的终止平面、镜像的参照平面及创建基准轴和基准点的参照。

4.3.4　相关知识

基准平面。

4.3.5　任务过程

步骤一　设置工作目录

选择主菜单栏中的"文件"→"设置工作目录"选项，打开"选取工作目录"对话框。当前设置工作目录在 D:\my word\中，单击"确定"按钮完成设置。

步骤二　新建零件文件

选择主菜单栏中的"文件"→"新建"选项，打开"新建"对话框。选择"零件"，在"名称"框中输入模型名称"jizhunpingmian"，取消勾选"使用缺省模板"复选框。单击"确定"

按钮，在弹出的"新文件选项"对话框中选择"mms_part_solid"选项。单击"确定"按钮，进入零件建模环境。

步骤三 创建拉伸特征

单击"特征工具栏"中的"拉伸工具"按钮，或在"菜单栏"中单击"插入→"拉伸"命令，打开"拉伸工具"操控面板。

在"拉伸工具"操控面板中单击"放置"按钮，弹出草绘定义面板。在面板中单击"定义"按钮，打开"草绘"对话框，在绘图区中单击 TOP 表面，则草绘平面被设置为 TOP 表面，草绘方向为系统默认方向。

在"草绘"对话框中单击"草绘"按钮，进入草绘界面，绘制图形，如图 4-37 所示。绘制完成后单击"完成"按钮。

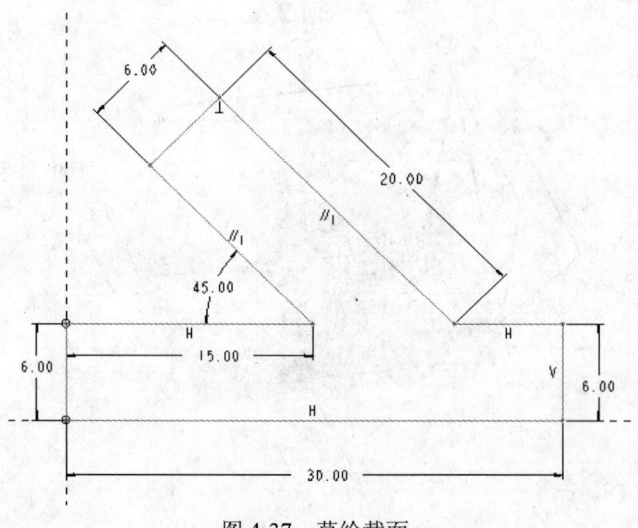

图 4-37 草绘截面

设置拉伸深度值为"20"，单击"确定"按钮，完成拉伸特征的创建，如图 4-38 所示。

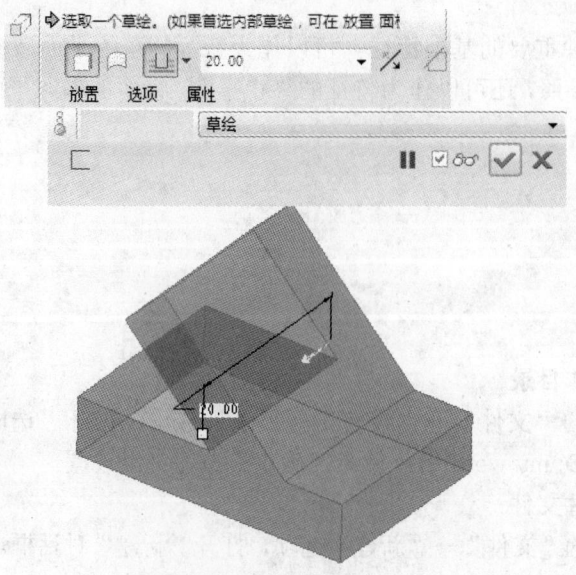

图 4-38 拉伸特征

步骤四 创建基准平面 DTM1

单击"特征工具栏"中的"平面"按钮⬜,弹出"基准平面"对话框。按住 Ctrl 键,依次单击顶点 1、顶点 2 和顶点 3,单击"确认"按钮,完成通过三点的基准平面 DTM1 的创建,如图 4-39 所示。

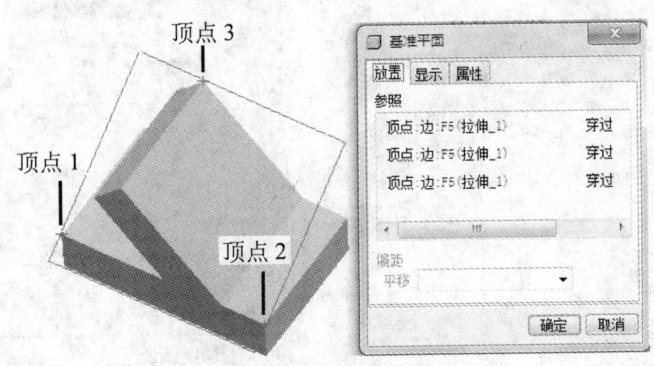

图 4-39 基准平面 DTM1

步骤五 创建基准平面 DTM2

单击"特征工具栏"中的"平面"按钮⬜,弹出"基准平面"对话框。按住 Ctrl 键,依次单击边 1 和边 2,单击"确认"按钮,完成通过两边的基准平面 DTM2 的创建,如图 4-40 所示。

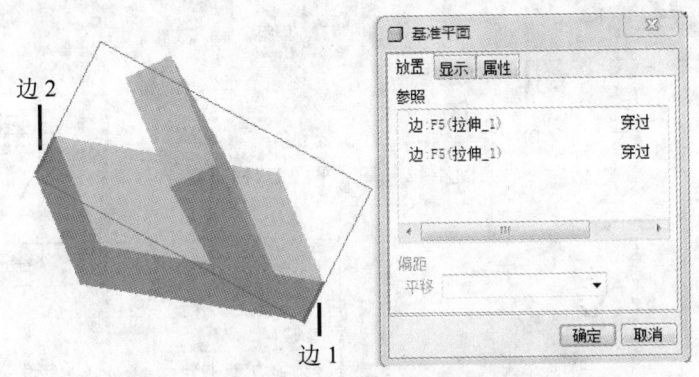

图 4-40 基准平面 DTM2

步骤六 创建基准平面 DTM3

单击"特征工具栏"中的"平面"按钮⬜,弹出"基准平面"对话框。按住 Ctrl 键,依次单击顶点 1、顶点 4 和参照平面,单击"确认"按钮,完成通过两点和与参照平面垂直的基准平面 DTM3 的创建,如图 4-41 所示。

步骤七 创建基准平面 DTM4

单击"特征工具栏"中的"平面"按钮⬜,弹出"基准平面"对话框。单击参照平面,在"偏距"文本框中输入"10",单击"确认"按钮,完成与参照平面平行偏移一定距离的基准平面 DTM4 的创建,如图 4-42 所示。通过拖动"拖动"按钮来改变偏移方向和距离。

步骤八 创建基准平面 DTM5

单击"特征工具栏"中的"平面"按钮⬜,弹出"基准平面"对话框。按住 Ctrl 键,依次单击参照平面和顶点 1,完成通过顶点 1 且与参照平面平行的基准平面 DTM5 的创建,如图 4-43 所示。

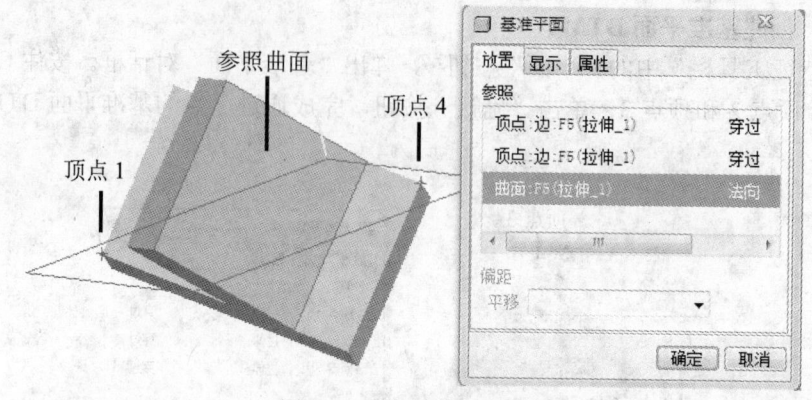

图 4-41　基准平面 DTM3

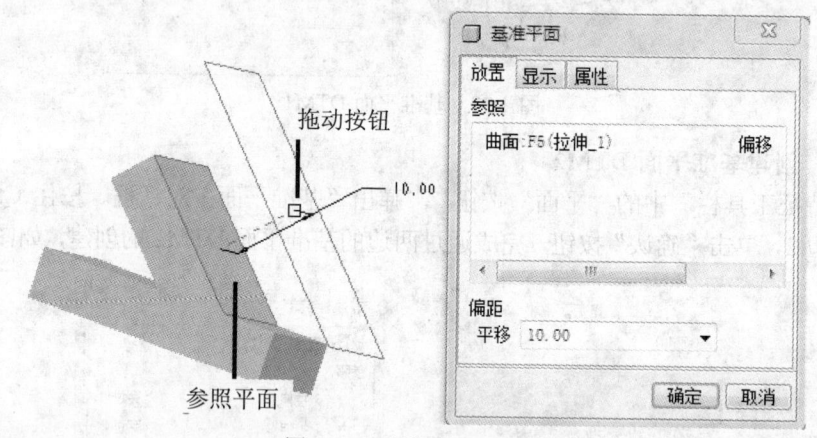

图 4-42　基准平面 DTM4

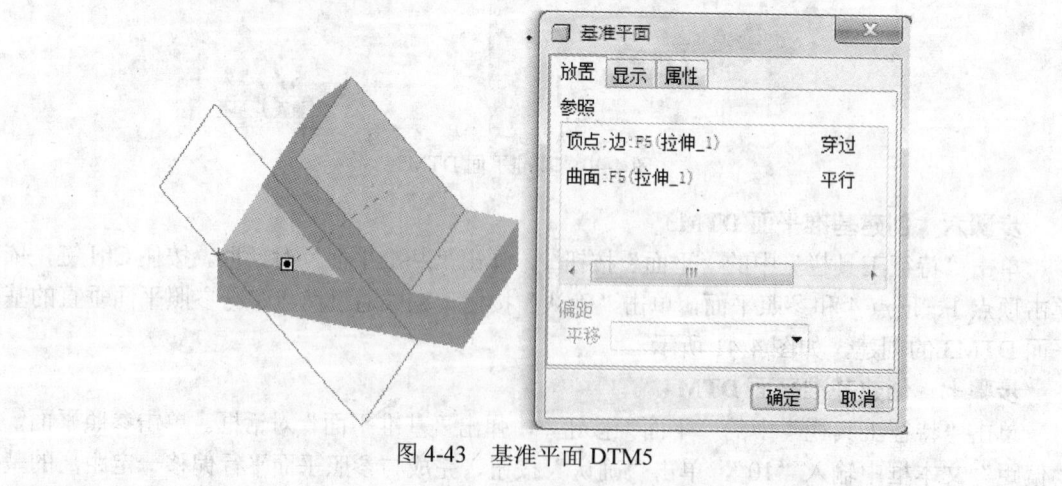

图 4-43　基准平面 DTM5

步骤九　创建基准平面 DTM6

单击"特征工具栏"中的"平面"按钮，弹出"基准平面"对话框。按住 Ctrl 键，依次单击参照平面和边 3，在"偏距"文本框中输入旋转角度"90"，完成通过边且与参照平面成一定夹角的基准平面 DTM6 的创建，如图 4-44 所示。通过拖动"拖动"按钮来改变旋转方向和角度。

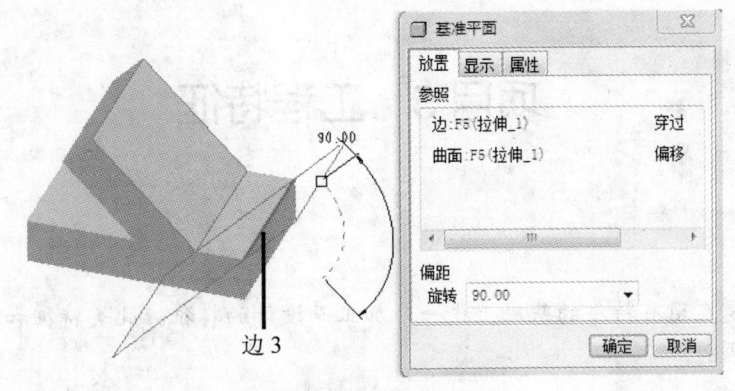

图 4-44　基准平面 DTM6

步骤十　保存文件

单击"保存"按钮，完成保存操作。

4.3.6　任务总结

1．步骤七中"参照"的"放置方式"一共有四种，读者可以尝试应用。
2．如果选择步骤八中的"放置方式"→"法向"方式，则基准平面和参照平面垂直。
3．步骤九中有三种"放置方式"。

4.3.7　巩固练习

练习绘制如图 4-45 所示图形。用基准平面方式生成 135°斜面。

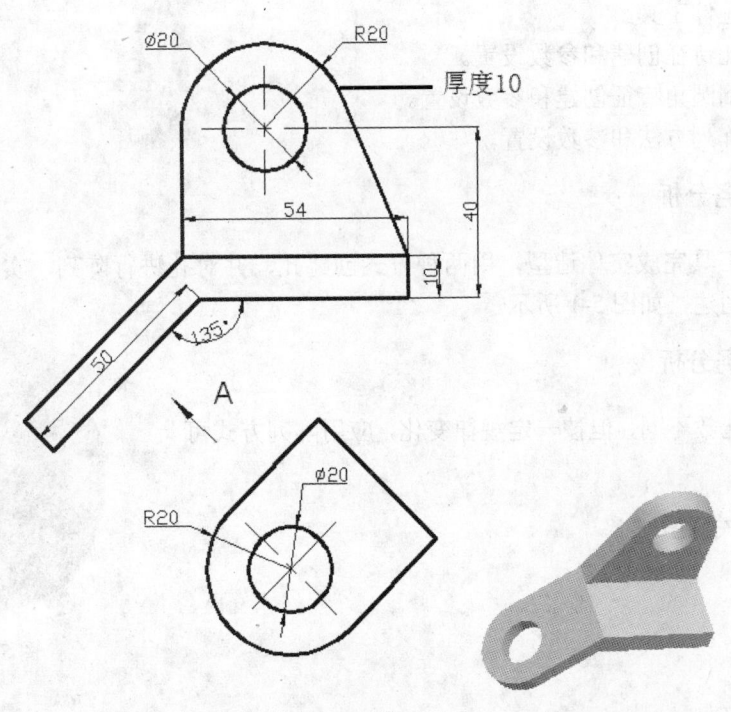

图 4-45　练习 4-3

项目 5 工程特征

项目分析

工程特征是在现有特征的基础上进一步加工而设计的特征。此类特征和前面介绍的基础特征存在本质区别。

能力目标

- 掌握孔特征的定义与创建方法。
- 掌握倒角和倒圆角特征的创建方法。
- 掌握筋特征的功能与定义。
- 掌握壳特征的创建方法。

任务 5.1 骰子

5.1.1 任务目标

- 巩固拉伸工具。
- 掌握孔特征创建和参数设置。
- 掌握倒圆角特征创建和参数设置。
- 掌握阵列方法和参数设置。

5.1.2 任务分析

应用拉伸工具完成实体造型，用两种方式创建孔，并对孔进行阵列，实体边缘倒圆角，完成骰子实体创建，如图 5-1 所示。

5.1.3 任务分析

骰子各面孔数不同，但按一定规律变化，应用阵列方式可实现。

5.1.4 相关知识

1. 草绘孔。
2. 简单孔。
3. 倒圆角。
4. 尺寸阵列。
5. 轴阵列。

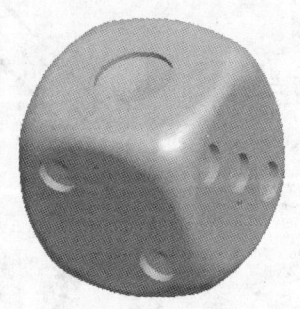

图 5-1 骰子

5.1.5 任务过程

步骤一　设置工作目录

选择主菜单栏中的"文件"→"设置工作目录"选项，打开"选取工作目录"对话框。当前设置工作目录在 D:\my word\中，单击"确定"按钮完成设置。

步骤二　新建零件文件

选择主菜单栏中的"文件"→"新建"选项，打开"新建"对话框。选择"零件"，在"名称"框中输入模型名称"shaizi"，取消勾选"使用缺省模板"复选框。单击"确定"按钮，在弹出的"新文件选项"对话框中选择"mms_part_solid"选项。单击"确定"按钮，进入零件建模环境。

步骤三　创建拉伸特征

单击"特征工具栏"中的"拉伸工具"按钮，或在"菜单栏"中单击"插入"→"拉伸"命令，打开"拉伸工具"操控面板。

在"拉伸工具"操控面板中单击"放置"按钮，弹出草绘定义面板。在面板中单击"定义"按钮，打开"草绘"对话框，在绘图区中单击 TOP 表面，则草绘平面被设置为 TOP 表面，草绘方向为系统默认方向。

在"草绘"对话框中单击"草绘"按钮，进入草绘界面，绘制图形，如图 5-2 所示。绘制完成后单击"完成"按钮。设置拉伸深度值为"15"，单击"确定"按钮，完成拉伸特征的创建，如图 5-3 所示。

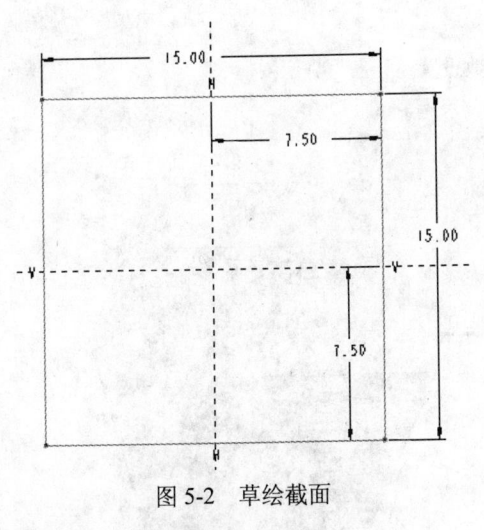

图 5-2　草绘截面　　　　　　图 5-3　拉伸实体

步骤四　创建孔特征（一点）

单击"特征工具栏"中的"孔"按钮，或在主菜单栏中选择"插入"→"孔"选项，打开"孔"操控面板，如图 5-4 所示。

在"孔"操控面板上单击"尖底"按钮，单击"形状"按钮，弹出下拉对话框，在对话框中设置参数，孔径为"6"，深度为"1"，锥角为"160"，如图 5-5 所示。

再次单击"形状"按钮，关闭下拉对话框，单击实体上表面作为孔放置表面，按住绿色控制位置按钮，分别拖动到实体前表面和右表面作为两个参照表面限制孔，并双击位置数值，修改孔到参照表面的距离为"7.5"，如图 5-6 所示。

图 5-4 "孔"操控面板

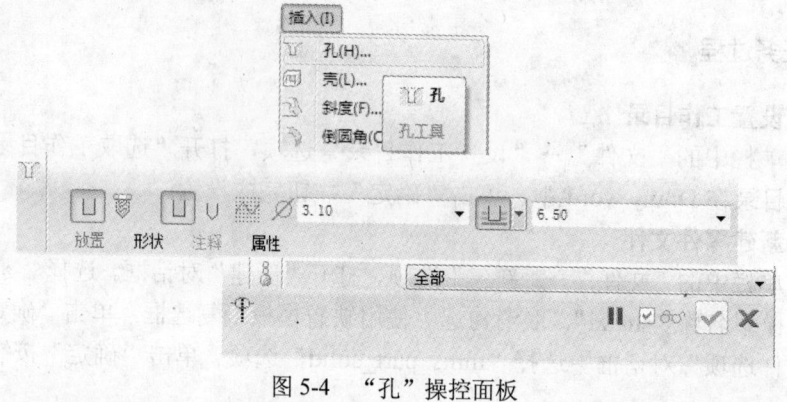

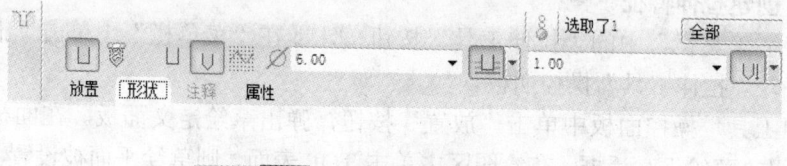

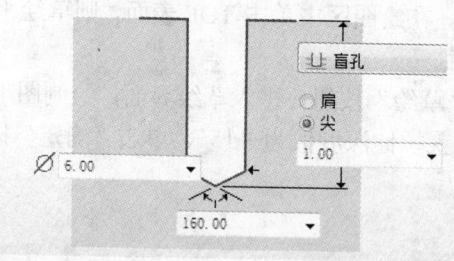

图 5-5 参数设置

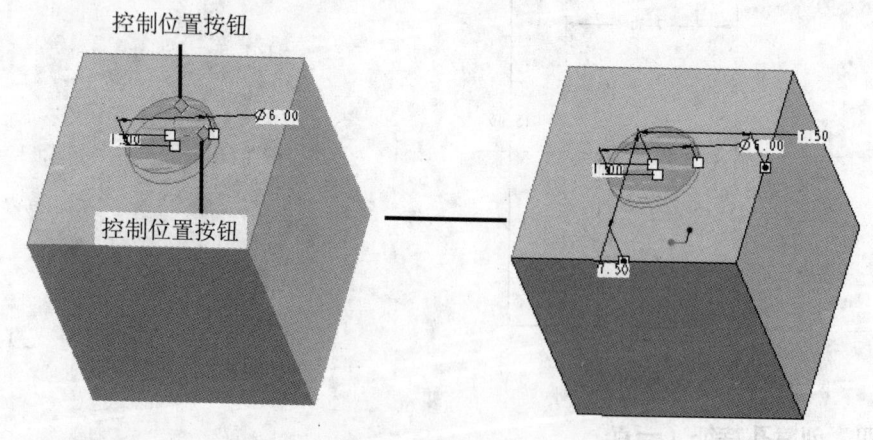

图 5-6 设置孔位置

单击"确定"按钮✓，完成一点的创建。

步骤五　创建孔特征（二点）

单击"特征工具栏"中的"孔"按钮，在"孔"操控面板上单击"尖底"按钮∪，单击"形状"按钮，弹出下拉对话框，在对话框中设置参数，孔径为"3"，深度为"1"，锥角为"160"。修改完成后单击"形状"按钮，关闭下拉对话框。单击步骤四中创建的"一点"上表面放置孔。修改孔到两位置参照表面距离为"4"，如图5-7所示。单击"确定"按钮✓，完成孔的创建。

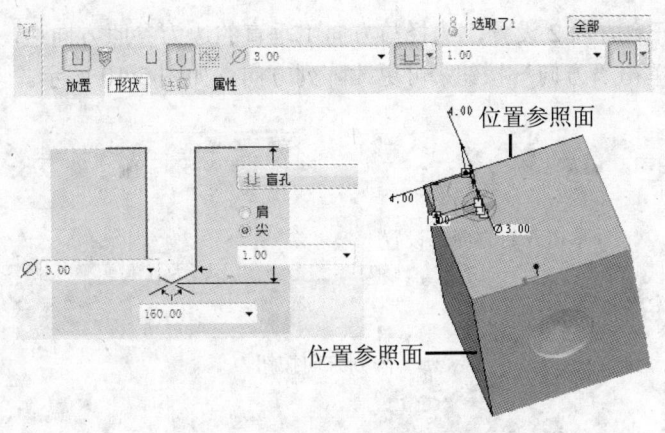

图 5-7 参数设置和孔位置设置

步骤六 创建方向阵列特征（二点）

在"模型树"中单击"孔 2"，或在绘图区中单击步骤五中创建的孔特征。选中该孔后，选择主菜单栏中的"编辑"→"阵列"选项，打开"阵列"操控面板，如图 5-8 所示。

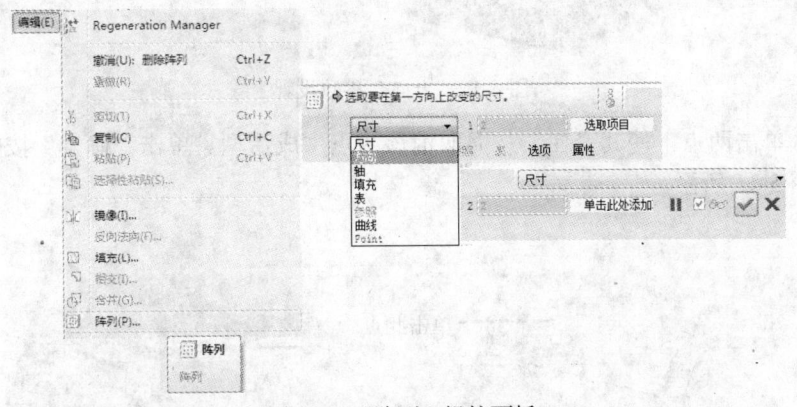

图 5-8 "阵列"操控面板

在操控面板中，在"尺寸"下拉菜单中选择"方向"阵列方式，选择一边为参照方向边，阵列个数为"2"，阵列间距为"7"，如图 5-9 所示。

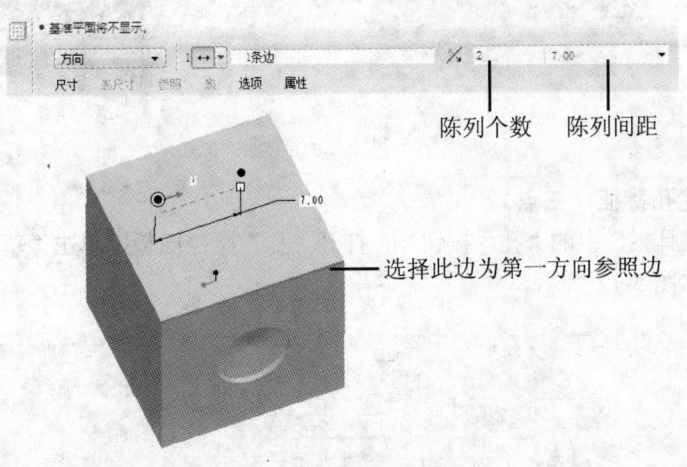

图 5-9 方向 1 参数设置

单击方向 2，开启方向 2 设置，选择与方向 1 垂直的边为参照方向边，阵列个数为"2"，阵列间距为"7"，单击"方向"按钮可更改阵列方向，如图 5-10 所示。

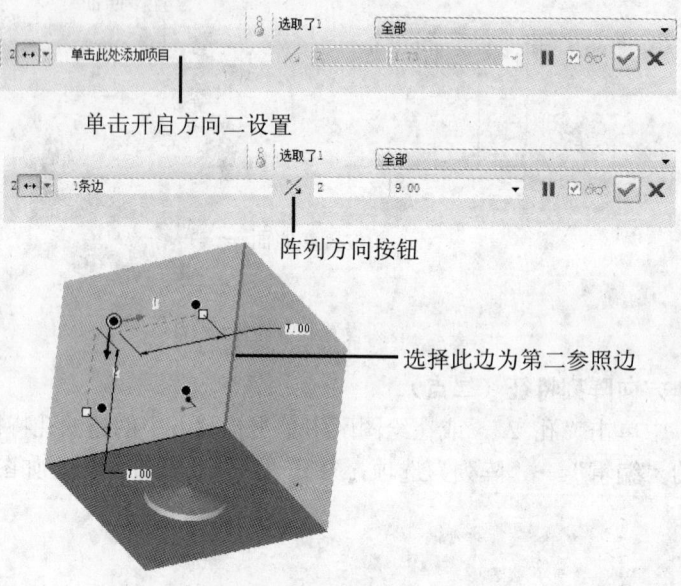

图 5-10 方向 2 参数设置

在绘图区单击两点，使其变白，从而取消该两点生成造型。单击"确定"按钮，完成阵列创建，如图 5-11 所示。

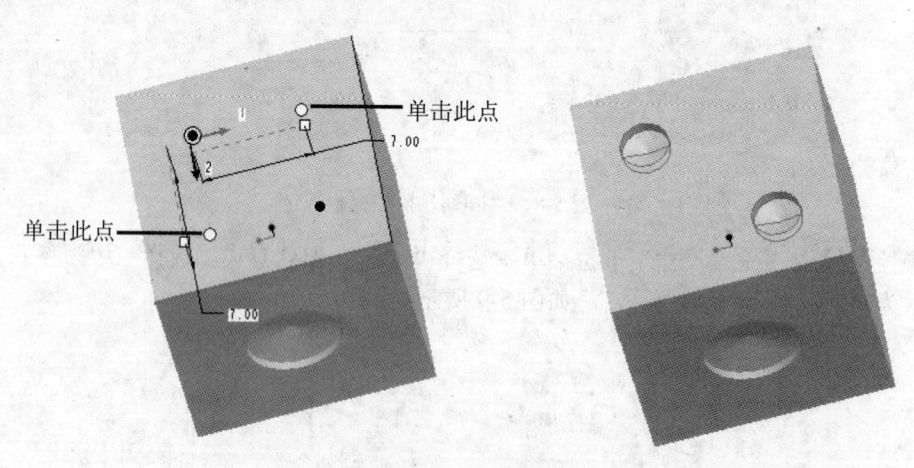

图 5-11 二点阵列

步骤七 创建孔特征（三点）

单击"特征工具栏"中的"孔"按钮，打开"孔"操控面板，单击"草绘方式"按钮，操控面板改变，如图 5-12 所示。

图 5-12 "孔"操控面板

在"孔"操控面板上单击"激活草绘"按钮，弹出草绘界面，绘制中心线及草绘图形，如图 5-13 所示。

绘制完成后单击"完成"按钮。选择放置面，设置到两参照表面的距离都为"4"，如图 5-14 所示。

单击"确定"按钮，完成孔创建。

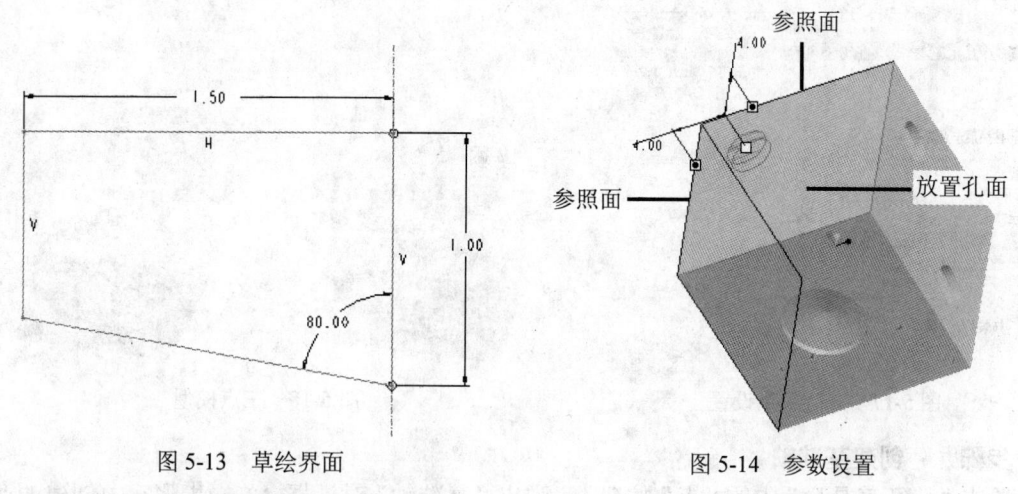

图 5-13　草绘界面

图 5-14　参数设置

步骤八　创建尺寸阵列特征（三点）

单击步骤七中创建的孔特征。选中该孔后，选择主菜单栏中的"编辑"→"阵列"选项，打开"阵列"操控面板。

在操控面板中，在"尺寸"下拉菜单中选择"尺寸"阵列方式，在绘图区单击尺寸第一方向参照，在弹出的"阵列间距"文本框中输入"3.5"，按 Enter 键。在操控面板中设置阵列个数为"3"，如图 5-15 所示。

单击方向 2，开启方向 2 设置，选择与方向 1 垂直尺寸为参照方向，阵列个数为"3"，阵列间距为"3.5"，如图 5-16 所示。

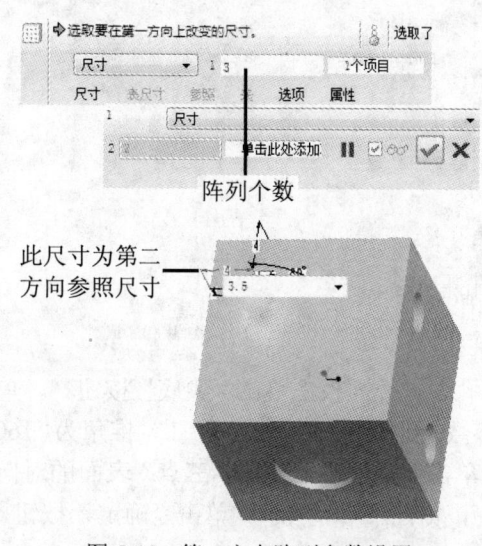

图 5-15　第一方向阵列参数设置

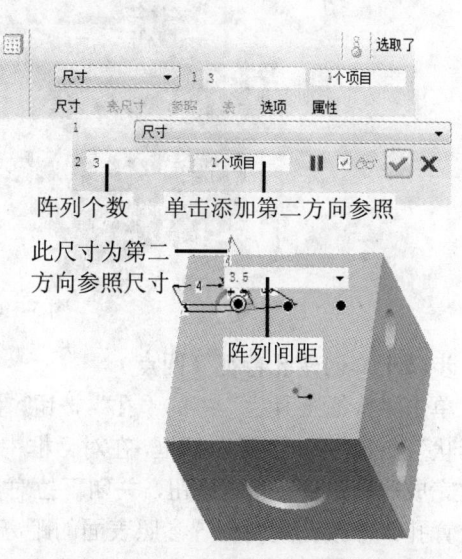

图 5-16　第二方向阵列参数设置

在操控面板中单击"尺寸"按钮,弹出下拉对话框,单击"增量"文本框来更改阵列间距,如图5-17所示。

在绘图区单击六个点,使其变白,从而取消该六点生成造型。单击"确定"按钮✔,完成阵列的创建,如图5-18所示。

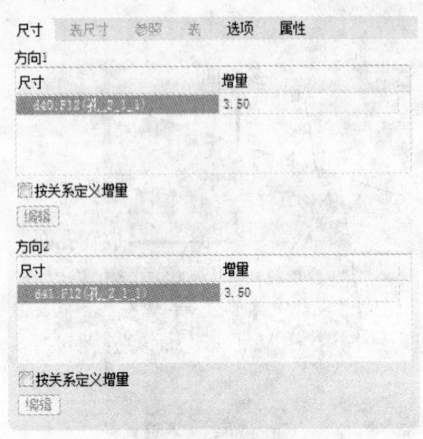

图 5-17　阵列间距设置　　　　图 5-18　三点模型

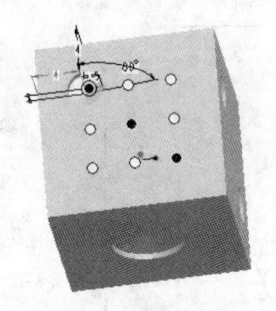

步骤九　创建基准轴

单击"特征工具栏"中的"点"按钮，弹出"基准轴"对话框。单击步骤八中创建的"三点"表面的对向表面放置孔。修改基准轴到两位置参照表面的距离为"7.5"。单击"确定"按钮,完成基准轴的创建,如图5-19所示。

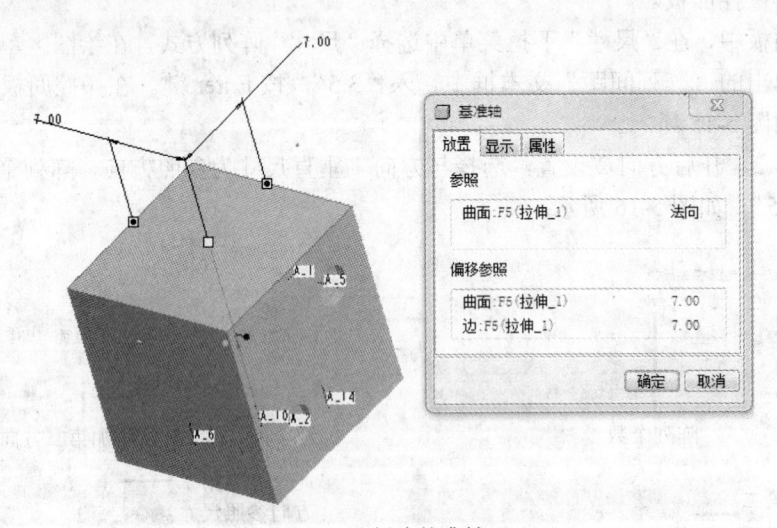

图 5-19　创建基准轴

步骤十　创建孔特征（四点）

单击"特征工具栏"中的"孔"按钮，在"孔"操控面板上单击"尖底"按钮，单击"形状"按钮,弹出下拉对话框,在对话框中设置参数,孔径为"3",深度为"1",锥角为"160"。修改完成后单击"形状"按钮,关闭下拉对话框。单击步骤八中创建的"三点"表面的对向表面放置孔。修改孔到两位置参照表面的距离为"4",如图5-20所示。单击"确定"按钮✔,完成孔创建。

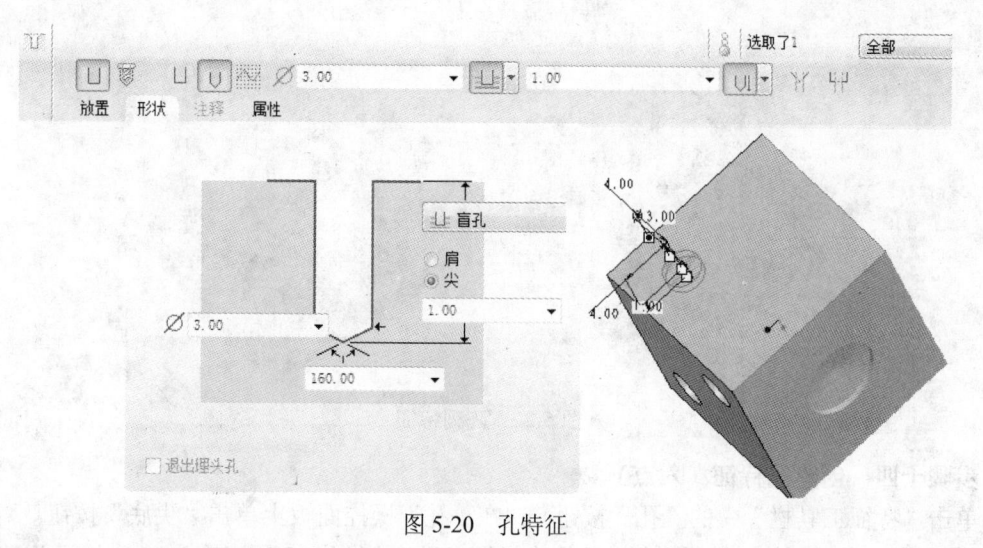

图 5-20 孔特征

步骤十一 创建轴阵列特征（四点）

单击步骤十中创建的孔特征。选中该孔后，选择主菜单栏中的"编辑"→"阵列"选项，打开"阵列"操控面板。

在操控面板中，在"尺寸"下拉菜单中选择"轴"阵列方式，在绘图区单击步骤九中创建的基准轴，设置阵列个数为"4"，阵列间夹角为"90"。单击"确定"按钮✔，完成孔的创建，如图 5-21 所示。

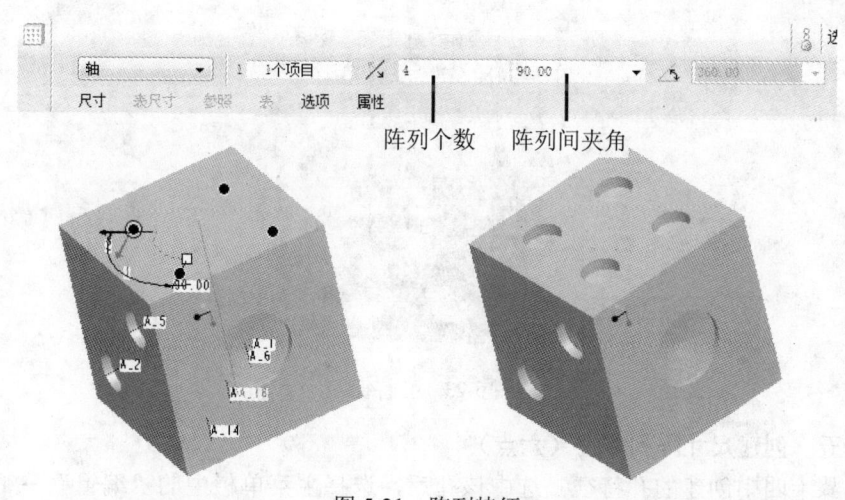

图 5-21 阵列特征

步骤十二 创建孔特征（五点）

单击"特征工具栏"中的"孔"按钮，在"孔"操控面板上单击"尖底"按钮，单击"形状"按钮，弹出下拉对话框，在对话框中设置参数，孔径为"3"，深度为"1"，锥角为"160"。修改完成后单击"形状"按钮，关闭下拉对话框。单击步骤八中创建的"二点"表面的对象表面放置孔。修改孔到两位置参照表面的距离为"4"。单击"确定"按钮✔完成孔创建。

步骤十三 创建尺寸阵列特征（五点）

绘制过程同步骤八，创建五点时，最后在绘图区单击四个点，使其变白，从而取消该四点生成造型。单击"确定"按钮✔完成阵列的创建，如图 5-22 所示。

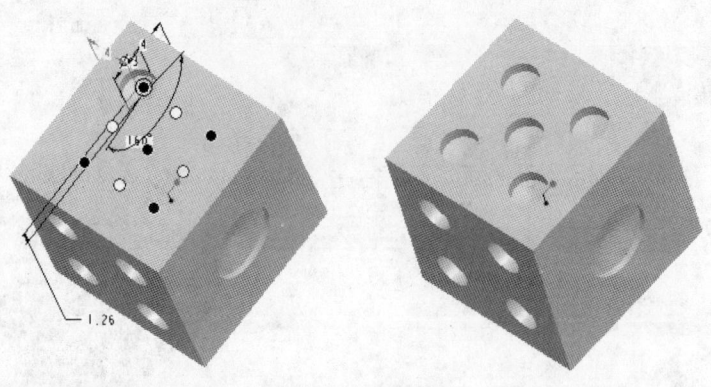

图 5-22　阵列特征

步骤十四　创建孔特征（六点）

单击"特征工具栏"中的"孔"按钮，在"孔"操控面板上单击"尖底"按钮，单击"形状"按钮，弹出下拉对话框，在对话框中设置参数，孔径为"3"，深度为"1"，锥角为"160"。修改完成后单击"形状"按钮，关闭下拉对话框。单击步骤八中创建的"一点"表面的对象表面放置孔。修改孔到两位置参照表面的距离分别为"3.5"和"5"。单击"确定"按钮完成孔创建，如图 5-23 所示。

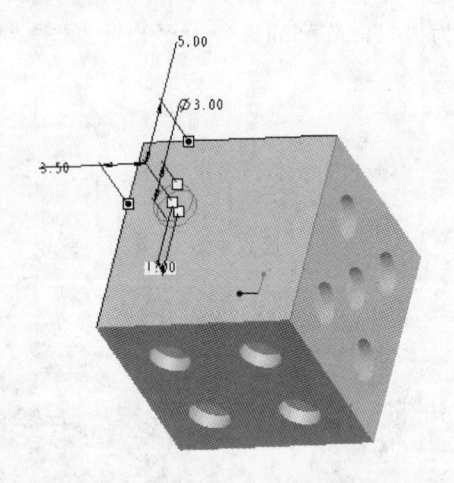

图 5-23　孔特征

步骤十五　创建尺寸阵列特征（六点）

单击步骤十四中创建的孔特征。选中该孔后，选择主菜单栏中的"编辑"→"阵列"选项，打开"阵列"操控面板。

在操控面板，在"尺寸"下拉菜单中选择"尺寸"阵列方式，在绘图区单击尺寸"3.5"作为第一方向参照，在弹出的"阵列间距"框中输入"4"，按 Enter 键。在操控面板中设置阵列个数为"3"。单击方向 2，开启方向 2 设置，选择与方向 1 垂直的尺寸"5"为第二方向参照，阵列个数为"2"，阵列间距为"5"，如图 5-24 所示。单击"确定"按钮完成阵列创建。

步骤十六　倒圆角

单击"特征工具栏"中的"倒圆角"按钮，或选择菜单栏中的"插入"→"倒圆角"命令，打开"倒圆角工具"操控面板。输入倒圆角半径值为"5"，依次单击各个边，共 12 条边。单击操控面板中的"设置"按钮，弹出"设置"下拉菜单，如图 5-25 所示。

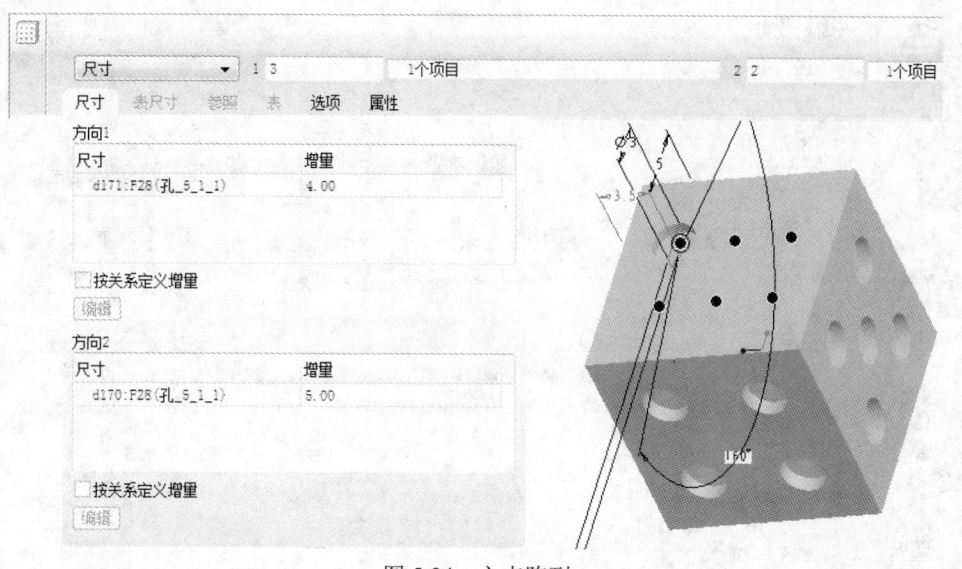

图 5-24 六点阵列

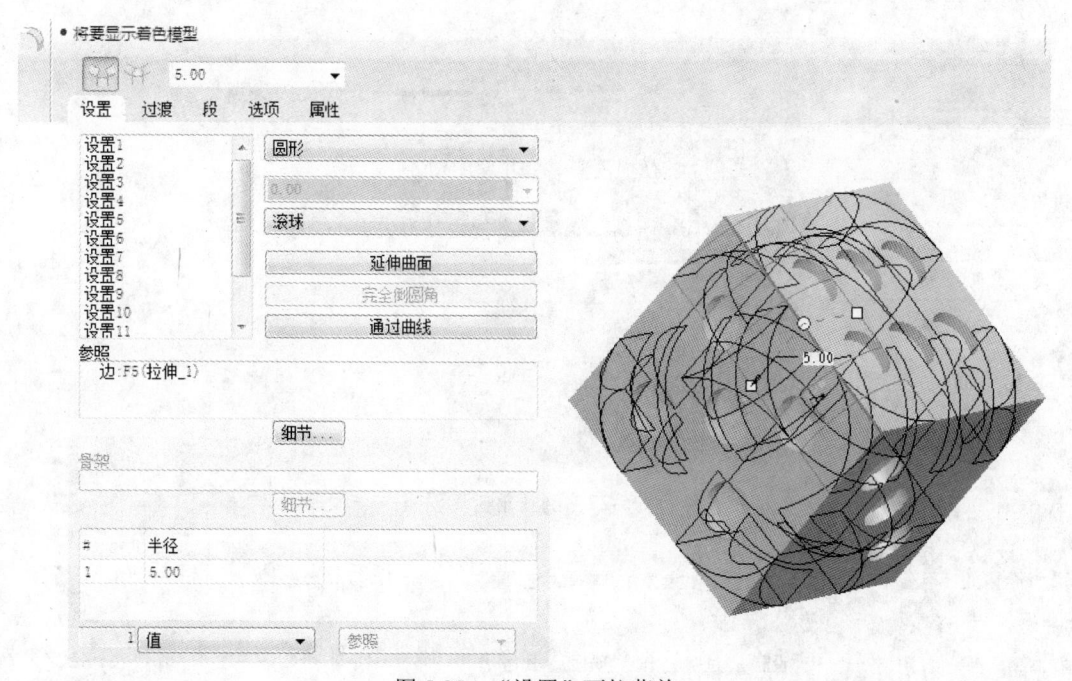

图 5-25 "设置"下拉菜单

单击"设置"下拉菜单中的"设置1"选项,并在下方"半径"文本框单击鼠标右键,弹出"添加半径"按钮,单击该按钮,该边出现半径控制点2。再次单击右键,添加控制点3,修改控制点3的半径值为"1",放置位置为"0.5"(即边中心位置),如图5-26所示。

以相同方式依次修改设置2到设置12,修改的参数值相同。

全部修改后,单击"确定"按钮,完成倒圆角的初步创建,如图5-27所示。

在模型树中右击"倒圆角1",在弹出的快捷菜单中选择"编辑定义"选项,重新回到"倒圆角"操控面板。单击"过渡模式"按钮,在模型中单击一个过渡角,在过渡模式中选择"曲面片"选项,如图5-28所示。

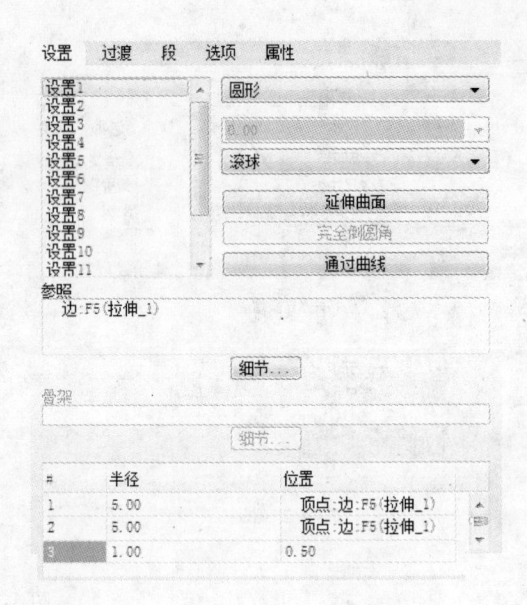

图 5-26 修改设置参数

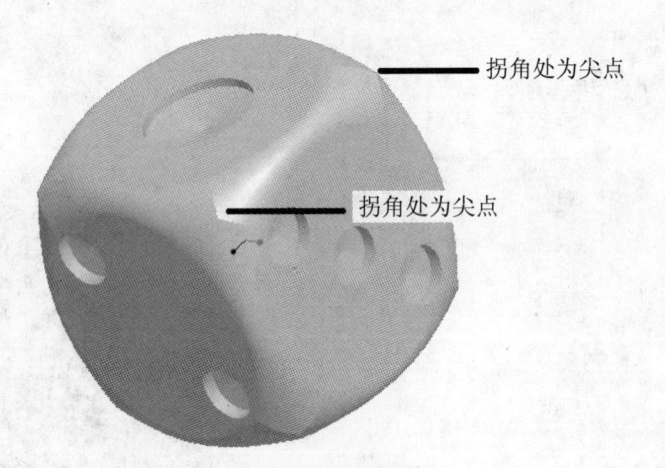

图 5-27 倒圆角初步创建

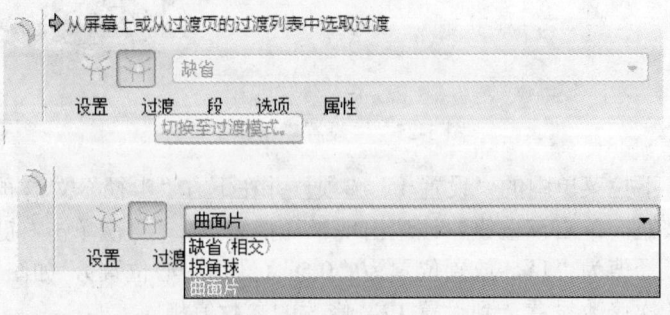

图 5-28 过渡模式

以相同的方式依次更改各个过渡角。全部修改后单击"确定"按钮✓，完成倒圆角的创建。

步骤十七 保存文件

单击"保存"按钮，完成保存操作。

5.1.6 任务总结

1. 任务中的孔也可以应用旋转去除材料方式生成。
2. 步骤八中的阵列方向由阵列间距数值的正负来决定。
3. 任务中的倒圆角过程比较繁琐，需要耐心设置。

5.1.7 巩固练习

练习绘制如图 5-29 和图 5-30 所示图形。

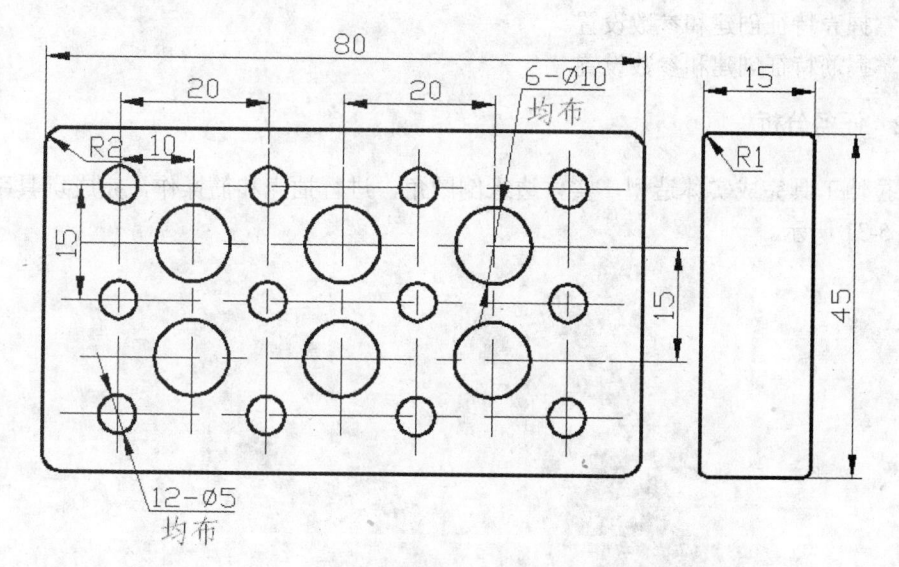

图 5-29 练习 5-1

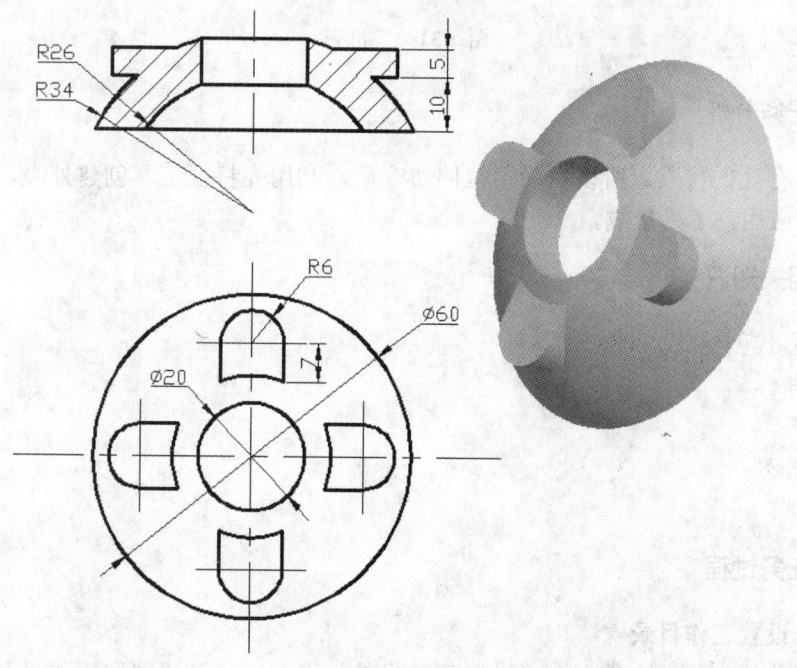

图 5-30 练习 5-2

任务 5.2　玩具手机壳

5.2.1　任务目标

- 巩固拉伸工具。
- 巩固倒圆角特征。
- 巩固阵列特征。
- 掌握壳特征创建和参数设置。
- 掌握筋特征创建和参数设置。

5.2.2　任务分析

应用拉伸工具完成实体造型，实体边缘倒圆角，进行抽壳和筋操作，完成玩具手机壳创建，如图 5-31 所示。

图 5-31　手机壳

5.2.3　任务分析

手机壳具有壳的特点，所以在应用拉伸命令后，利用壳特征工具创建外壳。按键处应用阵列，加固处应用筋工具生成。

5.2.4　相关知识

1. 拉伸方式创建孔。
2. 倒圆角。
3. 壳特征。
4. 方向阵列。
5. 筋特征。

5.2.5　任务过程

步骤一　设置工作目录

选择主菜单栏中的"文件"→"设置工作目录"选项，打开"选取工作目录"对话框。

当前设置工作目录在 D:\my word\中,单击"确定"按钮完成设置。

步骤二 新建零件文件

选择主菜单栏中的"文件"→"新建"选项,打开"新建"对话框。选择"零件"单选项,在"名称"文本框中输入模型名称"wanjushoujike",取消勾选"使用缺省模板"复选框。单击"确定"按钮,在弹出的"新文件选项"对话框中选择"mms_part_solid"选项。单击"确定"按钮,进入零件建模环境。

步骤三 创建拉伸特征

单击"特征工具栏"中的"拉伸工具"按钮,或在"菜单栏"中单击"插入"→"拉伸"命令,打开"拉伸工具"操控面板。

在"拉伸工具"操控面板中单击"放置"按钮,弹出草绘定义面板。在面板中单击"定义"按钮,打开"草绘"对话框,在绘图区中单击 TOP 表面,则草绘平面被设置为 TOP 表面,草绘方向为系统默认方向。

在"草绘"对话框中单击"草绘"按钮,进入草绘界面,用直线绘制左侧、右侧和下方线段,用样条曲线绘制上曲线,样条曲线取 5 个控制点,如图 5-32 所示。绘制完成后单击"完成"按钮。设置拉伸深度值为"40",设置拉伸方式为"对称",单击"确定"按钮完成拉伸,如图 5-33 所示。

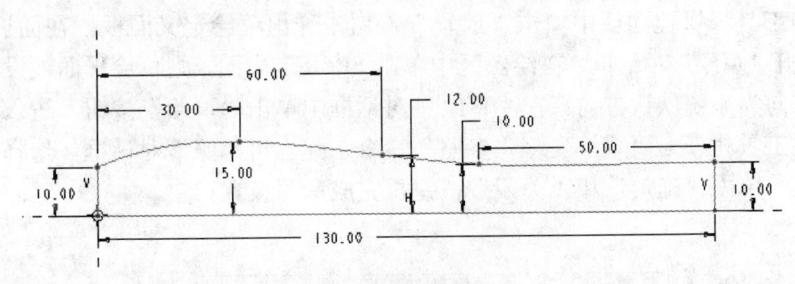

图 5-32 草绘图形

步骤四 倒圆角

单击"特征工具栏"中的"倒圆角"按钮,或选择菜单栏中的"插入"→"倒圆角"命令,打开"倒圆角工具"操控面板。输入倒圆角半径值为"1",依次单击除底面的各个边,共 8 条边,如图 5-34 所示。

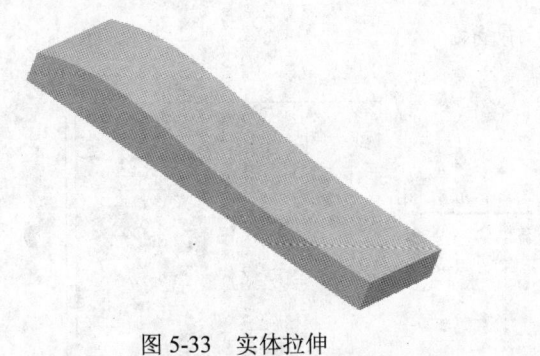

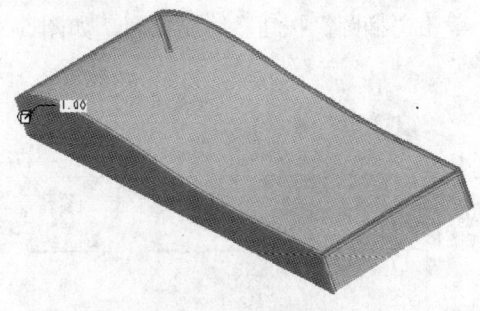

图 5-33 实体拉伸　　　　图 5-34 倒圆角

步骤五 创建抽壳特征

单击"特征工具栏"中的"壳工具"按钮,或选择菜单栏中的"插入"→"壳"命令,打开"壳"工具操控面板,输入壁厚值"1"。

选取下表面作为要删除的表面,单击"确定"按钮✓,完成壳特征的创建,如图5-35所示。

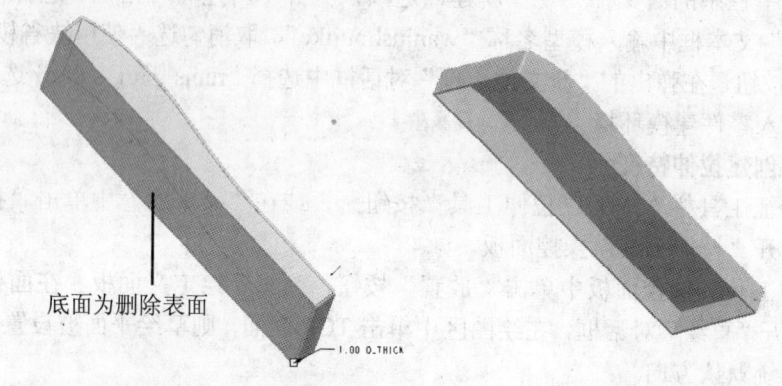

图 5-35　壳特征

步骤六　创建按键孔特征

单击"特征工具栏"中的"拉伸工具"按钮,或在"菜单栏"中单击"插入"→"拉伸"命令,打开"拉伸工具"操控面板。

在"拉伸工具"操控面板中单击"放置"按钮,弹出草绘定义面板。在面板中单击"定义"按钮,打开"草绘"对话框,在绘图区中单击FRONT表面,则草绘平面被设置为FRONT表面,草绘方向为系统默认方向。在"草绘"对话框中单击"草绘"按钮,进入草绘界面。

选择"主工具栏"→"草绘"→"参照"命令,弹出"参照"对话框。选择如图5-36所示的边为参照,单击"确定"和"关闭"按钮,完成参照设置。

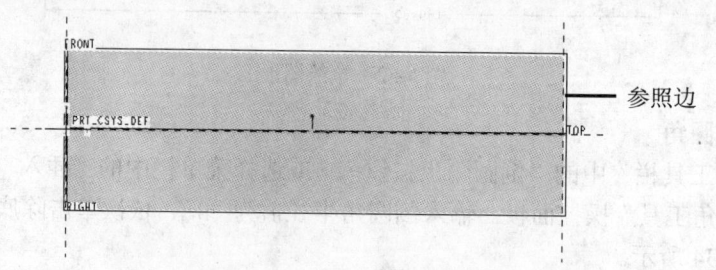

图 5-36　参照边

单击"椭圆"按钮⊘绘制椭圆,如图5-37所示。

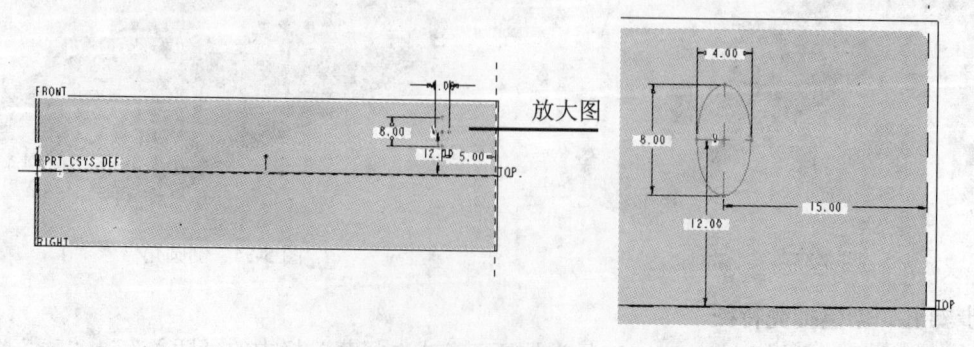

图 5-37　草绘图形

绘制完成后单击"完成"按钮✓。

在"拉伸工具"操控面板中单击"去除材料"按钮。选择拉伸方式为"拉伸至"，更改拉伸方向，如图 5-38 所示。单击"确定"按钮✓，完成创建拉伸去除材料孔特征。

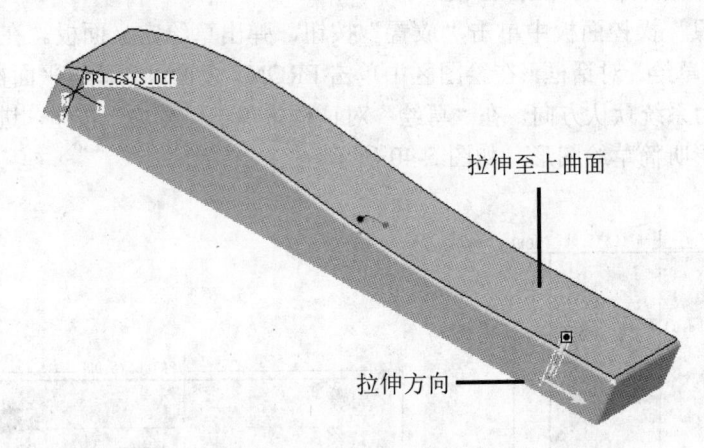

图 5-38 拉伸设置

单击刚生成的孔特征，再单击命令工具栏中的"阵列"按钮，弹出"阵列"操控面板，在操控面板中，在"尺寸"下拉菜单中选择"方向"阵列方式，选择一边为参照方向边，阵列个数为"3"，阵列间距为"12"，如图 5-39 所示。

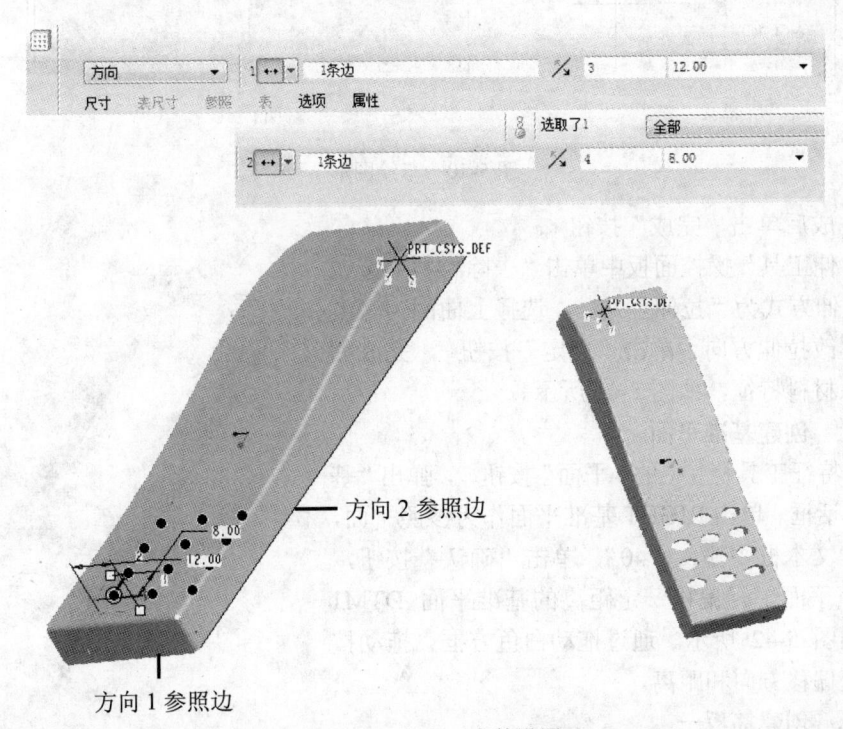

图 5-39 方向 1 参数设置

单击方向 2，开启方向 2 设置，选择与方向 1 垂直的边为参照方向边，阵列个数为"4"，阵列间距为"8"，单击"方向"按钮可更改阵列方向。

单击"确定"按钮✔完成阵列创建。

步骤七　创建屏幕和听筒孔特征

单击"特征工具栏"中的"拉伸工具"按钮，或在"菜单栏"中单击"插入"→"拉伸"命令，打开"拉伸工具"操控面板。

在"拉伸工具"操控面板中单击"放置"按钮，弹出草绘定义面板。在面板中单击"定义"按钮，打开"草绘"对话框，在绘图区中单击 FRONT 表面，则草绘平面被设置为 FRONT 表面，草绘方向为系统默认方向。在"草绘"对话框中单击"草绘"按钮，进入草绘界面，绘制矩形屏幕和矩形听筒草绘图形，如图 5-40 所示。

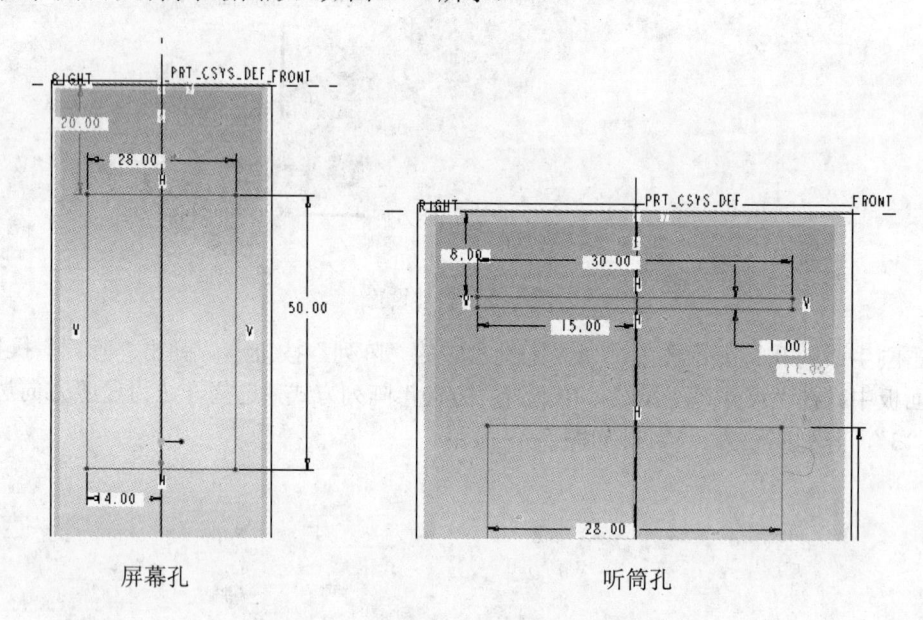

屏幕孔　　　　　　　　　听筒孔

图 5-40　草绘图形

绘制完成后单击"完成"按钮✔。

在"拉伸工具"操控面板中单击"去除材料"按钮。选择拉伸方式为"拉伸至"，选择上曲面为深度参照面，更改拉伸方向。单击"确定"按钮✔，完成创建拉伸去除材料特征，如图 5-41 所示。

步骤八　创建基准平面

单击"特征工具栏"中的"平面"按钮，弹出"基准平面"对话框。单击 RIGHT 基准平面作为参照平面，在"偏距"文本框中输入"40"，单击"确认"按钮，完成与参照平面平行偏移一定距离的基准平面 DTM1 的创建，如图 5-42 所示。通过拖动白色方框"拖动按钮"来改变偏移方向和距离。

步骤九　创建筋板一

单击"特征工具栏"中的"筋"按钮，或在"菜单栏"中单击"插入"→"筋"命令，打开"筋"操控面板，如图 5-43 所示。

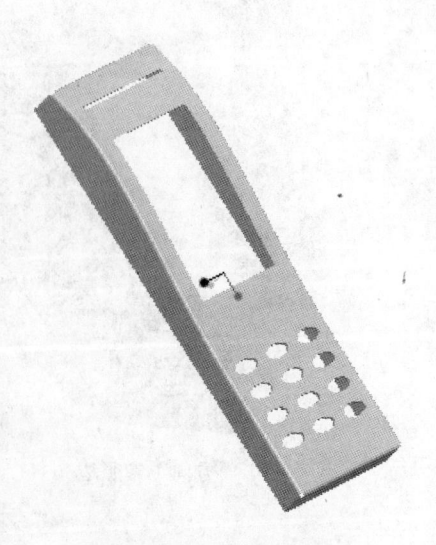

图 5-41　屏幕和听筒孔特征

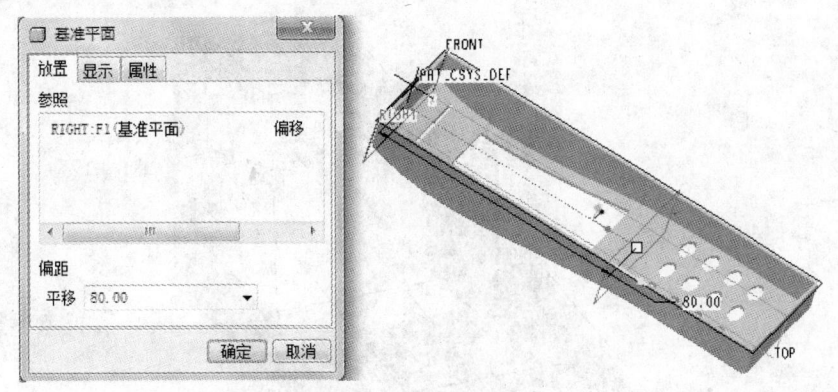

图 5-42 创建基准平面

图 5-43 "筋"操控面板

单击"参照"→"定义"命令，打开"草绘"对话框，在绘图区中单击 DTM1 基准平面，则草绘平面被设置为 DTM1 平面，草绘方向为系统默认方向。在"草绘"对话框中单击"草绘"按钮，进入草绘界面。

选择"主工具栏"→"草绘"→"参照"命令，弹出"参照"对话框。选择如图 5-44 所示的边为参照，单击"确定"和"关闭"按钮，完成参照设置。

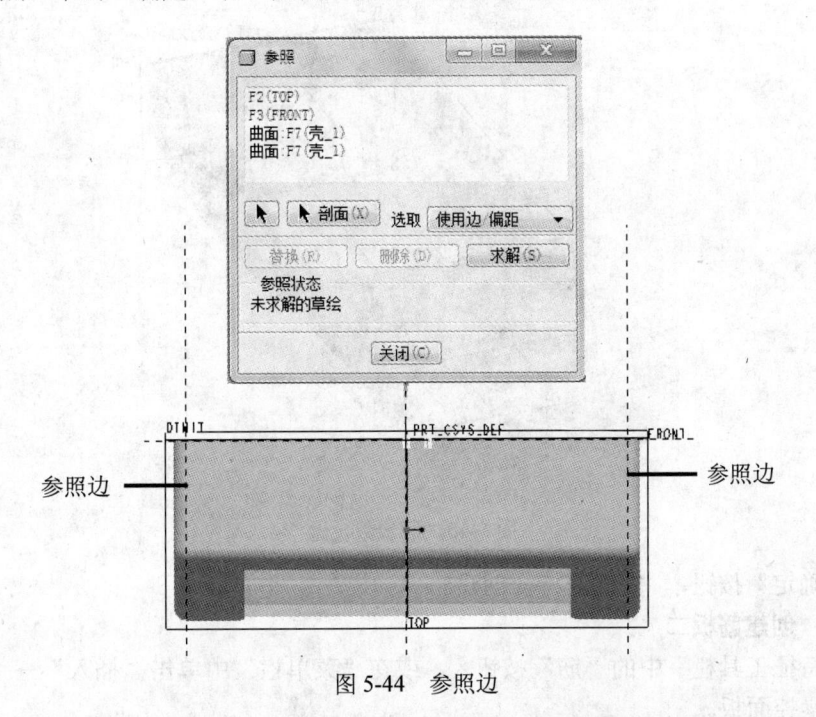

图 5-44 参照边

在草绘工具栏中单击 ╲ 按钮，在上步设置的参照间绘制直线段，如图 5-45 所示。绘制完成后单击"完成"按钮 ✓。

图 5-45 所示位置绘制直线。

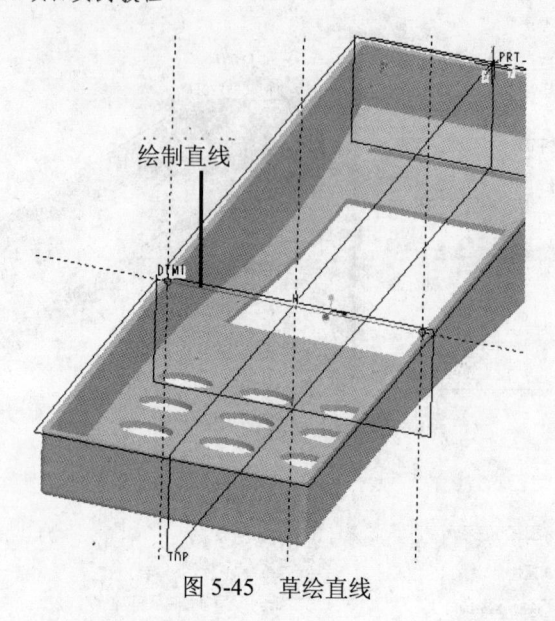

图 5-45 草绘直线

在"筋"操控面板中设置筋厚度为"1",单击"方向"按钮%可更改筋的生成方向,如图 5-46 所示。

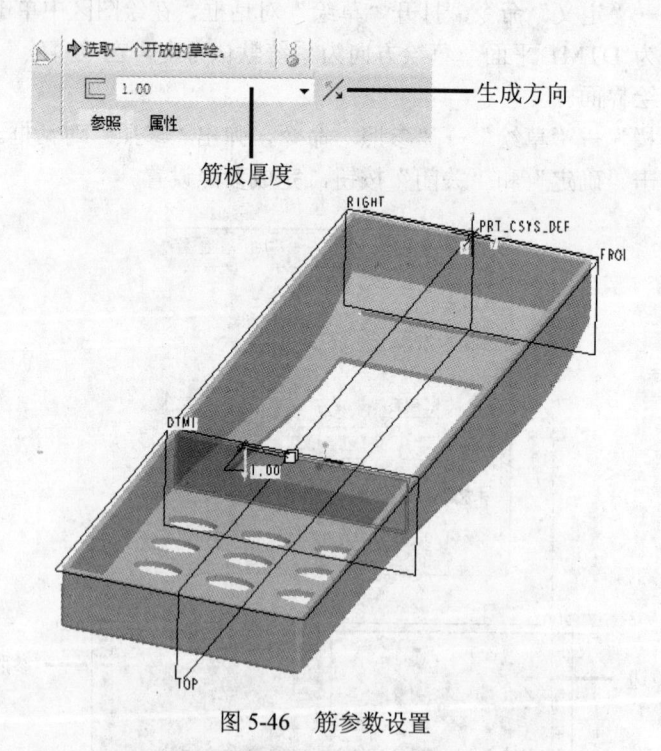

图 5-46 筋参数设置

单击"确定"按钮✓,完成筋特征创建。

步骤十 创建筋板二

单击"特征工具栏"中的"筋"按钮,或在"菜单栏"中单击"插入"→"筋"命令,打开"筋"操控面板。

单击"参照"→"定义"命令,打开"草绘"对话框,在绘图区中单击 TOP 基准平面,则草绘平面被设置为 TOP 平面,草绘方向为系统默认方向。在"草绘"对话框中单击"草绘"

按钮，进入草绘界面。

选择"主工具栏"→"草绘"→"参照"命令，弹出"参照"对话框。选择如图 5-47 所示的边为参照，参照边为实体内轮廓。单击"确定"和"关闭"按钮，完成参照设置。

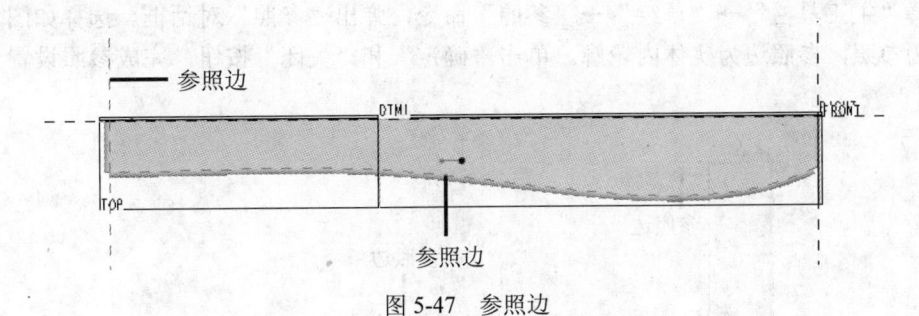

图 5-47 参照边

在草绘工具栏中单击 \ 按钮，绘制直线段，如图 5-48 所示。

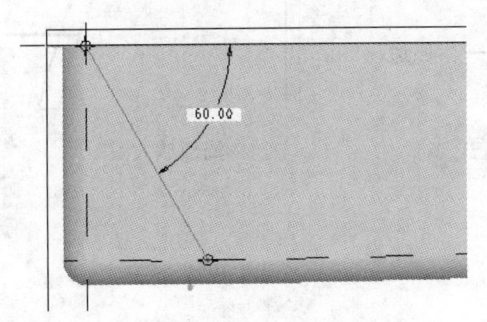

图 5-48 草绘直线

绘制完成后单击"完成"按钮 ✔。

在"筋"操控面板中设置筋厚度为"1"，单击"方向"按钮 ✗ 可更改筋生成方向。单击"确定"按钮 ✔，完成筋特征的创建，如图 5-49 所示。

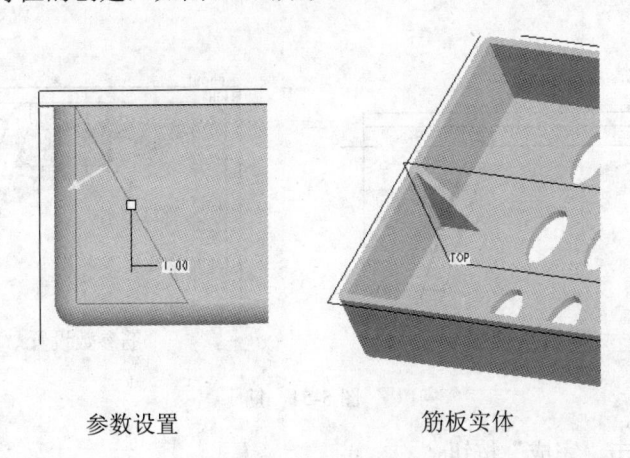

参数设置　　　　筋板实体

图 5-49 筋参数设置

步骤十一　创建筋板三

单击"特征工具栏"中的"筋"按钮，或在"菜单栏"中单击"插入"→"筋"命令，打开"筋"操控面板。

单击"参照"→"定义"命令，打开"草绘"对话框，在绘图区中单击 TOP 基准平面，则草绘平面被设置为 TOP 平面，草绘方向为系统默认方向。在"草绘"对话框中单击"草绘"按钮，进入草绘界面。

选择"主工具栏"→"草绘"→"参照"命令，弹出"参照"对话框。选择如图 5-50 所示的边为参照，参照边为实体内轮廓。单击"确定"和"关闭"按钮，完成参照设置。

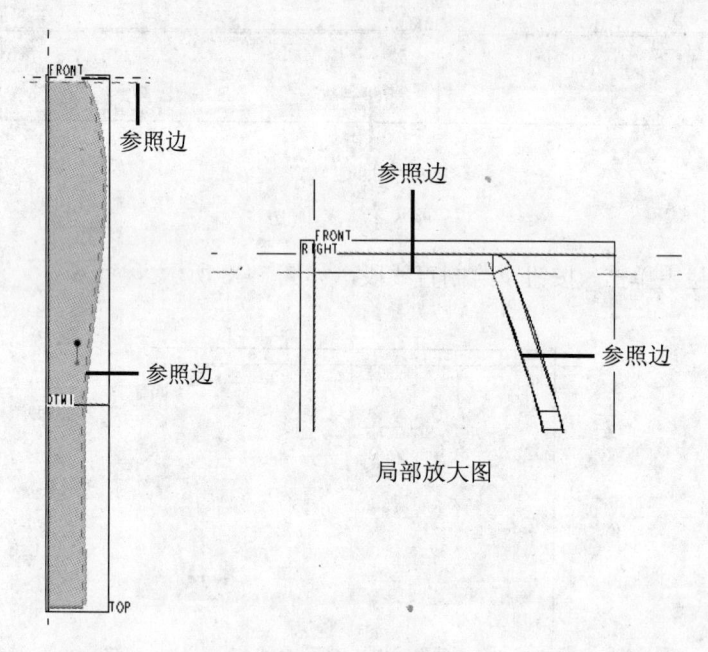

图 5-50 参照边

在草绘工具栏中单击 \ 按钮，绘制直线段，如图 5-51 所示。

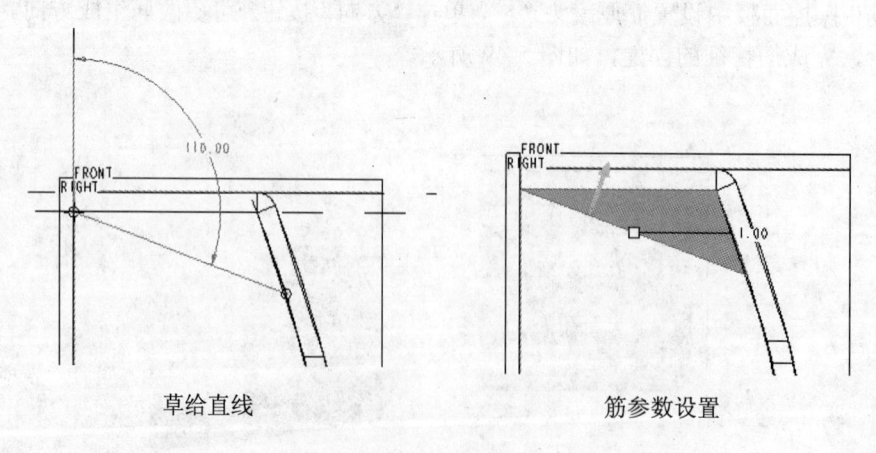

图 5-51 筋

绘制完成后单击"完成"按钮 ✔。

在"筋"操控面板中设置筋厚度为"1"，单击"方向"按钮 ✗ 可更改筋生成方向，如图 5-51 所示。单击"确定"按钮 ✔，完成筋特征的创建。

步骤十二　保存文件

单击"保存"按钮 🖫，完成保存操作。

5.2.6 任务总结

1．草绘图形中，参照的正确选取对绘制图形非常有利。
2．筋的草绘截面直线在实体边界上才能正确地生成筋板。

5.2.7 巩固练习

练习绘制如图 5-52 所示图形。

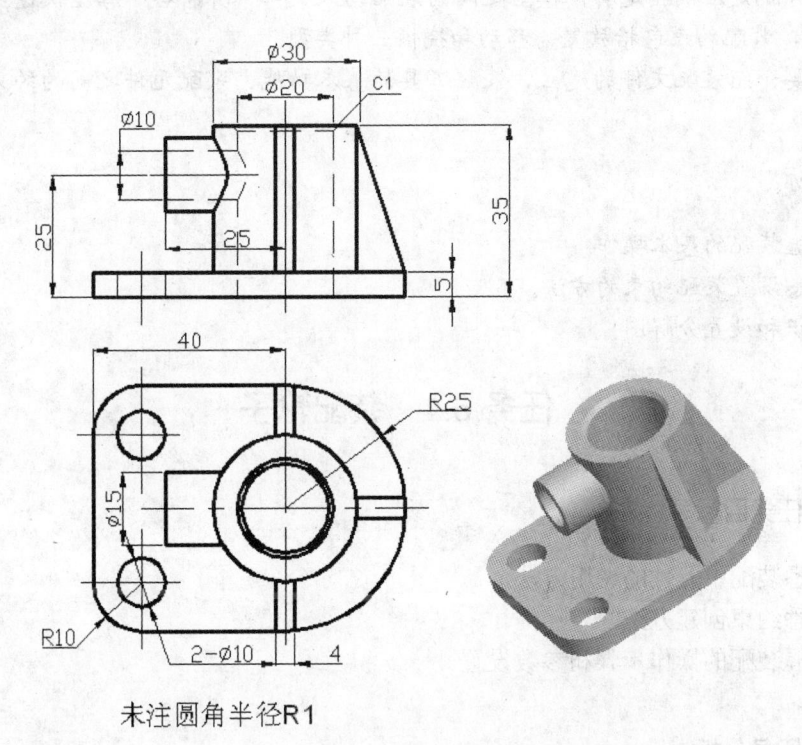

未注圆角半径R1

图 5-52　练习 5-3

项目6 装配元件

项目分析

装配元件就是准确指定实体模型之间的装配约束关系,并将各个模型快速组装成产品。在 PRO/E 中,装配约束包括放置、移动和挠性三种类型。

本书主要介绍装配文件的建立、装配工具的基本功能、装配元件之间的约束关系以及装配设计的修改。

能力目标

- 掌握装配的基本操作。
- 熟悉设置装配约束的方法。
- 认识和设置分解图。

任务 6.1 装配轮子

6.1.1 任务目标

- 熟悉装配中元件的调用方法。
- 熟悉约束创建方法。
- 掌握装配的操作步骤和参数设置。

6.1.2 任务分析

应用装配约束完成图 6-1 所示装配图。

6.1.3 任务分析

轮子由五个元件组成,在完成各元件三维造型后,再进行装配设计。本任务学习约束各元件进行装配操作。

6.1.4 相关知识

1. 插入约束。
2. 对齐约束。
3. 匹配约束。

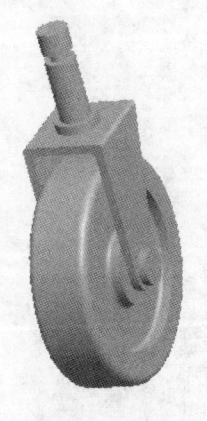

图 6-1 轮子

6.1.5 任务过程

步骤一 设置工作目录

选择主菜单栏中的"文件"→"设置工作目录"选项,打开"选取工作目录"对话框。

当前设置工作目录在 D:\my word\lunzi\ 中，单击"确定"按钮完成设置。

步骤二　创建零件实体

在工作目录下创建并保存此任务中的五个实体模型，模型名称分别为"1"、"2"、"3"、"4"、"5"，零件图纸如图 6-2 所示。

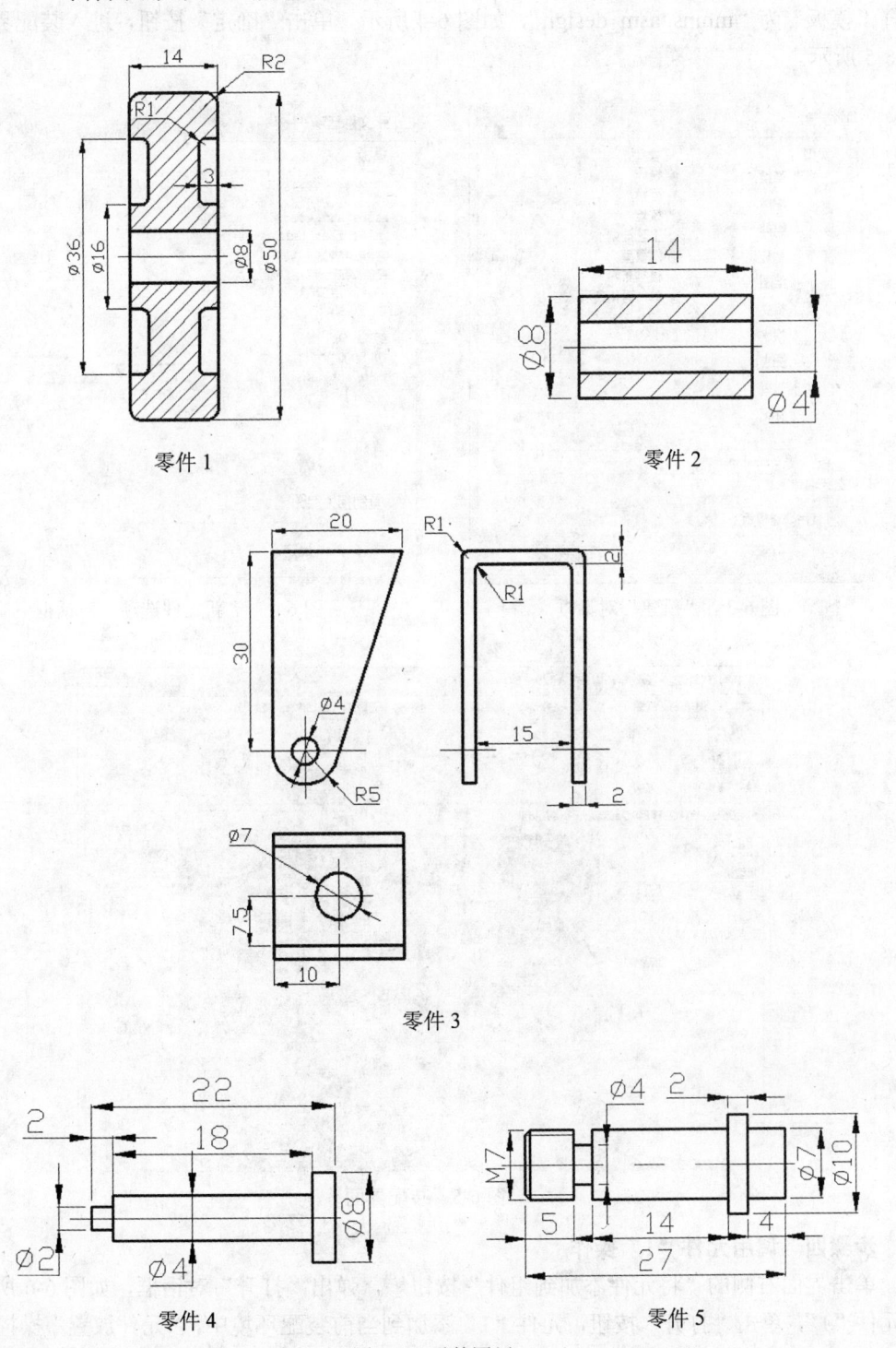

零件 1

零件 2

零件 3

零件 4

零件 5

图 6-2　零件图纸

步骤三 新建装配文件

启动 Pro/E 程序后,选择"文件"→"新建"选项,或者单击"新建"按钮,打开"新建"对话框。选择"组件"→"设计"命令,并在"名称"框中输入名称"lunzi",如图 6-3 所示。取消勾选"使用缺省模板"复选框,单击"确定"按钮,打开"新文件选项"对话框。选择"模板"为"mmns_asm_design",如图 6-4 所示。单击"确定"按钮,进入装配界面,如图 6-5 所示。

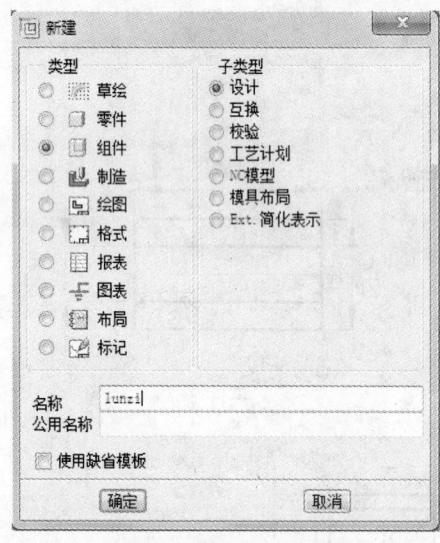

图 6-3 "新建"对话框 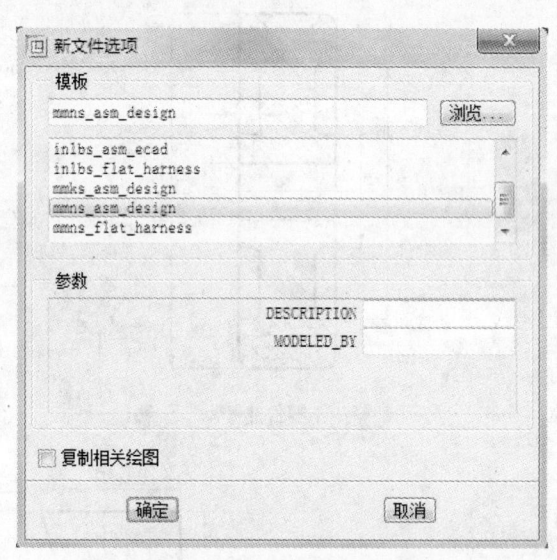　　　　图 6-4 "新文件选项"对话框

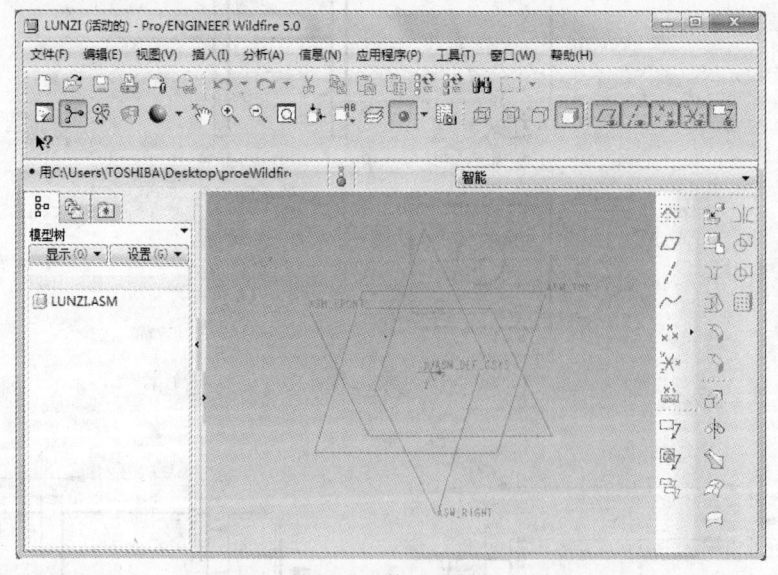

图 6-5 装配界面

步骤四 调用元件"1"操作

单击界面右侧的"将元件添加到组件"按钮,弹出"打开"对话框,如图 6-6 所示。选择元件"1",单击"打开"按钮,元件"1"添加到当前装配环境中,"元件放置"操控面板被打开,如图 6-7 所示。

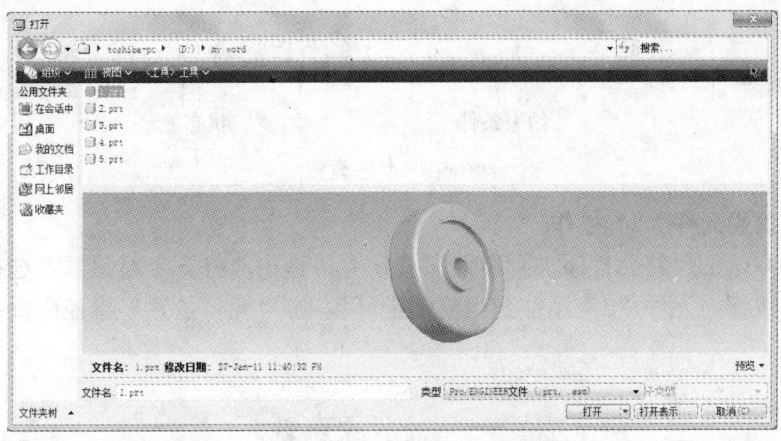

图 6-6 "打开"对话框

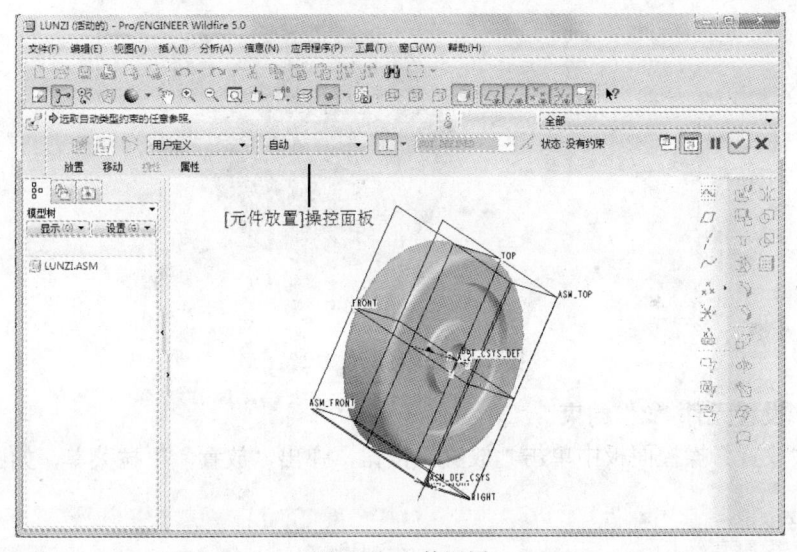

图 6-7 元件调用

步骤五 设置元件"1"约束

在"元件放置"操控面板中单击"自动"按钮,弹出"约束"下拉菜单,如图 6-8 所示。调入装配中的第一个零件一般选择"缺省"选项,将元件按系统默认放置。此时"元件放置"操控面板中的"状态"显示为"完全约束",如图 6-9 所示。单击"确定"按钮,完成装配元件"1"的设置。

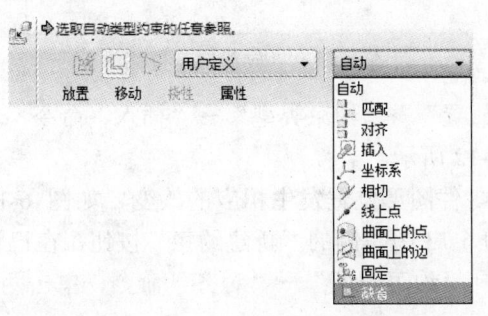

图 6-8 "约束"下拉菜单

约束条件　　　　　　　　状态显示

图 6-9　状态设置

步骤六　调用元件"2"操作

单击界面右侧的"将元件添加到组件"按钮，弹出"打开"对话框。选择元件"2"，单击"打开"按钮，元件"2"添加到当前装配环境中，"元件放置"操控面板被打开，如图 6-10 所示。

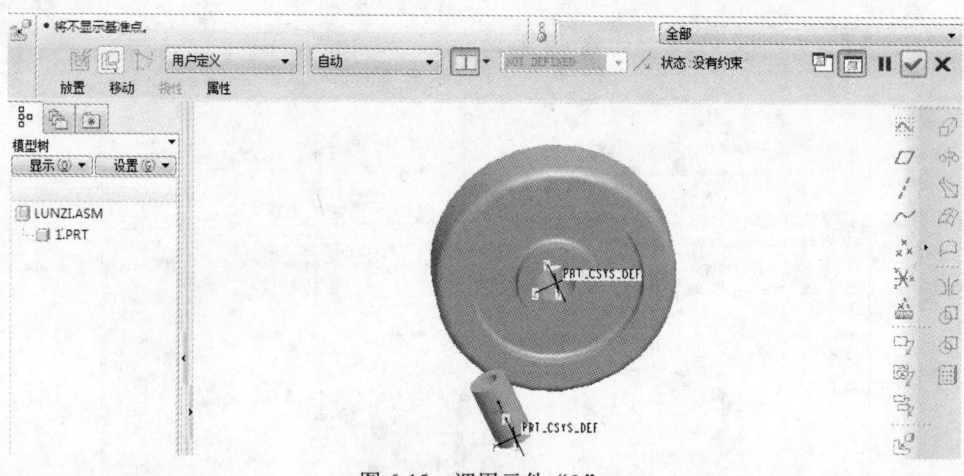

图 6-10　调用元件"2"

步骤七　设置元件"2"约束

在"元件放置"操控面板中单击"放置"按钮，弹出"放置"下拉菜单，如图 6-11 所示。

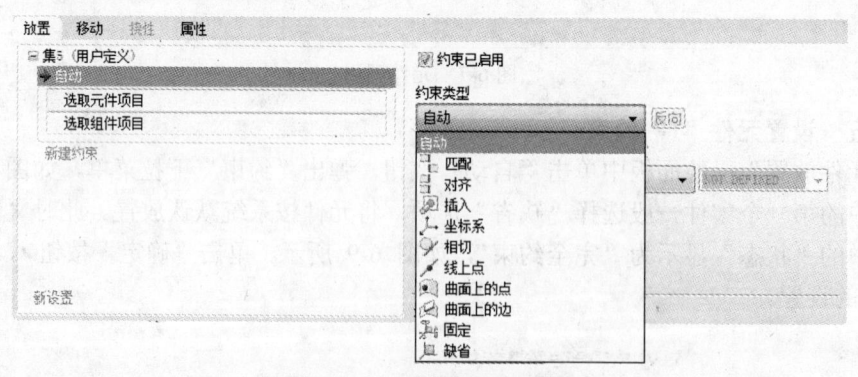

图 6-11　"放置"下拉菜单

在下拉菜单中选择"放置"→"约束类型"→"插入"命令，单击元件"1"孔内表面及元件"2"外表面，如图 6-12 所示。

"放置"下拉菜单和零件图形位置发生相应的改变，如图 6-13 所示。此时"状态"显示为"部分约束"，单击图 6-13 中左侧的"新建约束"按钮，在已设"插入"约束的基础上，再增加"自动"约束。选择"约束类型"→"对齐"命令，单击两元件对应端面，如图 6-14 所示。

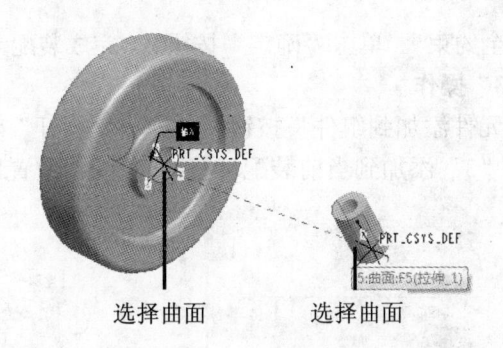

图 6-12 选择曲面

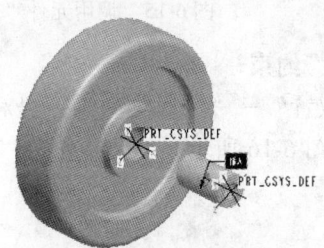

图 6-13 "插入"参数设置

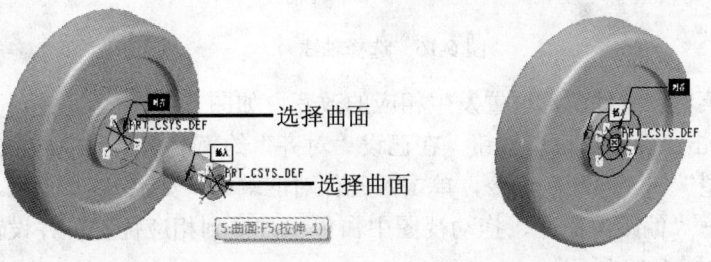

图 6-14 "对齐"参数设置

"状态"显示为"完全约束"。单击"确定"按钮✓,完成装配元件"2"的设置。

步骤八 调用元件"3"操作

单击界面右侧的"将元件添加到组件"按钮,弹出"打开"对话框。选择元件"3",单击"打开"按钮,元件"3"添加到当前装配环境中,"元件放置"操控面板被打开,如图6-15所示。

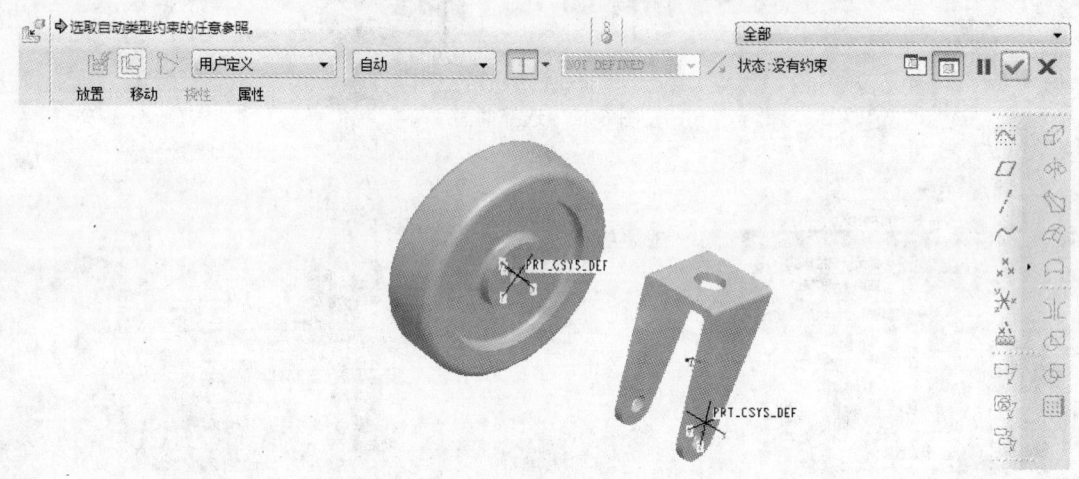

图 6-15 调用元件"3"

步骤九 设置元件"3"约束

在下拉菜单中选择"放置"→"约束类型"→"对齐"命令,单击元件"2"中心轴线及元件"3"孔中心轴线,如图6-16所示。

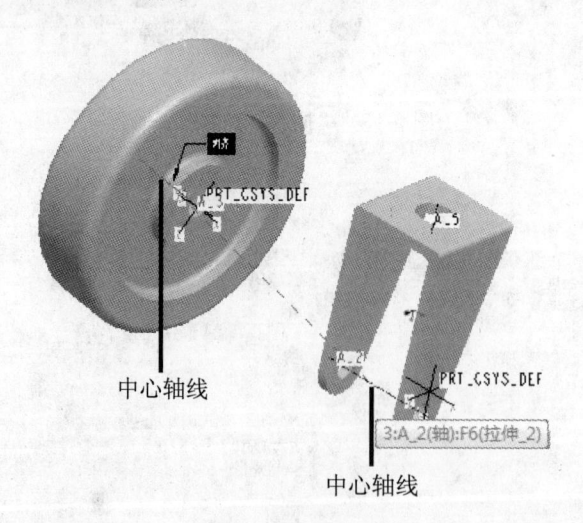

图 6-16 选择轴线

"放置"下拉菜单和零件图形位置发生相应的改变,如图6-17所示。此时"状态"显示为"部分约束",单击"新建约束"按钮,在已设"对齐"约束的基础上,再增加"自动"约束。选择"约束类型"→"匹配"命令,单击两元件对应端面,如图6-18所示。

选择"偏移"→"偏距"命令,拖动视图中白色小方框到相应位置,并设置面与面的匹配距离为"0.5",如图6-19所示。

项目6 装配元件

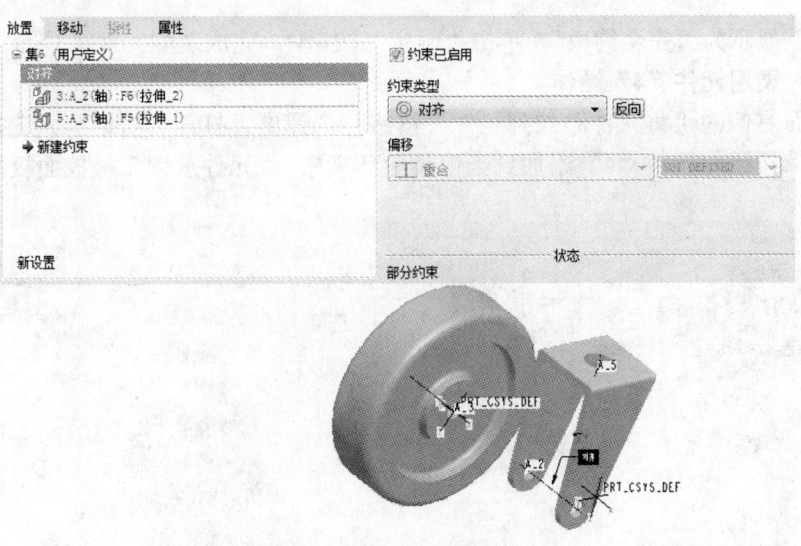

图 6-17 "对齐"参数设置

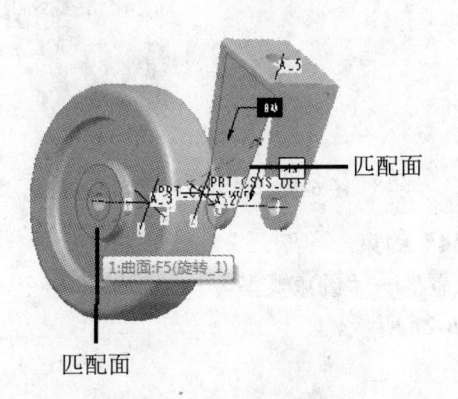

图 6-18 匹配面

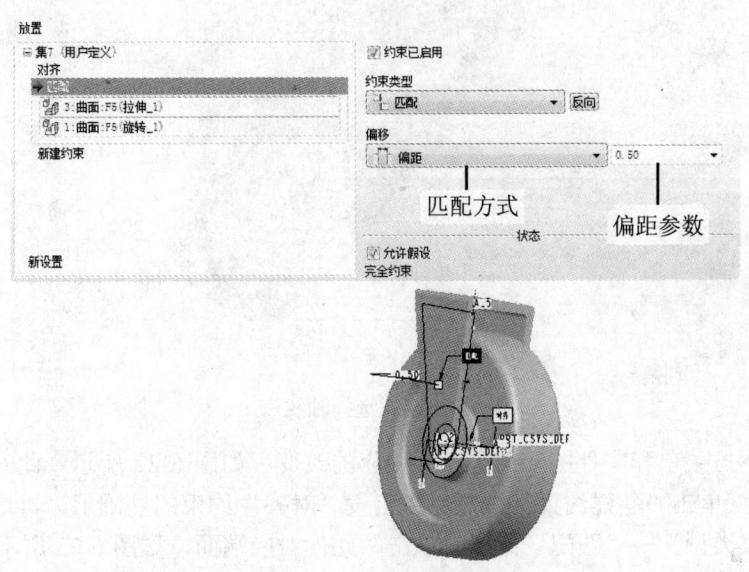

图 6-19 "匹配"参数设置

"状态"显示为"完全约束"。单击"确定"按钮✔,完成装配元件"3"的设置。

步骤十 调用元件"4"操作

单击界面右侧的"将元件添加到组件"按钮,弹出"打开"对话框。选择元件"4",单击"打开"按钮,元件"4"添加到当前装配环境中,"元件放置"操控面板被打开,如图6-20所示。

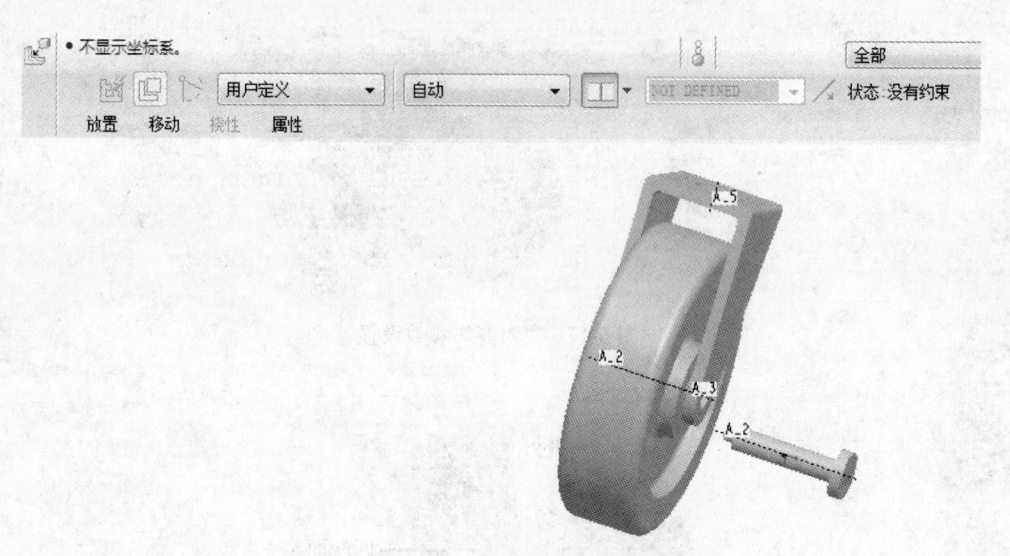

图6-20 调用元件"4"

步骤十一 设置元件"4"约束

在下拉菜单中选择"放置"→"约束类型"→"对齐"命令,单击元件"2"中心轴线及元件"4"中心轴线,如图6-21所示。

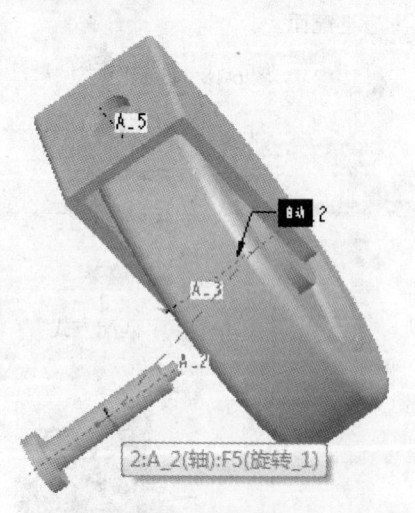

图6-21 选择轴线

"放置"下拉菜单和零件图形位置发生相应的改变,如图6-22所示。此时"状态"显示为"部分约束",单击"新建约束"按钮,在已设"对齐"约束的基础上,再增加"自动"约束。选择"约束类型"→"匹配"命令,单击两元件对应端面,如图6-23所示。

选择"偏移"→"重合"命令,如图6-24所示。

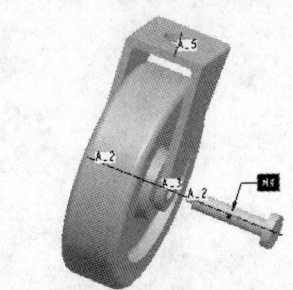

图 6-22 "对齐"参数设置

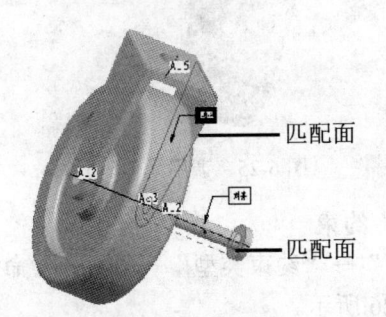

图 6-23 匹配面

图 6-24 "匹配"参数设置

步骤十二 调用元件"5"操作

单击界面右侧的"将元件添加到组件"按钮，弹出"打开"对话框。选择元件"5"，单击"打开"按钮，元件"5"添加到当前装配环境中，"元件放置"操控面板被打开，如图 6-25 所示。

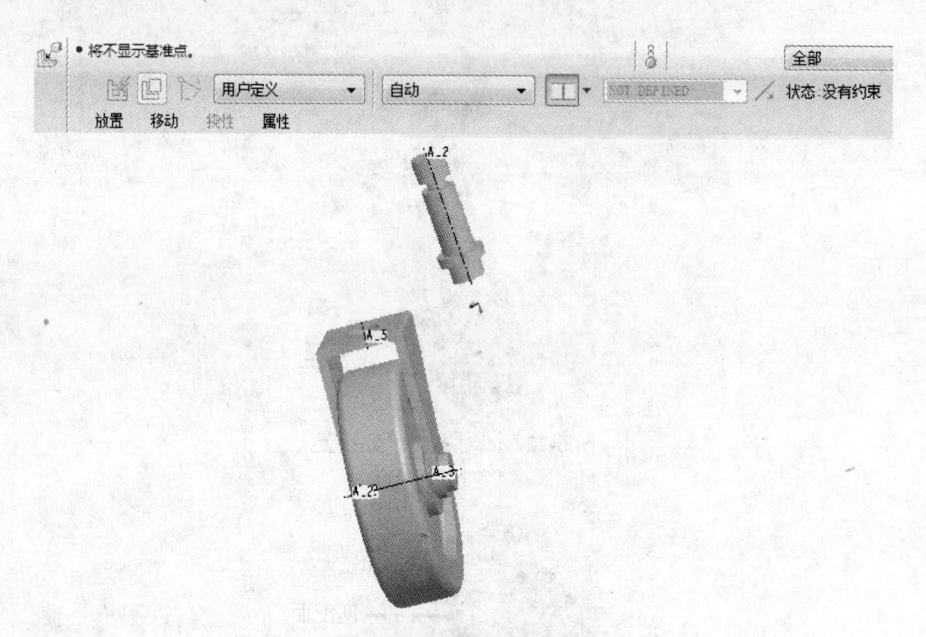

图 6-25 调用元件"5"

步骤十三 设置元件"5"约束

在下拉菜单中选择"放置"→"约束类型"→"对齐"命令，单击元件"3"中心轴线及元件"5"中心轴线，如图 6-26 所示。

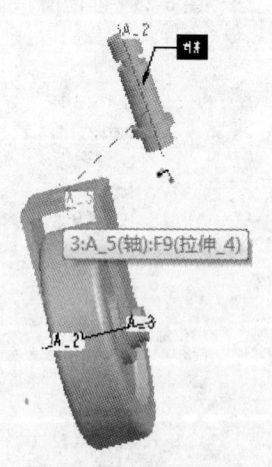

图 6-26 选择轴线

"放置"下拉菜单和零件图形位置发生相应的改变，如图 6-27 所示。此时"状态"显示为"部分约束"，单击"新建约束"按钮，在已设"对齐"约束的基础上，再增加"自动"约束。选择"约束类型"→"匹配"命令，单击两元件对应端面，如图 6-28 示。

选择"偏移"→"重合"命令，如图 6-29 示。

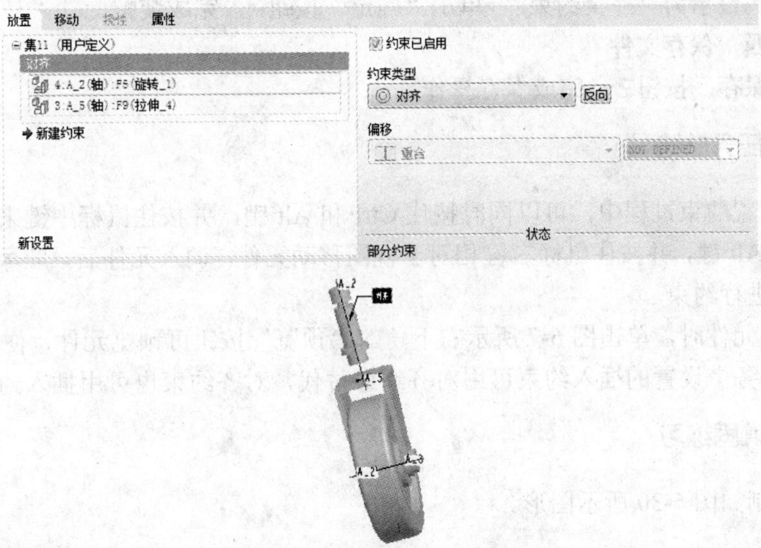

图 6-27 "对齐"参数设置

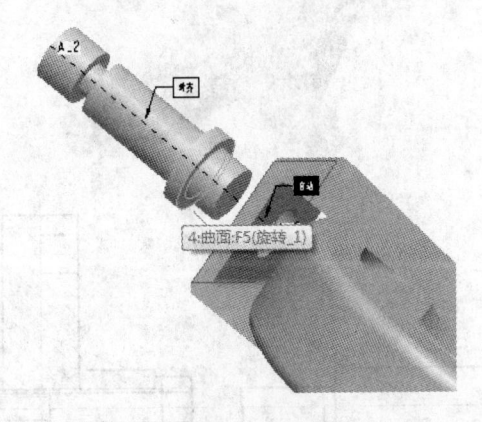

图 6-28 匹配面

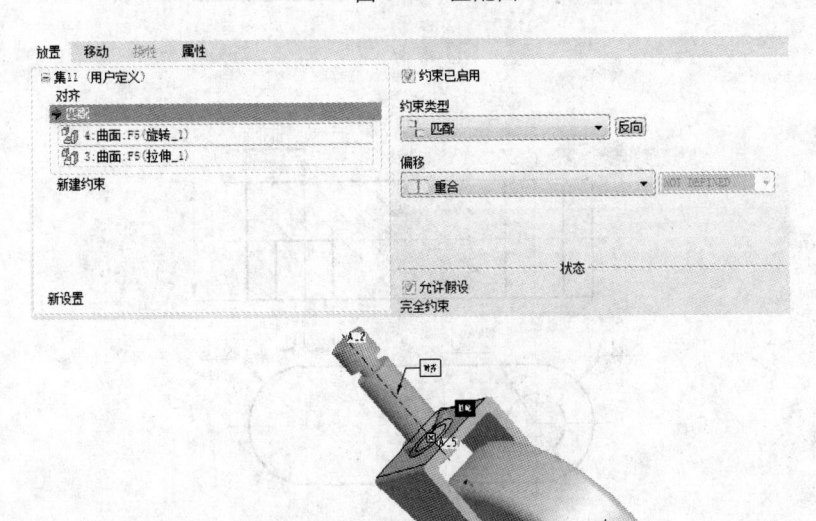

图 6-29 "匹配"参数设置

"状态"显示为"完全约束"。单击"确定"按钮✓，完成装配元件"5"的设置。

步骤十四　保存文件

单击"保存"按钮，完成保存操作。

6.1.6　任务总结

1．在设置约束过程中，可以同时按住 Ctrl 和 Alt 键，并按住鼠标中键来旋转元件；同时按住 Ctrl 和 Alt 键，并按住鼠标右键相对于视图移动元件。调入元件后，应尽量把元件调整到适当位置再进行约束。

2．调用元件时，单击图 6-7 所示右下角的"预览"按钮可预览元件，便于调用。

3．本任务中设置的插入约束可用对齐约束替代，对齐约束也可用插入约束替代。

6.1.7　巩固练习

练习绘制如图 6-30 所示图形。

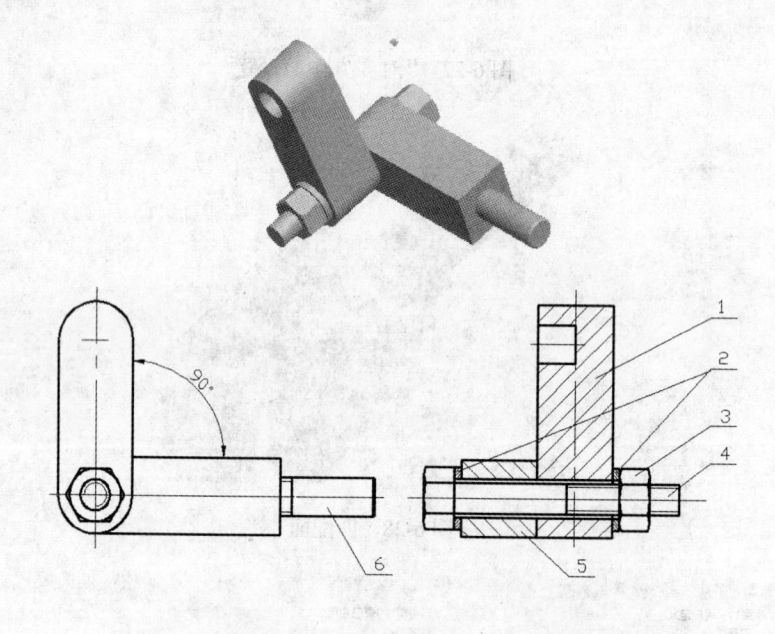

（1）

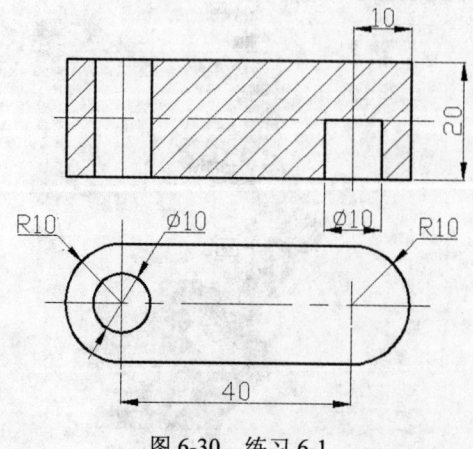

图 6-30　练习 6-1

(2)

(3)

(4)

(5)

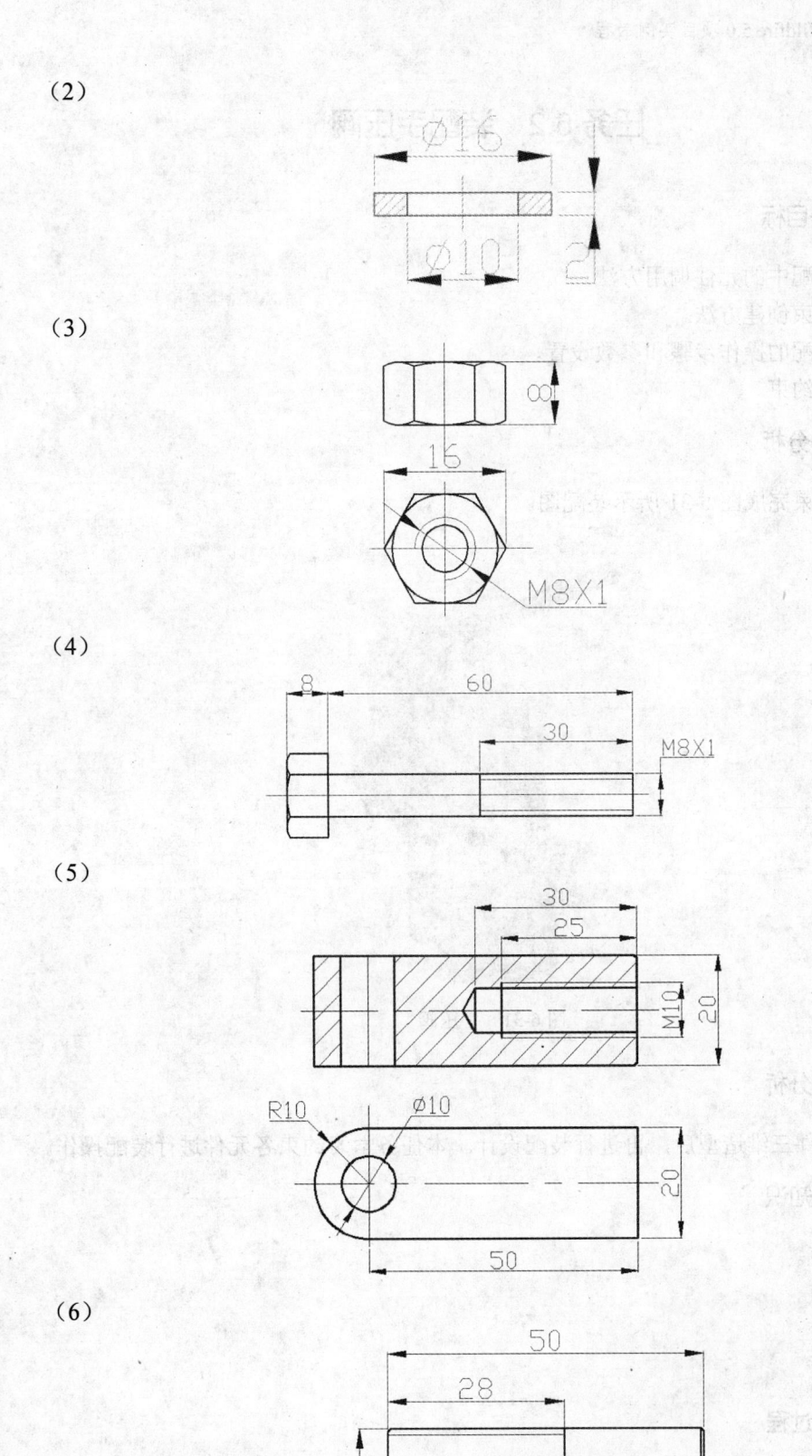

(6)

续图 6-30　练习 6-1

任务 6.2 装配手压阀

6.2.1 任务目标

- 复习装配中的元件调用方法。
- 复习约束创建方法。
- 复习装配的操作步骤和参数设置。
- 掌握过约束。

6.2.2 任务分析

应用装配约束完成图 6-31 所示装配图。

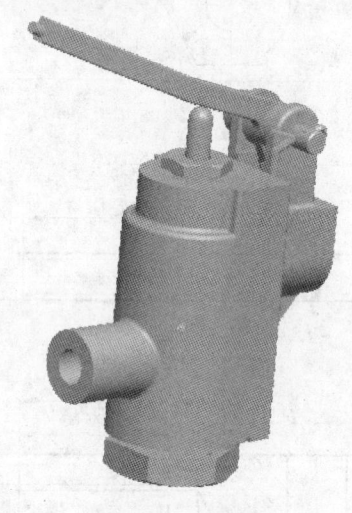

图 6-31 手压阀

6.2.3 任务分析

在完成各元件三维造型后,再进行装配设计。本任务学习约束各元件进行装配操作。

6.2.4 相关知识

1. 插入约束。
2. 对齐约束。
3. 匹配约束。
4. 相切约束。

6.2.5 任务过程

步骤一 设置工作目录

选择主菜单栏中的"文件"→"设置工作目录"选项,打开"选取工作目录"对话框。当前设置工作目录在 D:\my word\shouyafa\中,单击"确定"按钮完成设置。

步骤二　创建零件实体

在工作目录下创建并保存此任务中 11 个实体模型。零件图纸如图 6-32 所示。

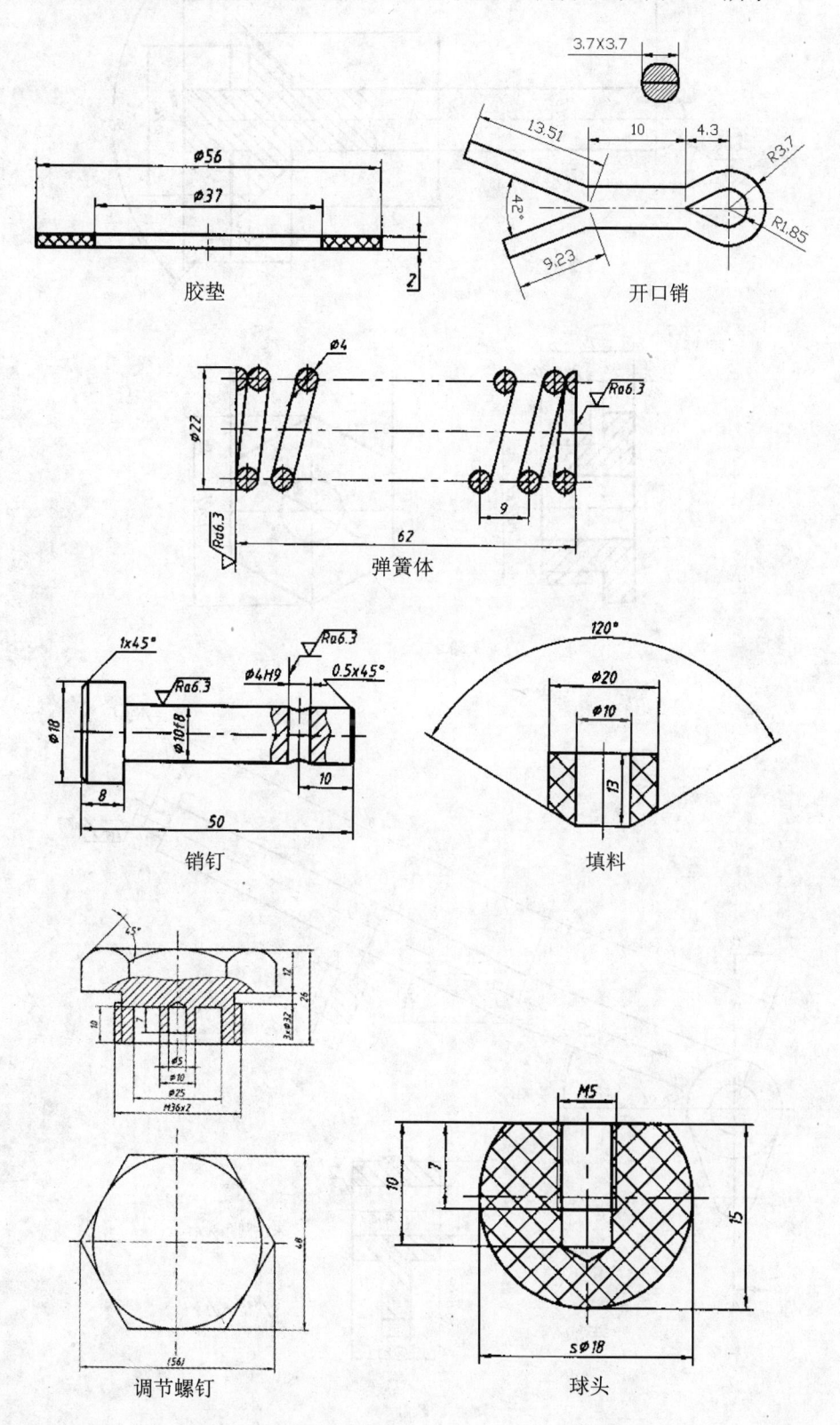

胶垫

开口销

弹簧体

销钉

填料

调节螺钉

球头

阀杆

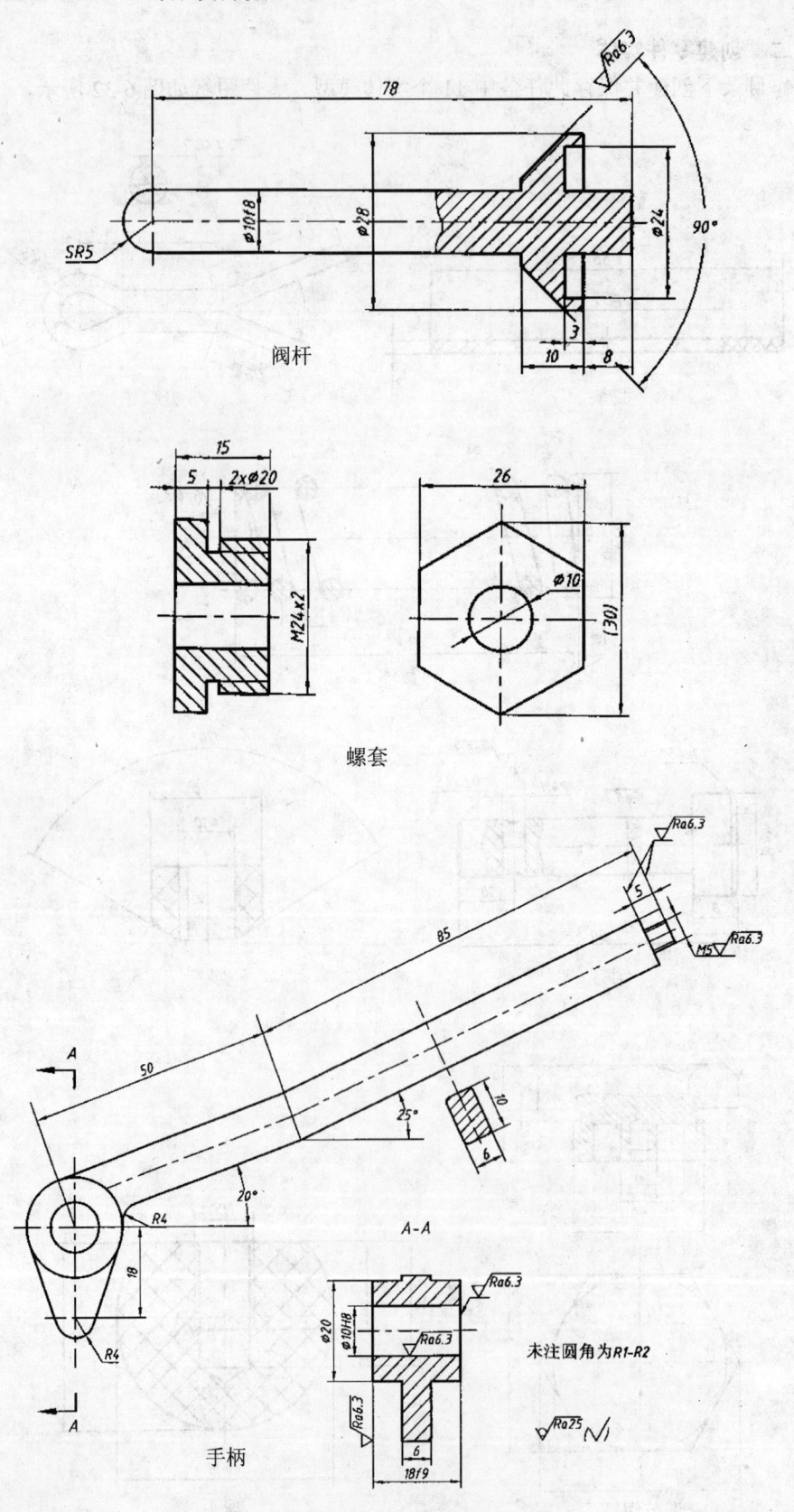

螺套

A-A

手柄

未注圆角为R1-R2

阀体

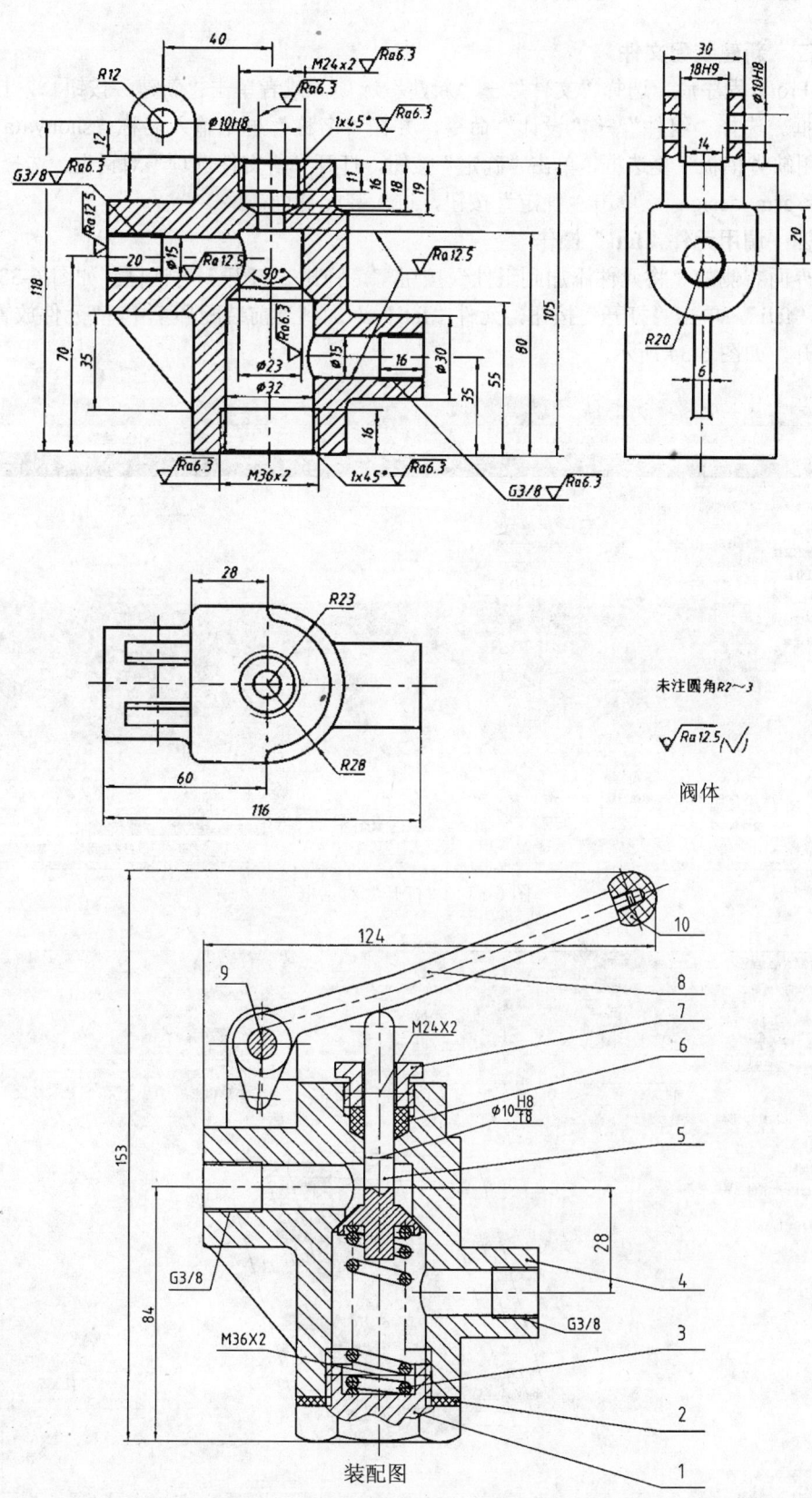

装配图

图 6-32 零件图纸

步骤三 新建装配文件

启动 Pro/E 程序后，选择"文件"→"新建"选项，或者单击"新建"按钮，打开"新建"对话框。选择"组件"→"设计"命令，并在"名称"框中输入名称"shouyafa"。取消勾选"使用缺省模板"复选框，单击"确定"按钮，打开"新文件选项"对话框。选择"模板"为"mmns_asm_design"。单击"确定"按钮，进入装配界面。

步骤四 调用元件"fati"操作

单击界面右侧的"将元件添加到组件"按钮，弹出"打开"对话框，如图 6-33 所示。选择元件"fati"，单击"打开"按钮，元件"fati"添加到当前装配环境中，"元件放置"操控面板被打开，如图 6-34 所示。

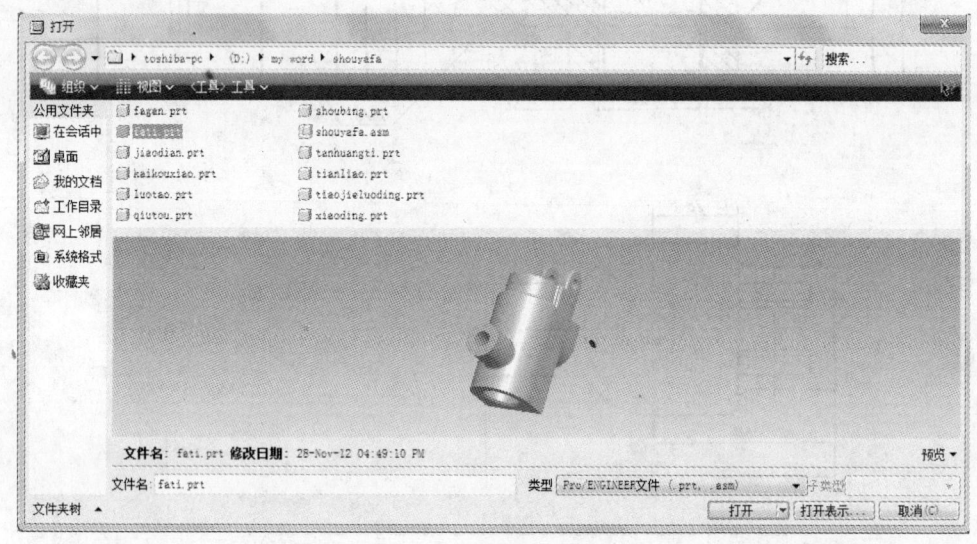

图 6-33 "打开"对话框

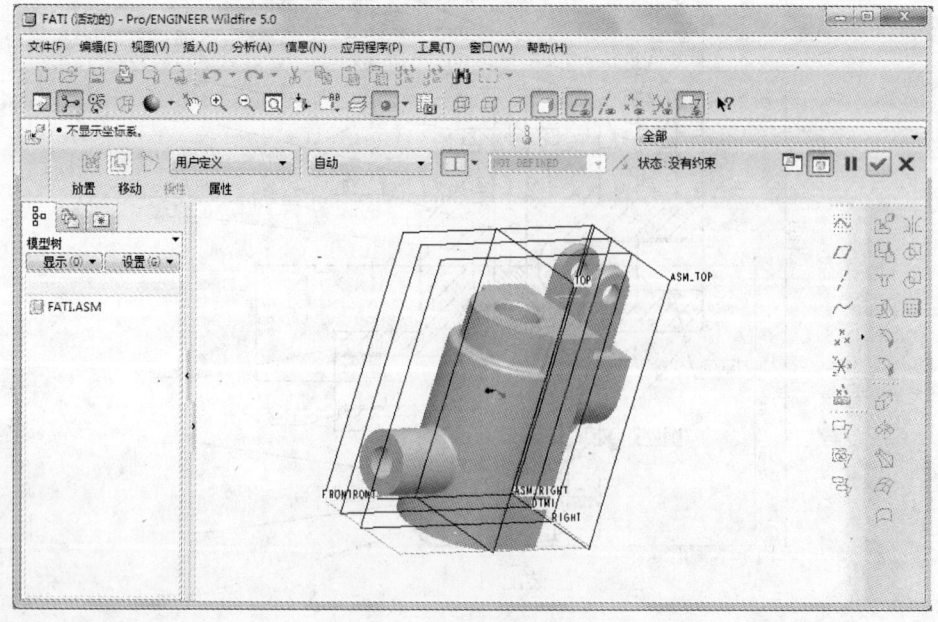

图 6-34 调用"fati"

步骤五 设置元件"fati"约束

在"元件放置"操控面板中单击"自动"按钮，弹出"约束"下拉菜单。调入装配中的第一个零件一般选择"缺省"选项，将元件按系统默认放置。此时"元件放置"操控面板中的"状态"显示为"完全约束"，如图6-35所示。单击"确定"按钮✓，完成装配元件"fati"的设置。

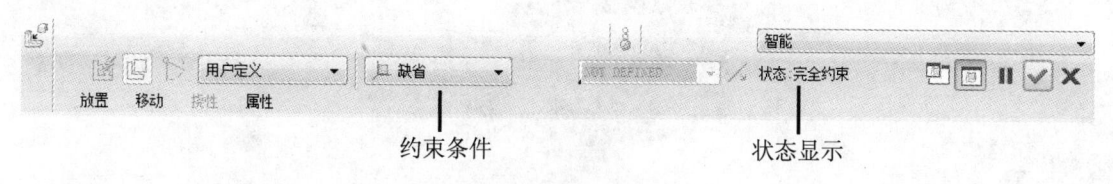

图 6-35 状态设置

步骤六 调用元件"fagan"操作

单击界面右侧的"将元件添加到组件"按钮，弹出"打开"对话框。选择元件"fagan"，单击"打开"按钮，元件"fagan"添加到当前装配环境中，"元件放置"操控面板被打开，如图6-36所示。

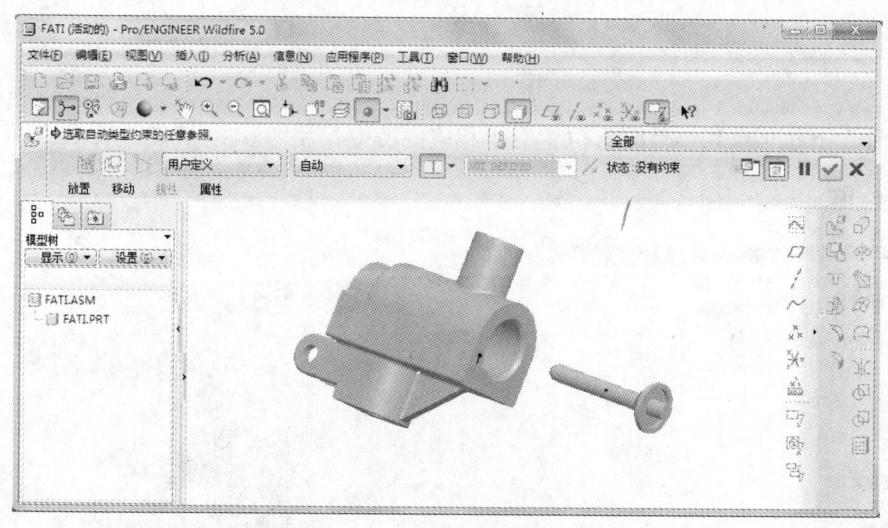

图 6-36 调用元件"fagan"

步骤七 设置元件"fagan"约束

在"元件放置"操控面板中单击"放置"按钮，弹出"放置"下拉菜单，如图6-37所示。

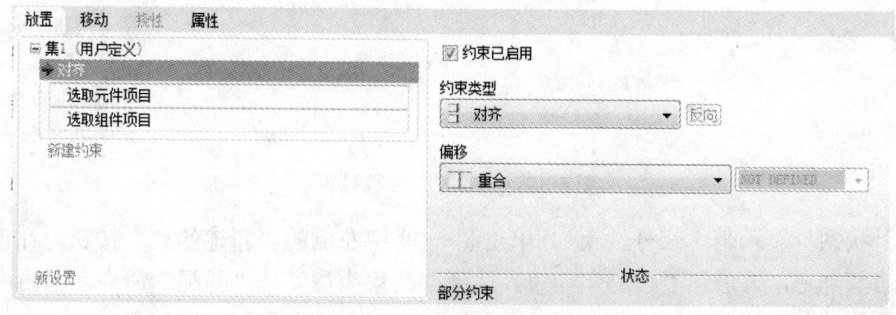

图 6-37 "放置"下拉菜单

在下拉菜单中选择"放置"→"约束类型"→"对齐"命令,单击元件"fati"A-2 轴及元件"fagan"A-2轴,如图6-38所示。

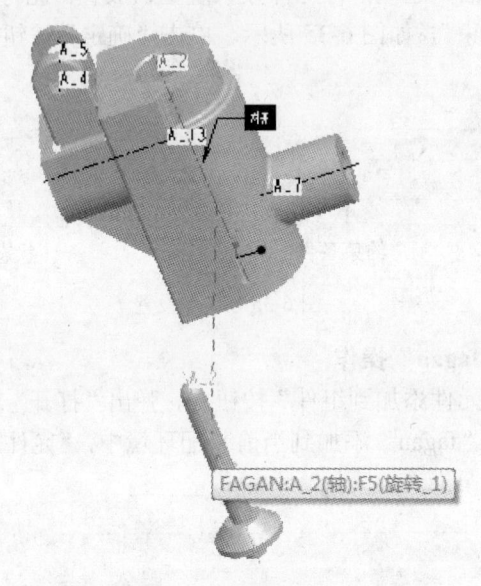

图 6-38 选择轴线

"放置"下拉菜单和零件图形位置发生相应的改变,如图6-39所示。

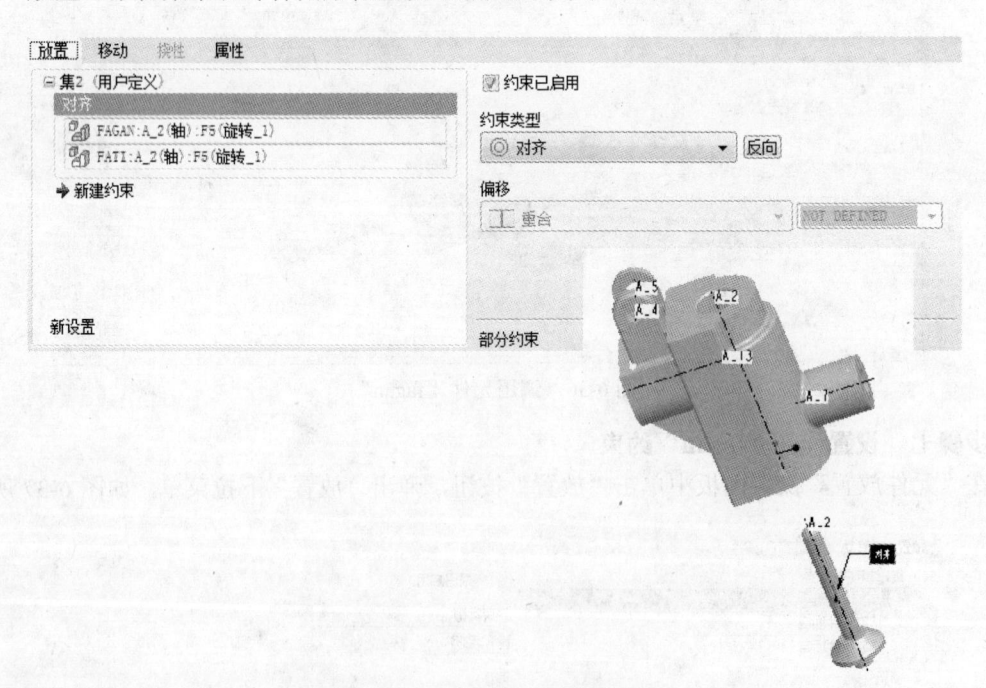

图 6-39 "对齐"参数设置

此时"状态"显示为"部分约束",单击图6-39中左侧的"新建约束"按钮,在已设"对齐"约束的基础上,再增加"自动"约束。选择"约束类型"→"匹配"命令,单击两元件对应曲面,如图6-40所示。

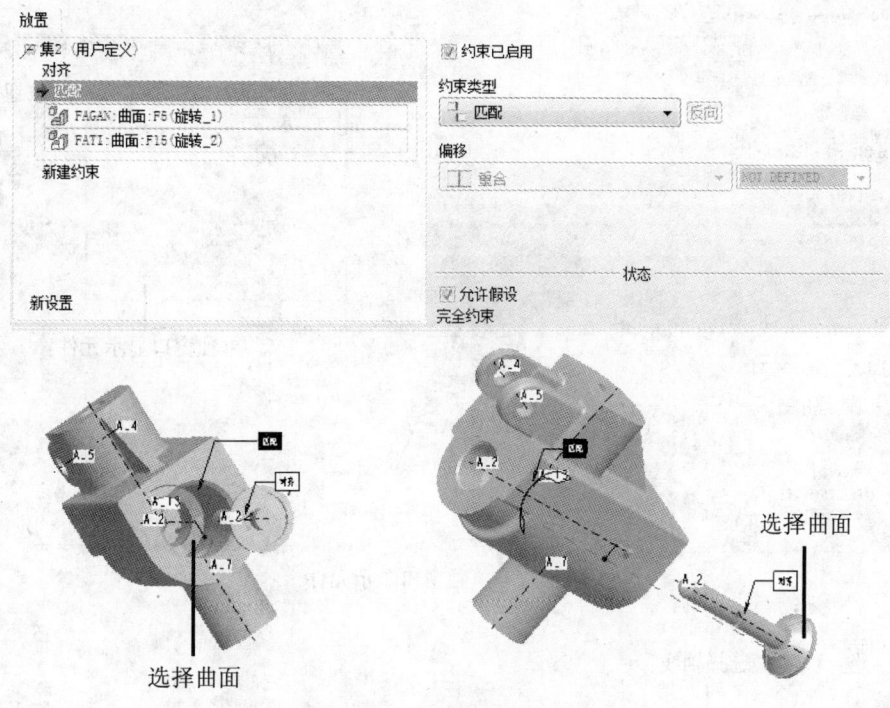

图 6-40 "匹配"参数设置

"状态"显示为"完全约束"。单击"确定"按钮✔,完成装配元件"fagan"的设置,如图 6-41 所示。

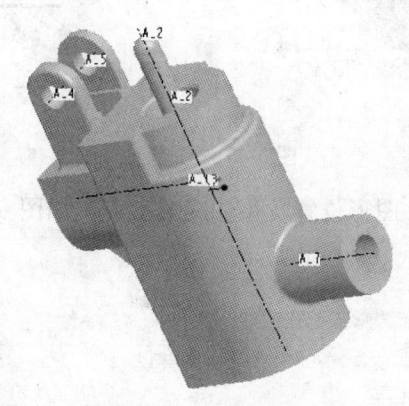

图 6-41 fagan 装配

步骤八 调用元件"tanhuangti"操作

单击界面右侧的"将元件添加到组件"按钮,弹出"打开"对话框。选择元件"tanhuangti",单击"打开"按钮,将元件"tanhuangti"添加到当前装配环境中,"元件放置"操控面板被打开。

在"元件操控"面板中单击"单独窗口显示元件"按钮,弹出"元件"窗口,在窗口中显示新加载的元件,如图 6-42 所示。可在窗口中选择元件来添加与装配体之间的约束。

步骤九 设置元件"tanhuangti"约束

在下拉菜单中选择"放置"→"约束类型"→"对齐"命令,单击元件"fagan"A-2 轴及"tanhuangti"A-1 轴,如图 6-43 所示。

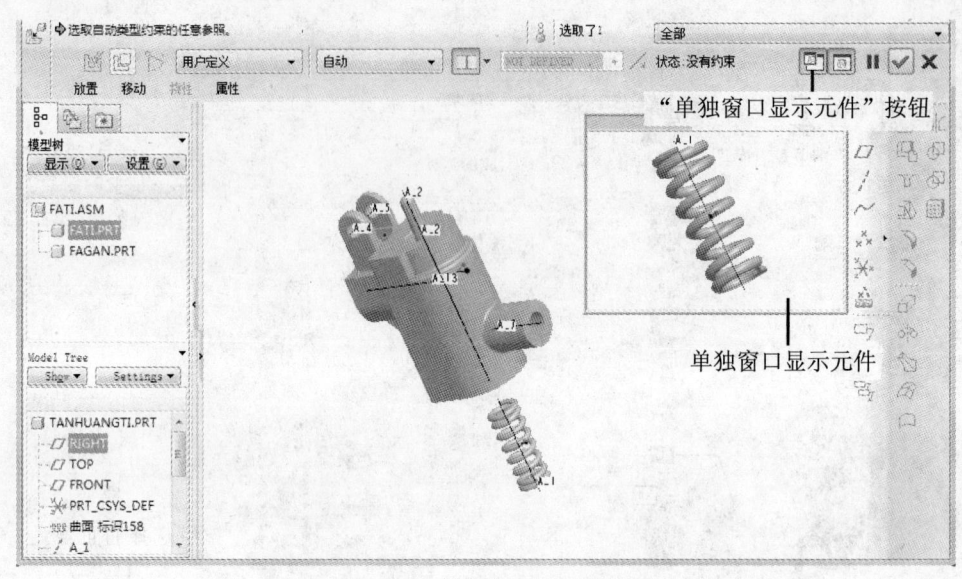

图 6-42 单独窗口显示元件

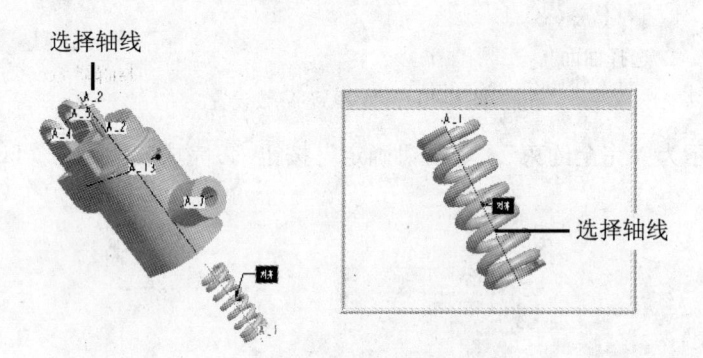

图 6-43 选择轴线

"放置"下拉菜单和零件图形位置发生相应的改变，如图 6-44 所示。

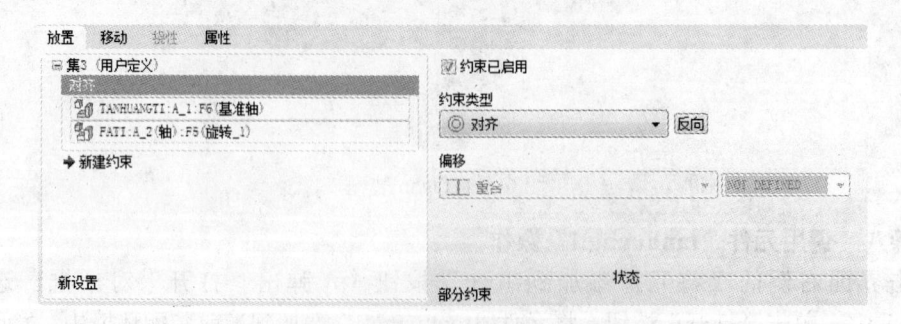

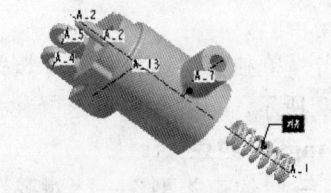

图 6-44 "对齐"参数设置

此时"状态"显示为"部分约束",单击"新建约束"按钮,在已设"对齐"约束的基础上,再增加"自动"约束。选择"约束类型"→"对齐"命令,单击两元件对应端面,如图6-45 所示。参数设置如图 6-46 所示。

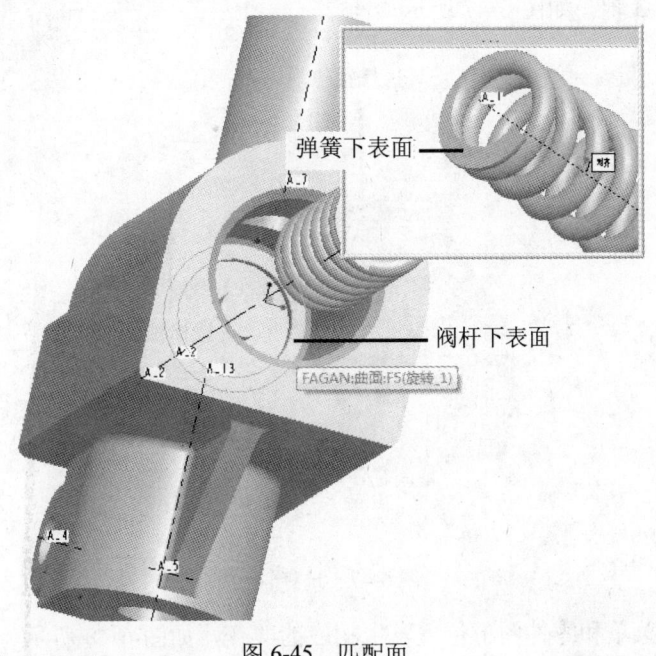

图 6-45　匹配面

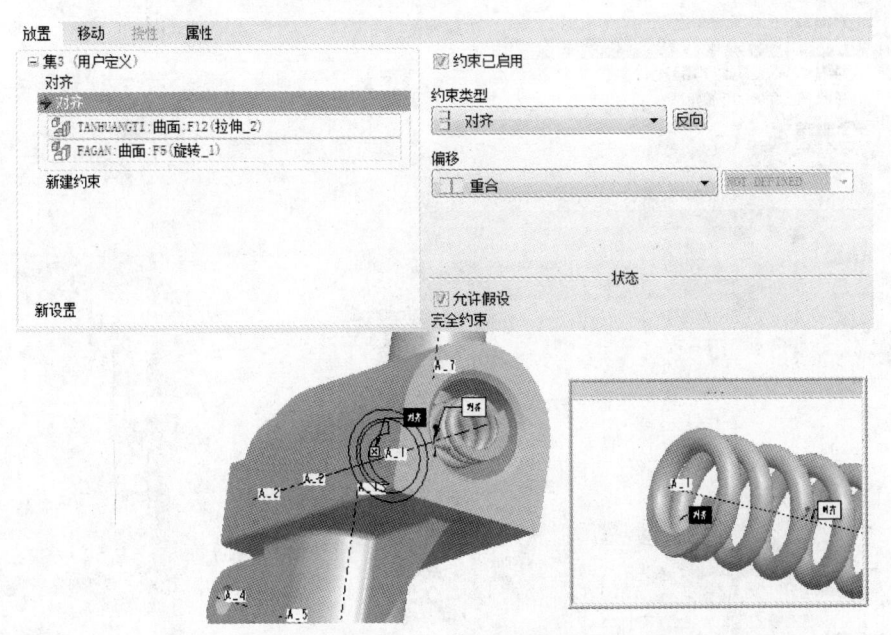

图 6-46　"对齐"参数设置

"状态"显示为"完全约束"。单击"确定"按钮，完成装配元件"tanhuangti"的设置。

步骤十　调用元件"jiaodian"操作

单击界面右侧的"将元件添加到组件"按钮，弹出"打开"对话框。选择元件"jiaodian"，单击"打开"按钮,元件"jiaodian"添加到当前装配环境中,"元件放置"操控面板被打开。

步骤十一 设置元件"jiaodian"约束

在下拉菜单中选择"放置"→"约束类型"→"对齐"命令,单击元件"fati"A-2 轴及元件"jiaodian"A-3 轴,如图 6-47 所示。

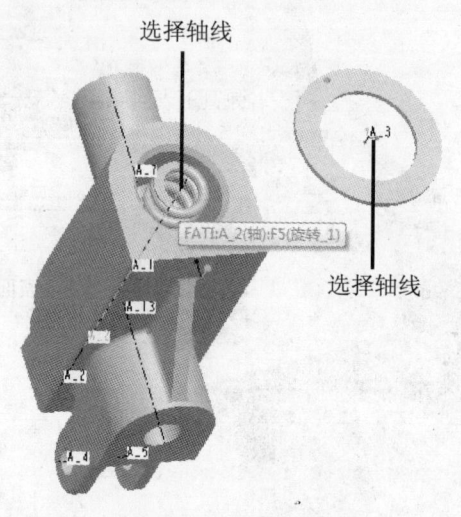

图 6-47 选择轴线

"放置"下拉菜单和零件图形位置发生相应的改变,如图 6-48 所示。

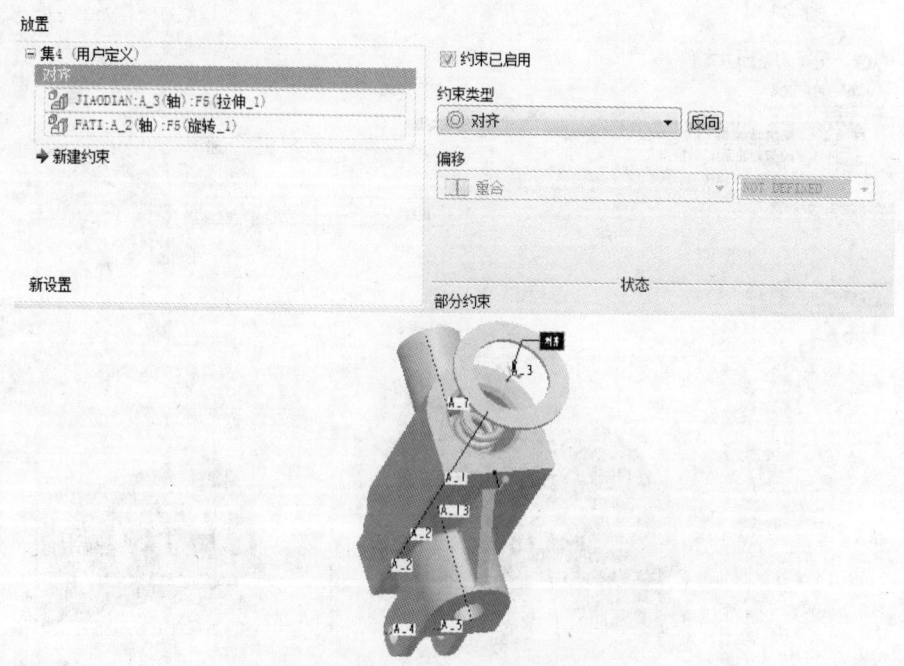

图 6-48 "对齐"参数设置

此时"状态"显示为"部分约束",单击"新建约束"按钮,在已设"对齐"约束的基础上,再增加"自动"约束。选择"约束类型"→"匹配"命令,单击两元件对应端面,如图 6-49 所示。参数设置如图 6-50 所示。

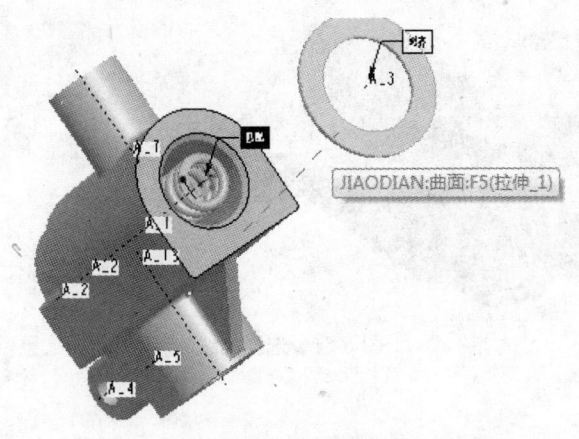

图 6-49　匹配面

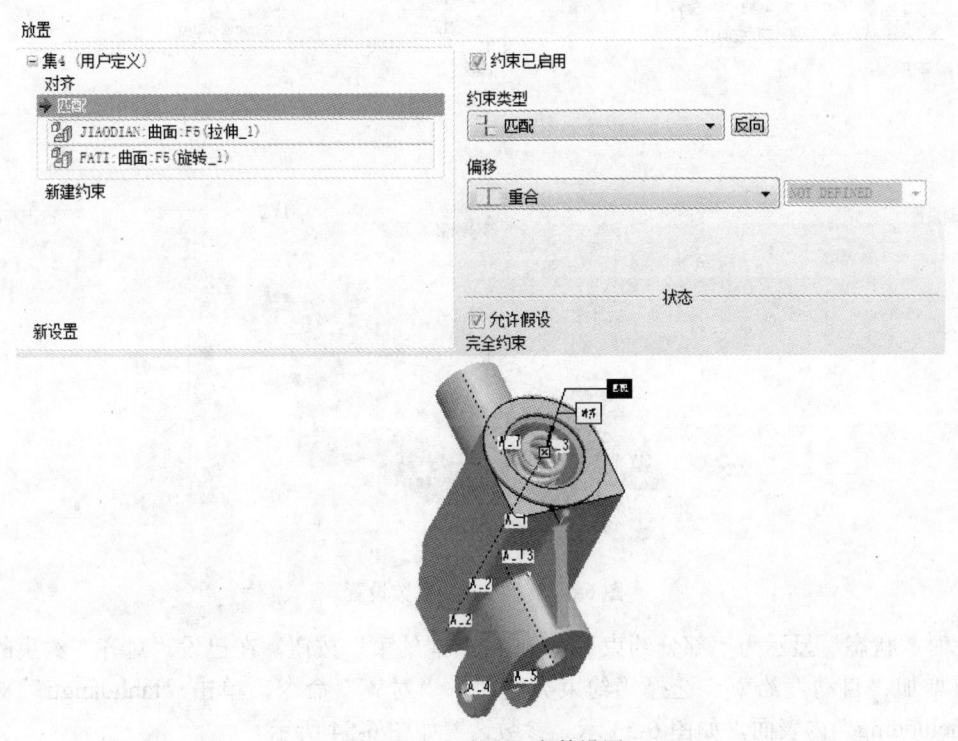

图 6-50　"匹配"参数设置

"状态"显示为"完全约束"。单击"确定"按钮✔，完成装配元件"jiaodian"的设置。

步骤十二　调用元件"tiaojieluoding"操作

单击界面右侧的"将元件添加到组件"按钮，弹出"打开"对话框。选择元件"tiaojieluoding"，单击"打开"按钮，元件"tiaojieluoding"添加到当前装配环境中，"元件放置"操控面板被打开。

步骤十三　设置元件"tiaojieluoding"约束

在下拉菜单中选择"放置"→"约束类型"→"对齐"命令，单击元件"jiaodian" A-3 轴及元件"tiaojieluoding" A-2 轴，如图 6-51 所示。

"放置"下拉菜单和零件图形位置发生相应的改变，如图 6-52 所示。

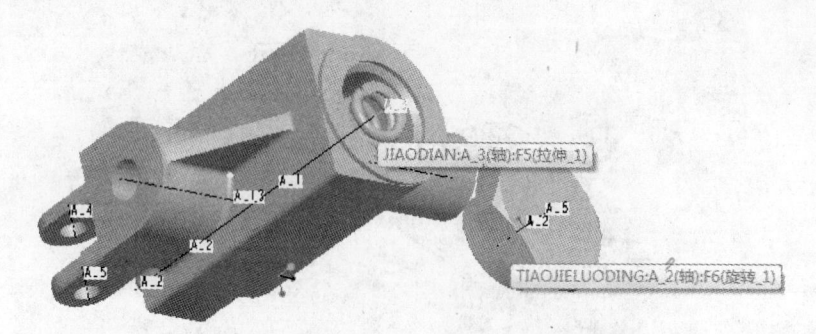

图 6-51 选择轴线

图 6-52 "对齐"参数设置

此时"状态"显示为"部分约束",单击"新建约束"按钮,在已设"对齐"约束的基础上,再增加"自动"约束。选择"约束类型"→"对齐"命令,单击"tanhuangti"平面及"tiaojieluoding"内表面,如图 6-53 示。参数设置如图 6-54 所示。

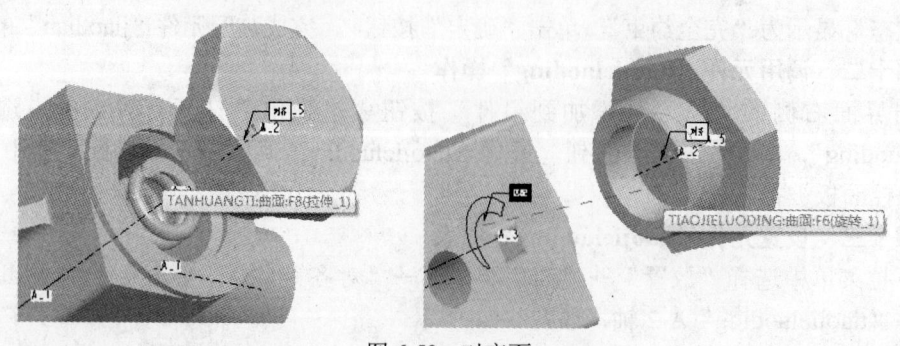

图 6-53 对齐面

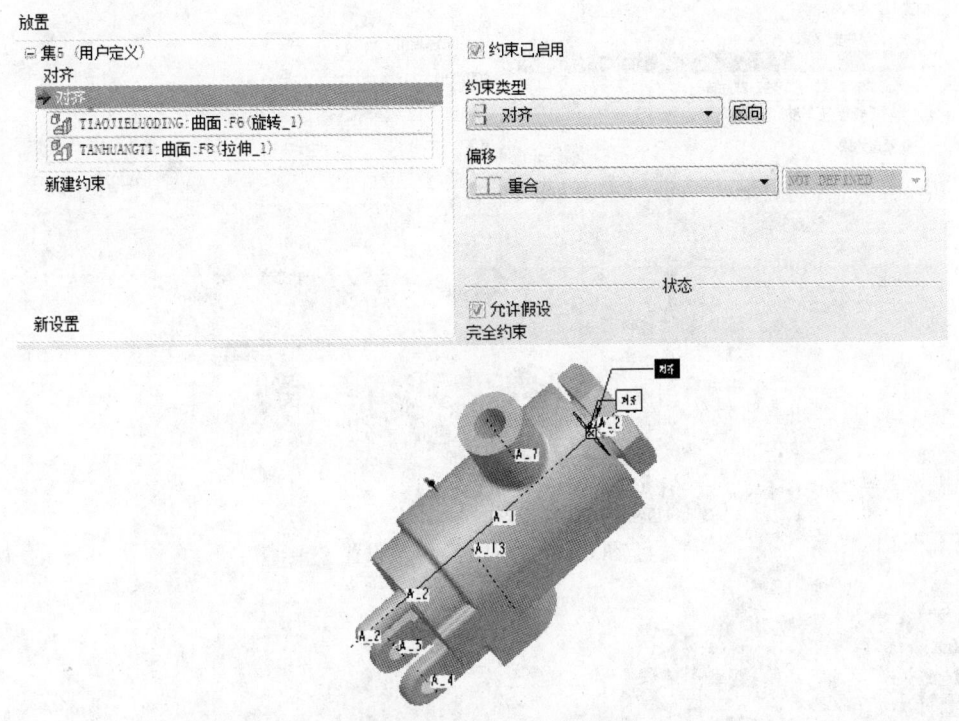

图 6-54 "对齐"参数设置

"状态"显示为"完全约束"。单击"确定"按钮✓，完成装配元件"tiaojieluoding"的参数设置。

步骤十四　调用元件"tianliao"操作

单击界面右侧的"将元件添加到组件"按钮，弹出"打开"对话框。选择元件"tianliao"，单击"打开"按钮，元件"tianliao"添加到当前装配环境中，"元件放置"操控面板被打开。

步骤十五　设置元件"tianliao"约束

在下拉菜单中选择"放置"→"约束类型"→"对齐"命令，单击元件"fagan"A-2 轴及元件"tianliao"A-2 轴，如图 6-55 所示。

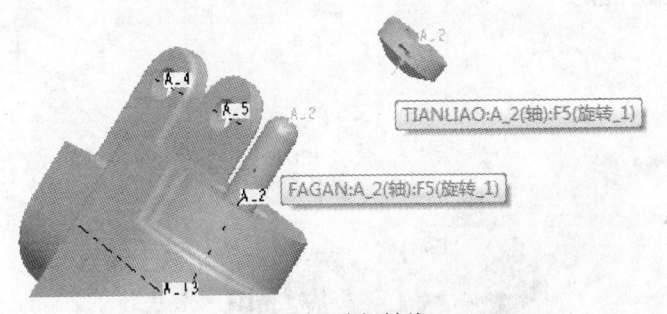

图 6-55　选择轴线

"放置"下拉菜单和零件图形位置发生相应的改变，如图 6-56 所示。

此时"状态"显示为"部分约束"，单击"新建约束"按钮，在已设"对齐"约束的基础上，再增加"自动"约束。选择"约束类型"→"匹配"命令，单击"fati"内曲面及"tianliao"外曲面，如图 6-57 示。参数设置如图 6-58 所示。

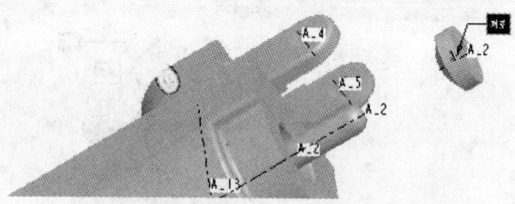

图 6-56 "对齐"参数设置

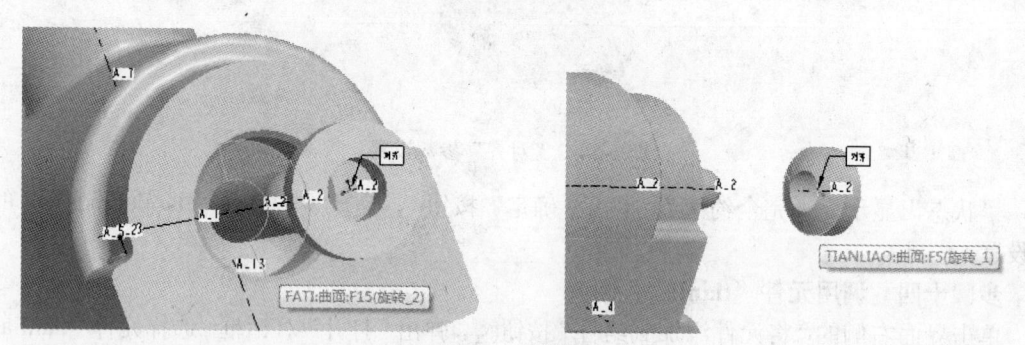

图 6-57 匹配面

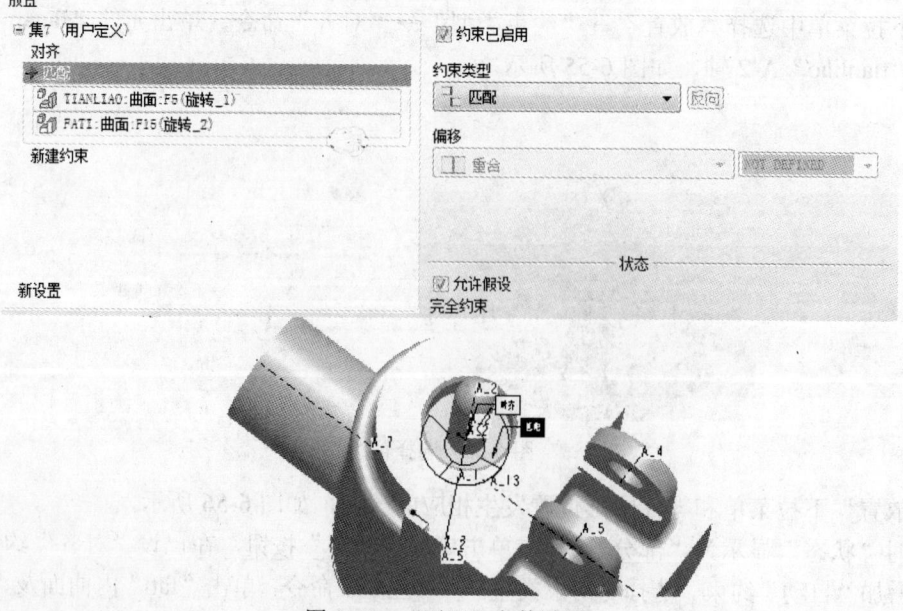

图 6-58 "匹配"参数设置

"状态"显示为"完全约束"。单击"确定"按钮✓，完成装配元件"tianliao"的设置。

步骤十六　调用元件"luotao"操作

单击界面右侧的"将元件添加到组件"按钮，弹出"打开"对话框。选择元件"luotao"，单击"打开"按钮，元件"luotao"添加到当前装配环境中，"元件放置"操控面板被打开。

步骤十七　设置元件"luotao"约束

在下拉菜单中选择"放置"→"约束类型"→"对齐"命令，单击元件"fagan"A-2 轴及元件"luotao"A-7 轴，如图 6-59 所示。

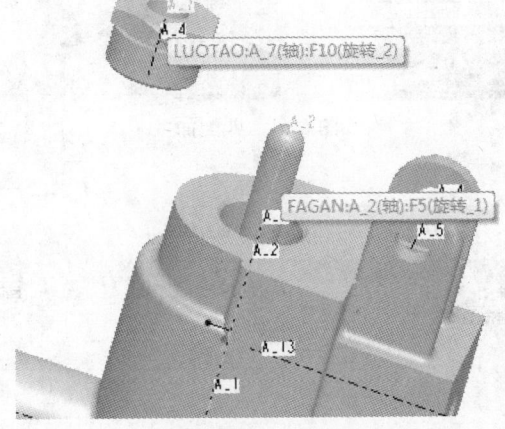

图 6-59　选择轴线

"放置"下拉菜单和零件图形位置发生相应的改变，如图 6-60 所示。

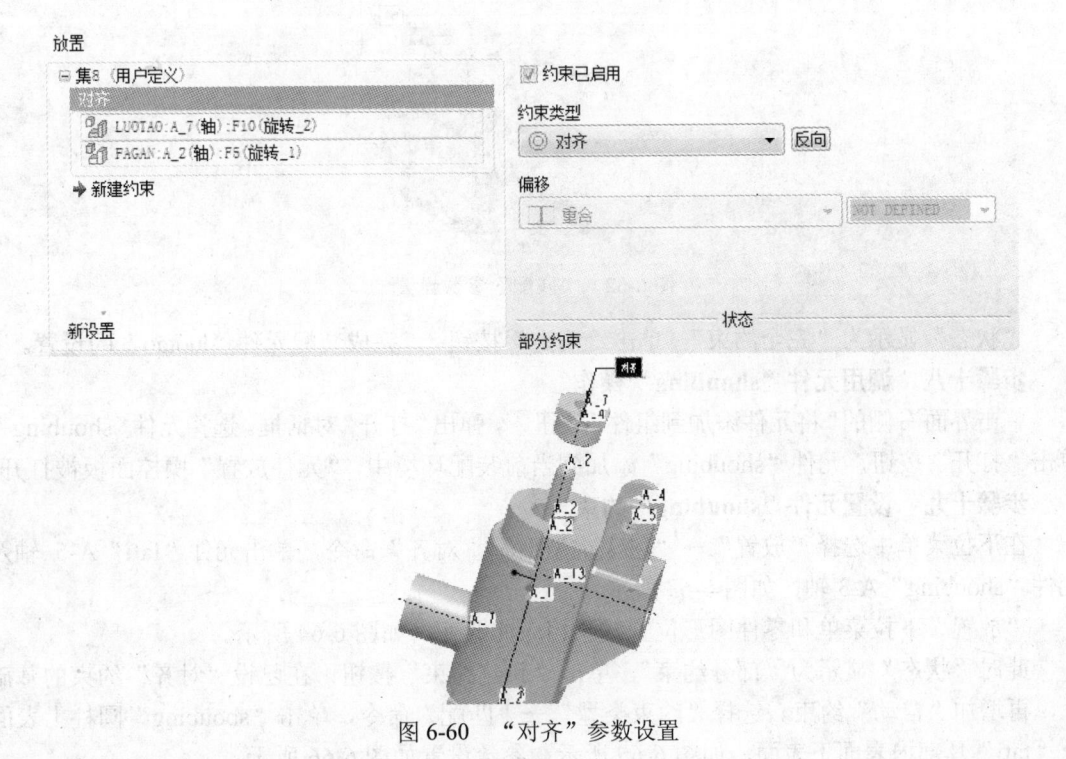

图 6-60　"对齐"参数设置

- 此时"状态"显示为"部分约束",单击"新建约束"按钮,在已设"对齐"约束的基础上,再增加"自动"约束。选择"约束类型"→"匹配"命令,单击"tianliao"上表面及"luotao"下表面,如图6-61示。参数设置如图6-62所示。

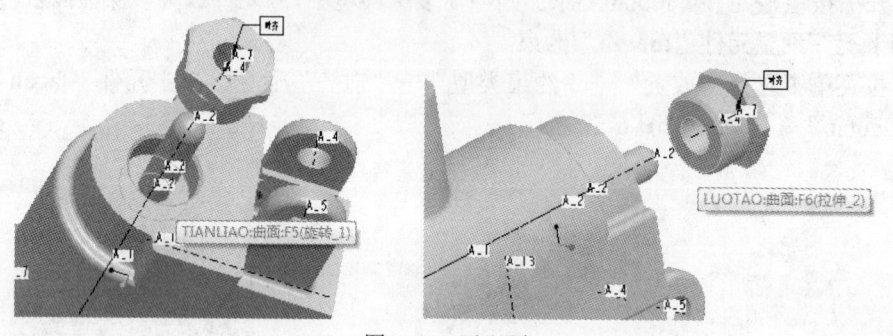

图6-61 匹配面

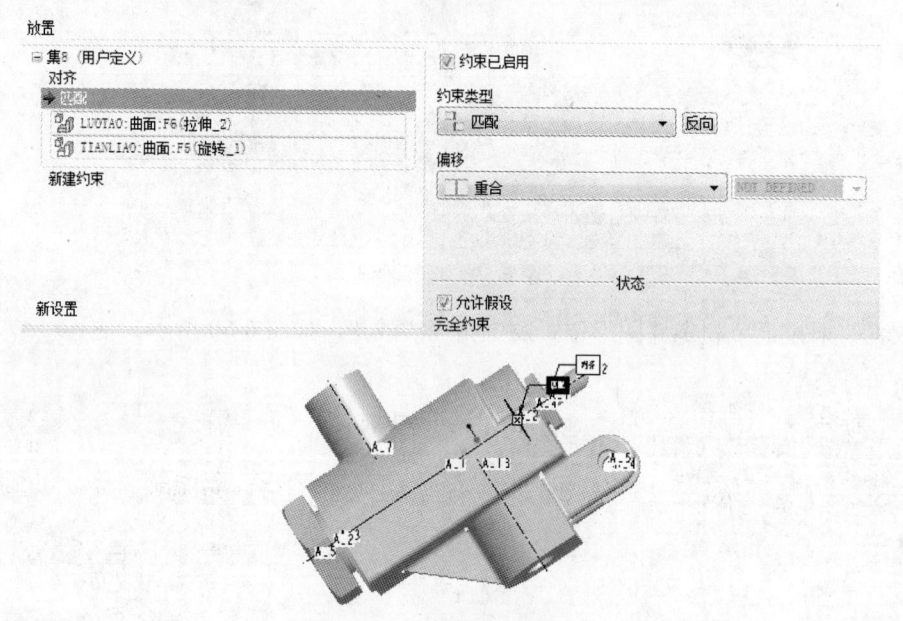

图6-62 "匹配"参数设置

"状态"显示为"完全约束"。单击"确定"按钮,完成装配元件"luotao"的设置。

步骤十八 调用元件"shoubing"操作

单击界面右侧的"将元件添加到组件"按钮,弹出"打开"对话框。选择元件"shoubing",单击"打开"按钮,元件"shoubing"添加到当前装配环境中,"元件放置"操控面板被打开。

步骤十九 设置元件"shoubing"约束

在下拉菜单中选择"放置"→"约束类型"→"对齐"命令,单击元件"fati" A-5 轴及元件"shoubing" A-3 轴,如图6-63所示。

"放置"下拉菜单和零件图形位置发生相应的改变,如图6-64所示。

此时"状态"显示为"部分约束",单击"新建约束"按钮,在已设"对齐"约束的基础上,再增加"自动"约束。选择"约束类型"→"匹配"命令,单击"shoubing"圆柱上表面及"fati"耳部内表面下表面,如图6-65所示。参数设置如图6-66所示。

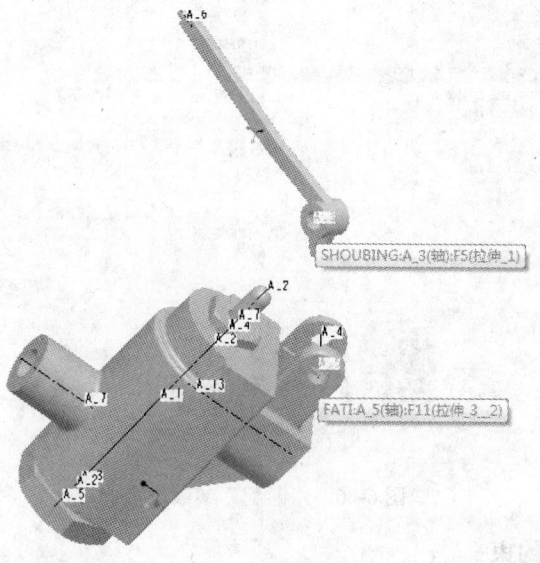

图 6-63　选择轴线

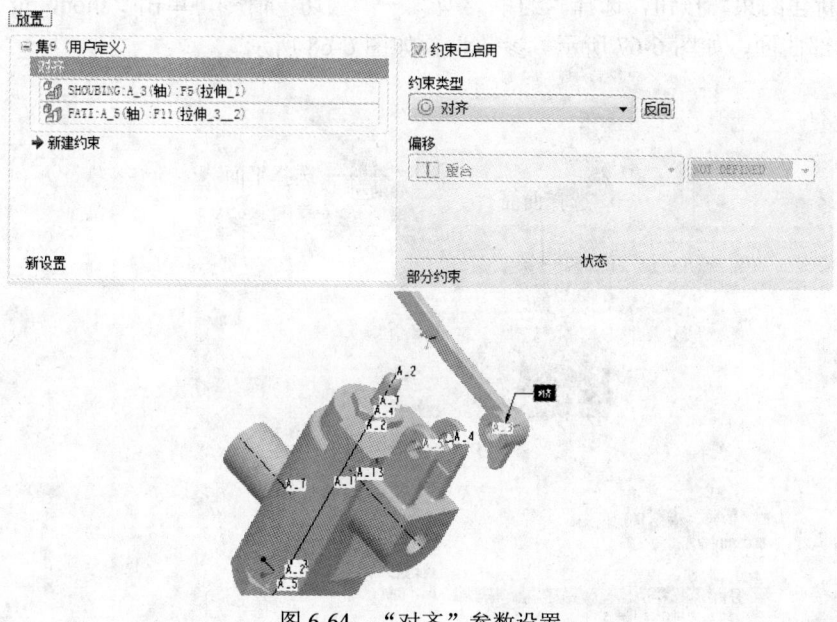

图 6-64　"对齐"参数设置

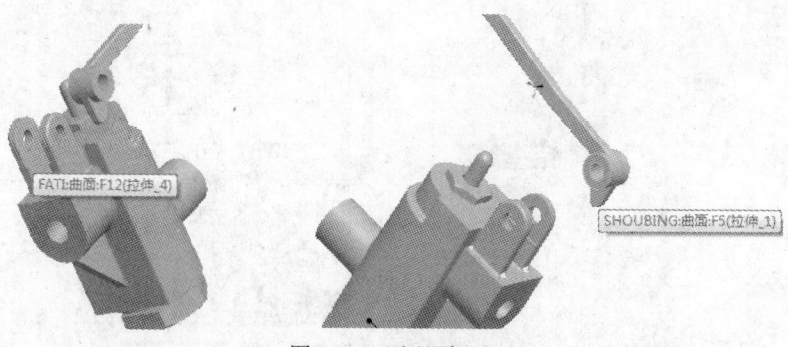

图 6-65　匹配面

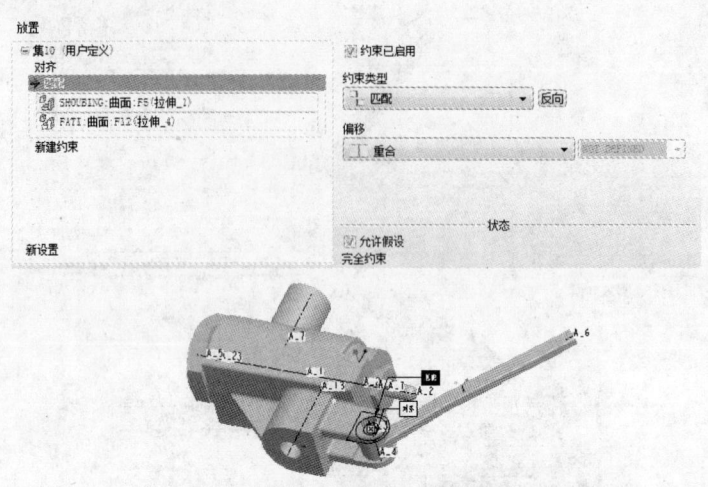

图 6-66 "匹配"参数设置

步骤二十 添加过约束

此时"状态"显示为"完全约束"。但手柄的位置不准确，需要添加更多约束限制。

单击"新建约束"按钮，选择"约束类型"→"相切"命令，单击"shoubing"柄表面及"fagan"顶部曲面，如图 6-67 所示。参数设置如图 6-68 所示。

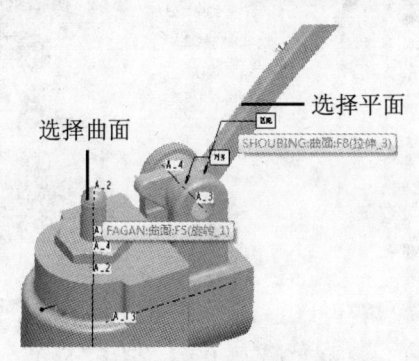

图 6-67 相切面

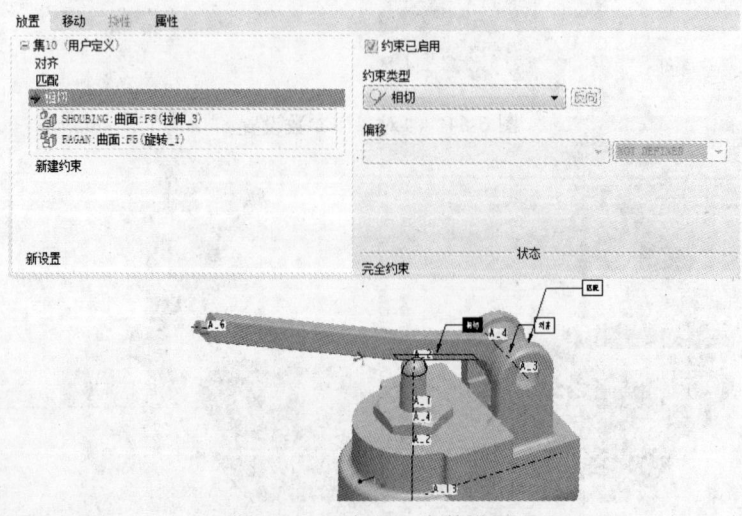

图 6-68 "相切"参数设置

单击"确定"按钮✓，完成装配元件"shoubing"的设置。
步骤二十一　调用元件"xiaoding"操作
单击界面右侧的"将元件添加到组件"按钮，弹出"打开"对话框。选择元件"xiaoding"，单击"打开"按钮，元件"xiaoding"添加到当前装配环境中，"元件放置"操控面板被打开。
步骤二十二　设置元件"xiaoding"约束
在下拉菜单中选择"放置"→"约束类型"→"对齐"命令，单击元件"xiaoding" A-2 轴及元件"shoubing" A-3 轴，如图 6-69 所示。

图 6-69　选择轴线

"放置"下拉菜单和零件图形位置发生相应的改变，如图 6-70 所示。

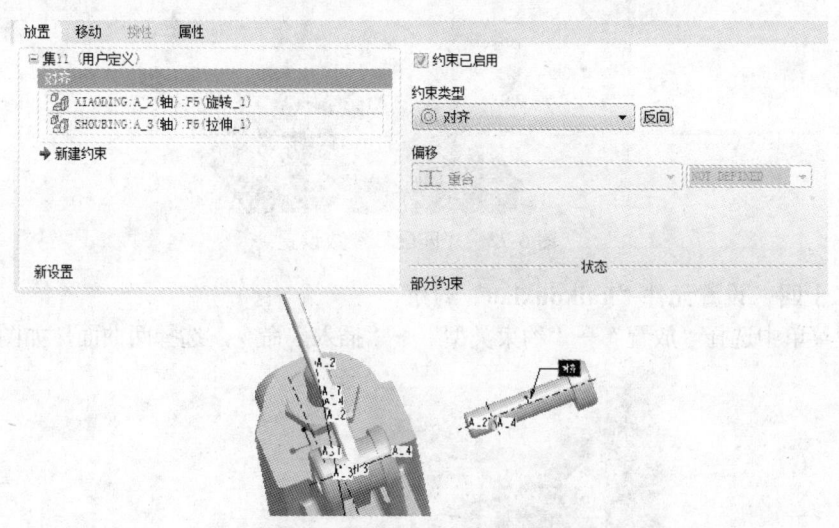

图 6-70　"对齐"参数设置

此时"状态"显示为"部分约束"，单击"新建约束"按钮，在已设"对齐"约束的基础上，再增加"自动"约束。选择"约束类型"→"匹配"命令，选择两表面，如图 6-71 所示。参数设置如图 6-72 所示。

"状态"显示为"完全约束"。单击"确定"✓按钮，完成装配元件"xiaoding"的设置。
步骤二十三　调用元件"kaikouxiao"操作
单击界面右侧的"将元件添加到组件"按钮，弹出"打开"对话框。选择元件"kaikouxiao"，单击"打开"按钮，元件"kaikouxiao"添加到当前装配环境中，"元件放置"操控面板被打开，如图 6-72 所示。

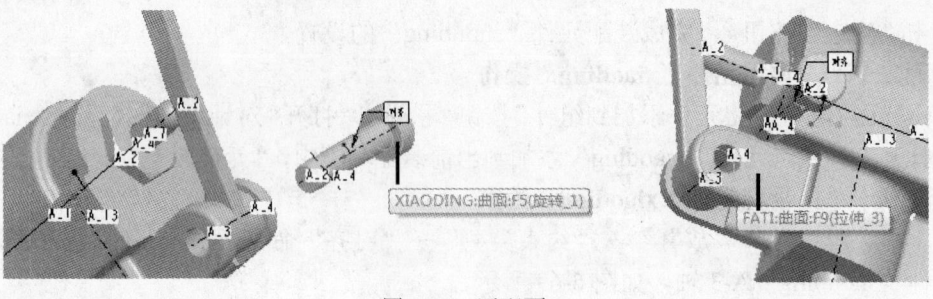

图 6-71 匹配面

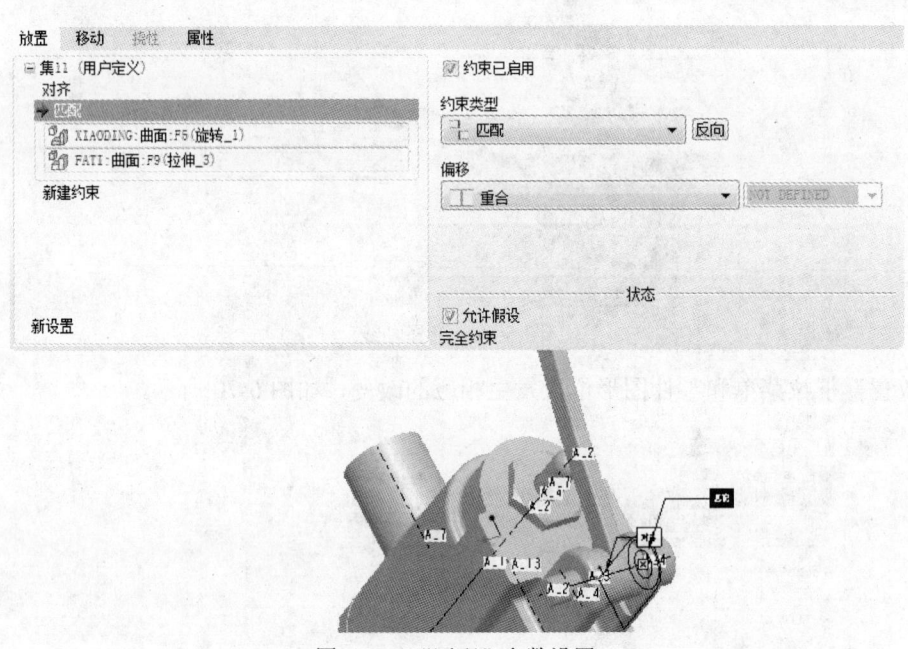

图 6-72 "匹配"参数设置

步骤二十四 设置元件"kaikouxiao"约束

在下拉菜单中选择"放置"→"约束类型"→"插入"命令，选择两曲面，如图 6-73 所示。

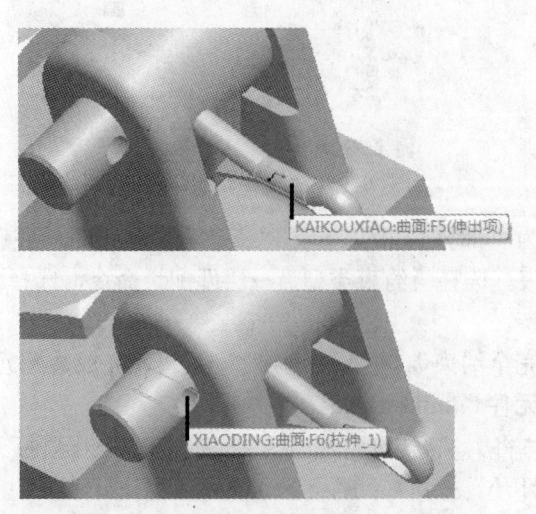

图 6-73 选择曲面

"放置"下拉菜单和零件图形位置发生相应的改变,如图6-74所示。

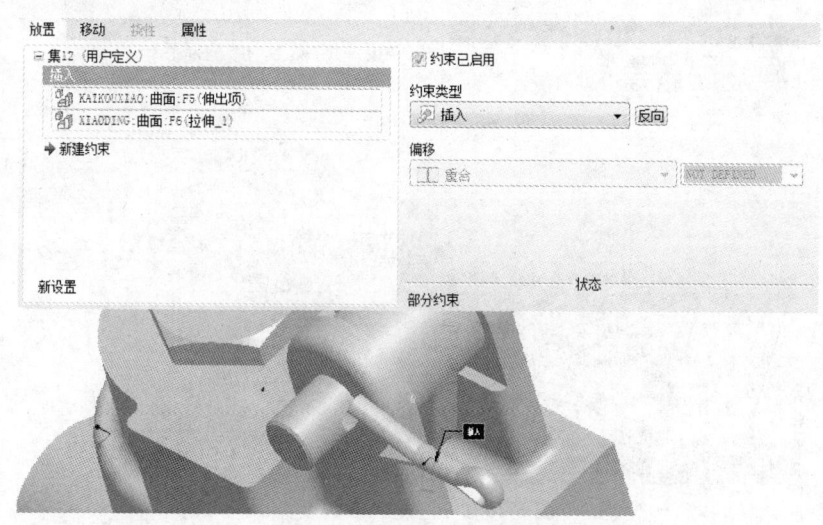

图6-74 "插入"参数设置

此时"状态"显示为"部分约束",单击"新建约束"按钮,在已设"对齐"约束的基础上,再增加"自动"约束。选择"约束类型"→"匹配"命令,选择两表面,如图6-75所示。选择"偏移"→"偏距"命令,输入偏距值为"9",参数设置如图6-76所示。

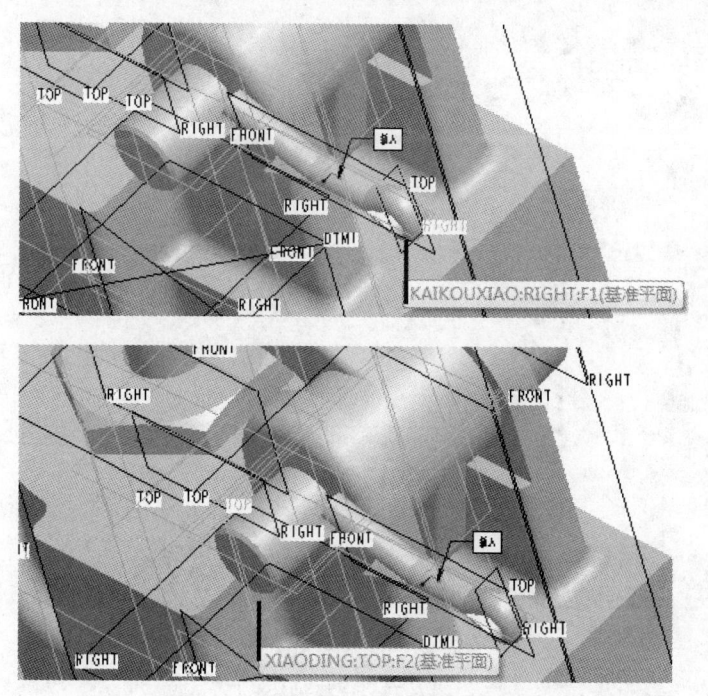

图6-75 匹配面

"状态"显示为"完全约束"。单击"确定"按钮✓,完成装配元件"kaikouxiao"的设置。

步骤二十五 调用元件"qioutou"操作

单击界面右侧的"将元件添加到组件"按钮,弹出"打开"对话框。选择元件"qioutou",单击"打开"按钮,元件"qioutou"添加到当前装配环境中,"元件放置"操控面板被打开。

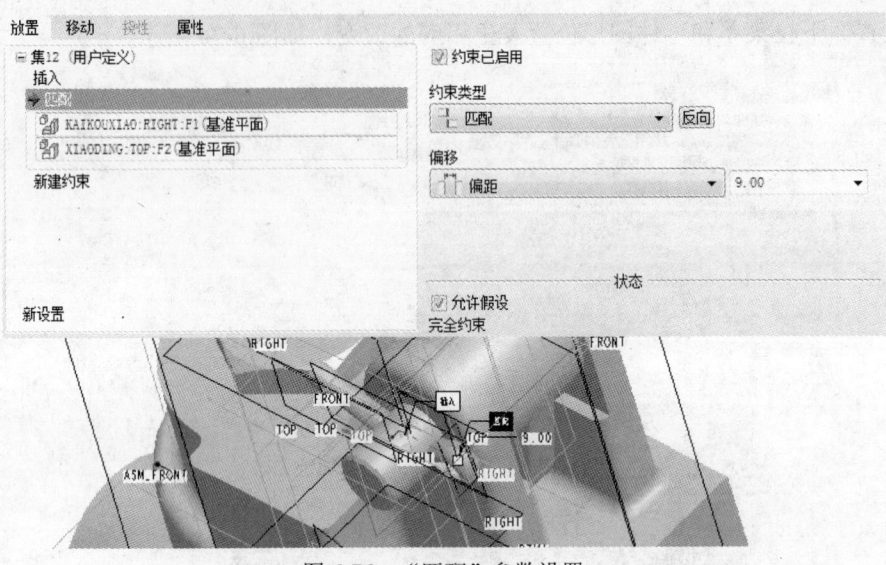

图 6-76 "匹配"参数设置

步骤二十六　设置元件"qioutou"约束

在下拉菜单中选择"放置"→"约束类型"→"对齐"命令，单击元件"qioutou"A-2轴及元件"shoubing"A-6 轴，如图 6-77 所示。

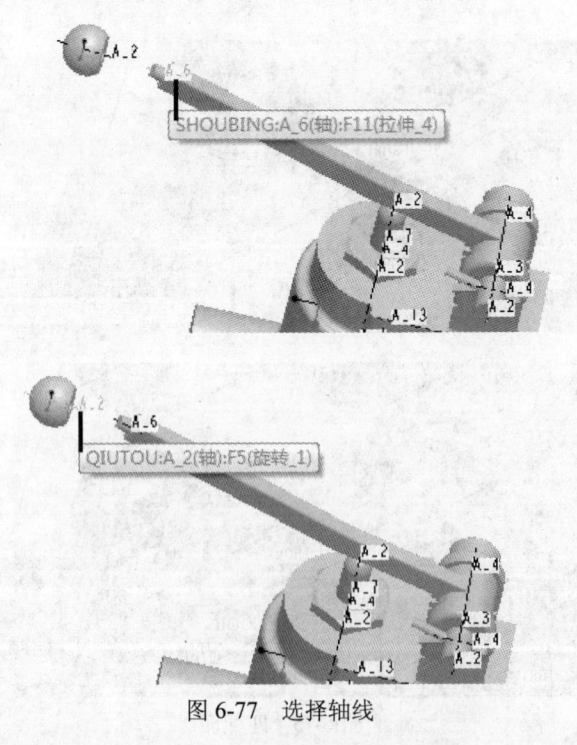

图 6-77 选择轴线

"放置"下拉菜单和零件图形位置发生相应的改变，如图 6-78 所示。

此时"状态"显示为"部分约束"，单击"新建约束"按钮，在已设"对齐"约束的基础上，再增加"自动"约束。选择"约束类型"→"匹配"命令，选择两表面，如图 6-79 所示。参数设置如图 6-80 所示。

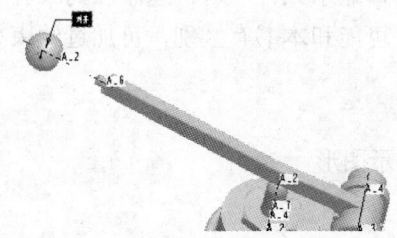

图 6-78 "对齐"参数设置

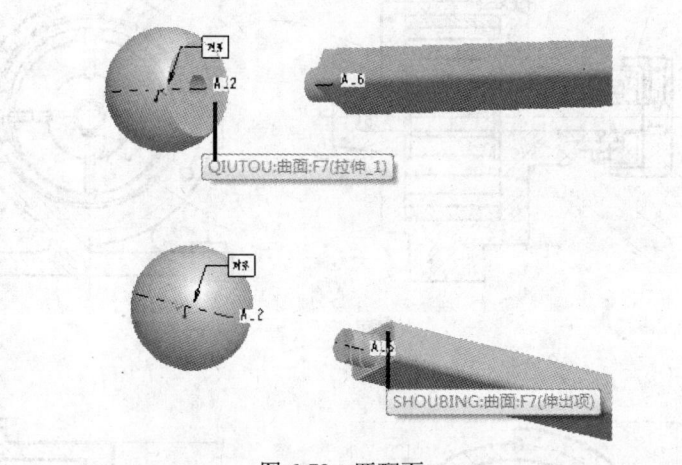

图 6-79 匹配面

图 6-80 "匹配"参数设置

"状态"显示为"完全约束"。单击"确定"按钮，完成装配元件"qioutou"的设置。

步骤二十七　保存文件

单击"保存"按钮，完成保存操作。

6.2.6　任务总结

1. 根据需要添加完全约束以外的约束，限制元件之间的位置关系。
2. 合理运用"单独窗口显示元件"可快速添加约束。
3. 读者设置约束时，可能和本书有区别，可加过约束来约束元件。

6.2.7　巩固练习

练习绘制如图 6-81 所示图形。

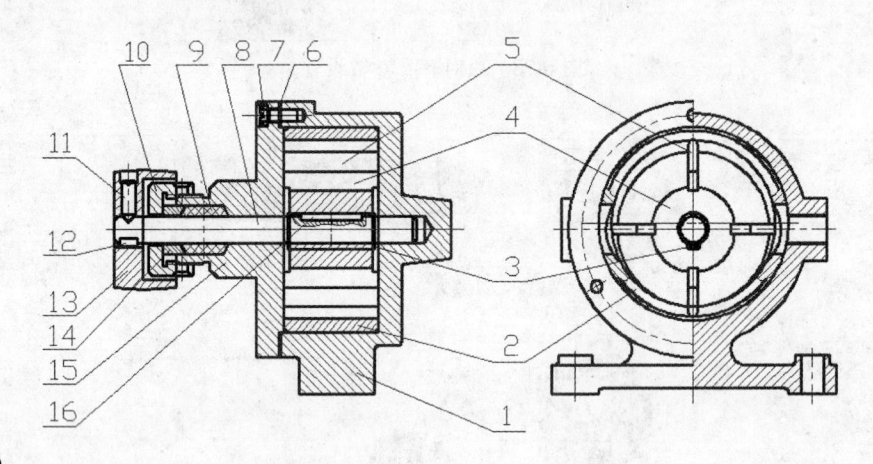

（1）

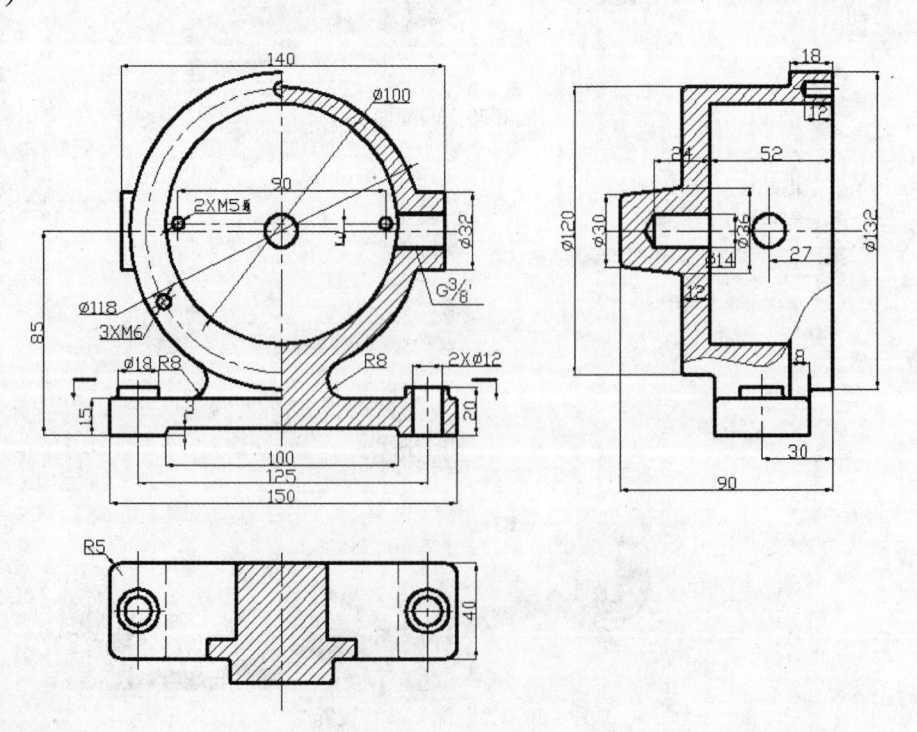

项目6 装配元件

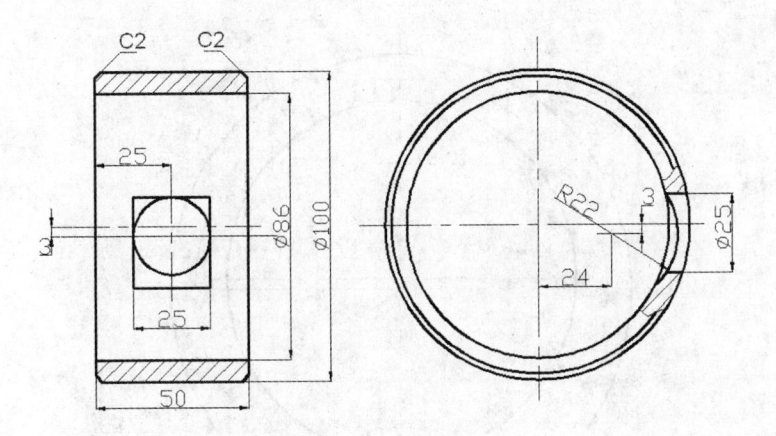

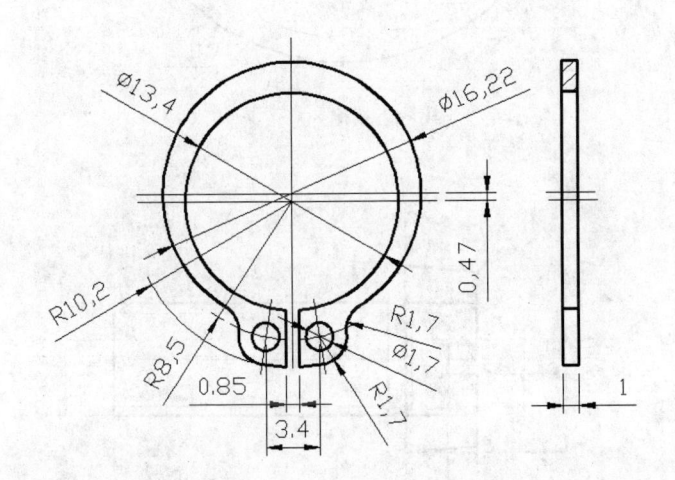

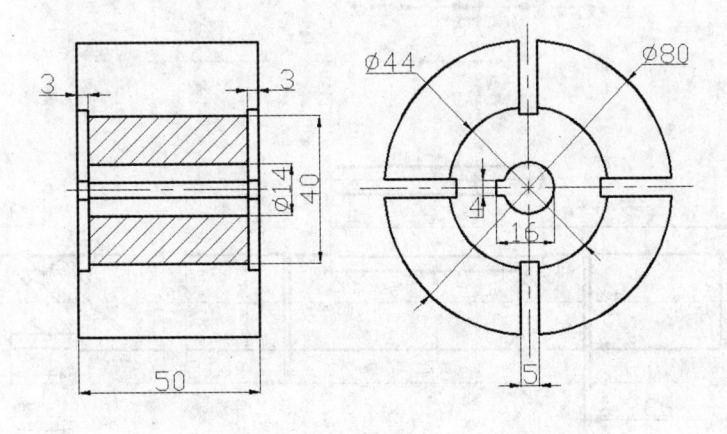

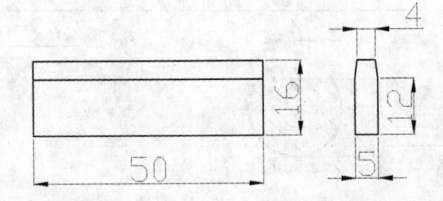

(2)

(3)

(4)

(5)

(6)

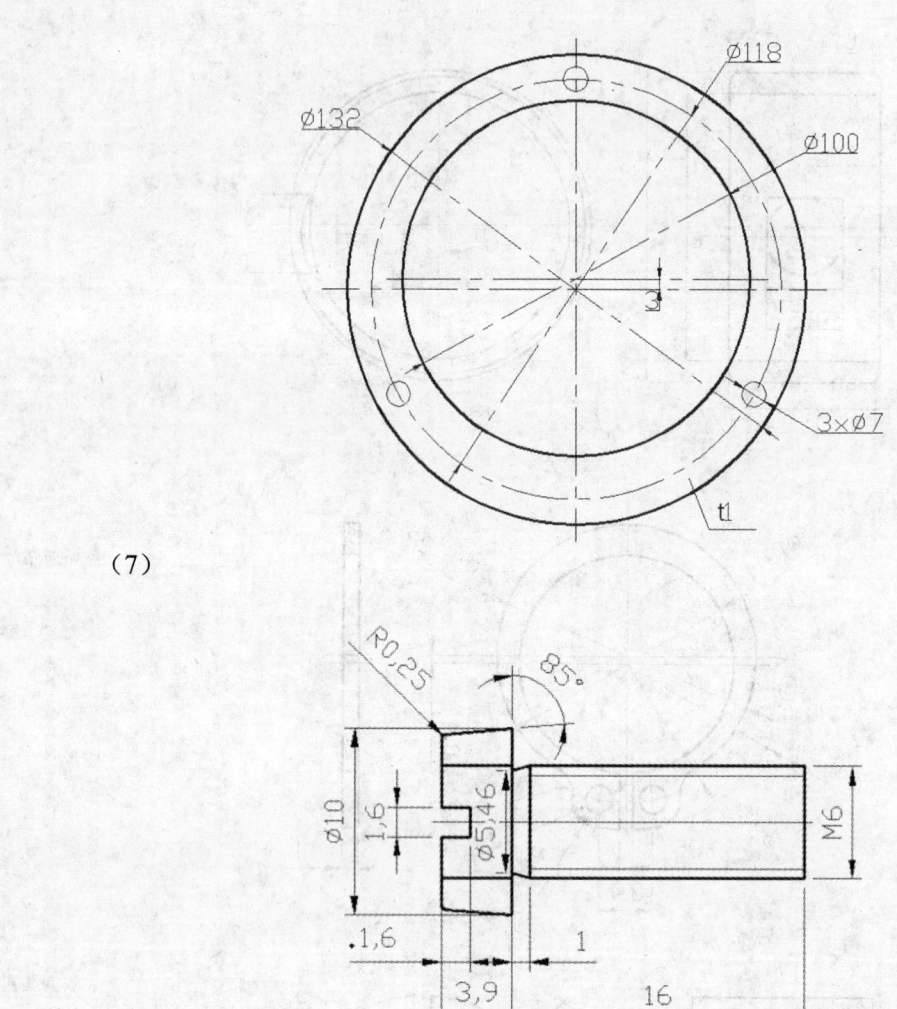

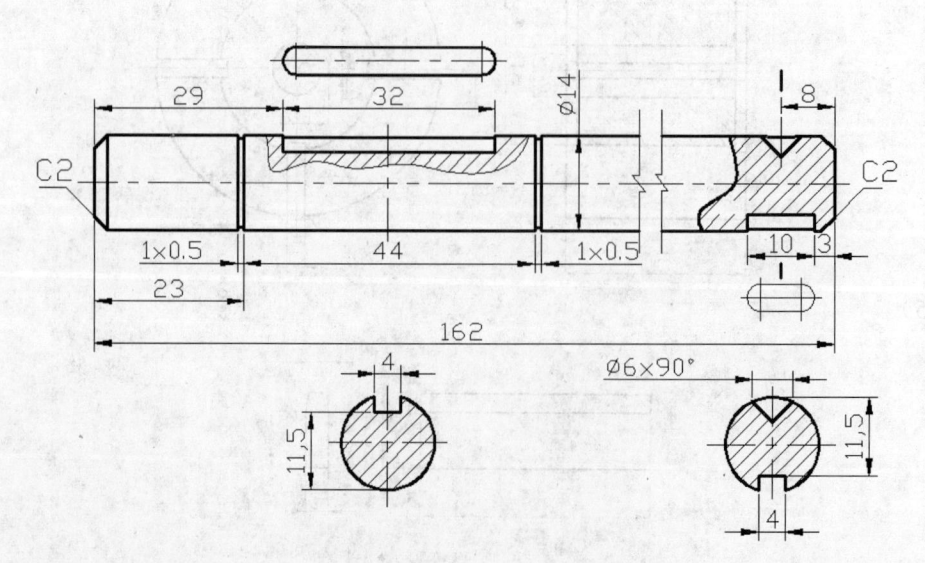

(7)

(8)

(9)

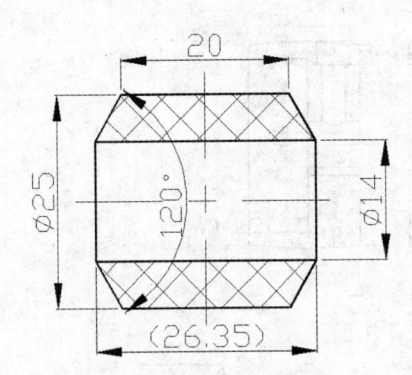

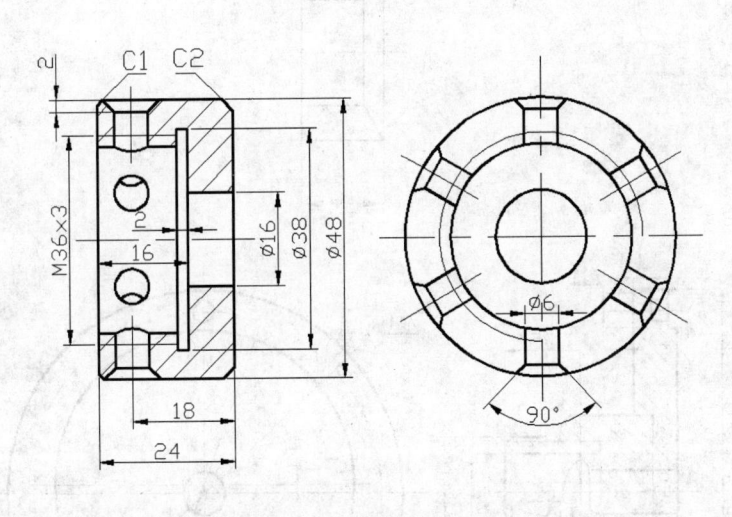

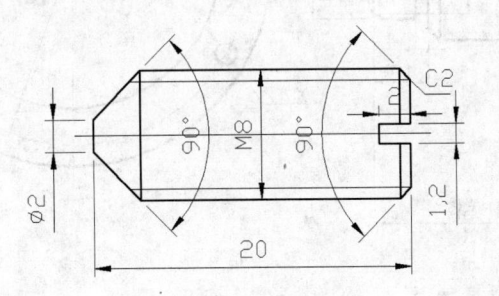

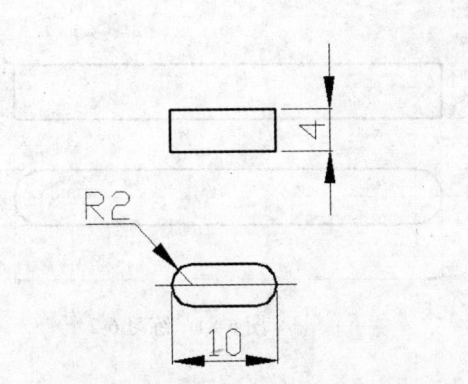

(10)

(11)

(12)

(13)

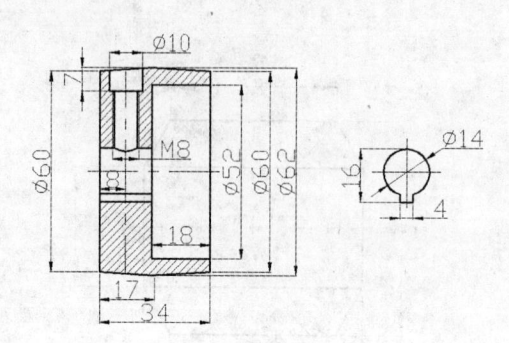

(14)

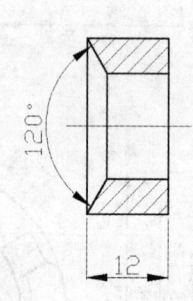

(15)

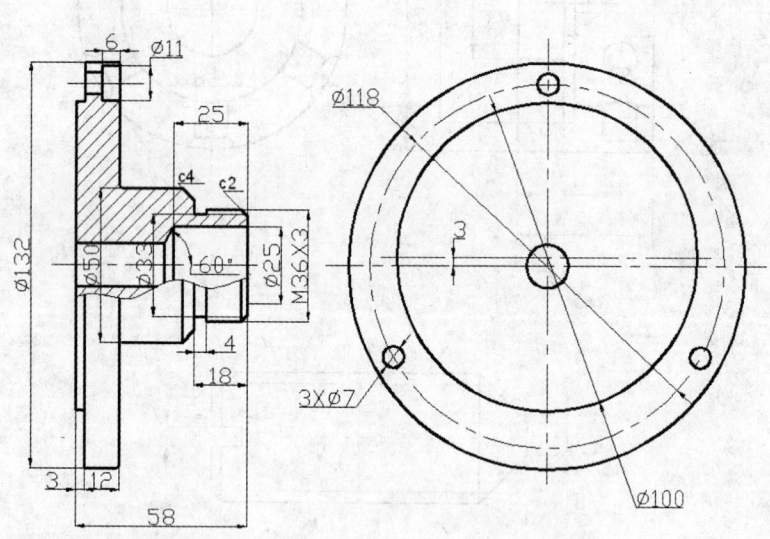

(16)

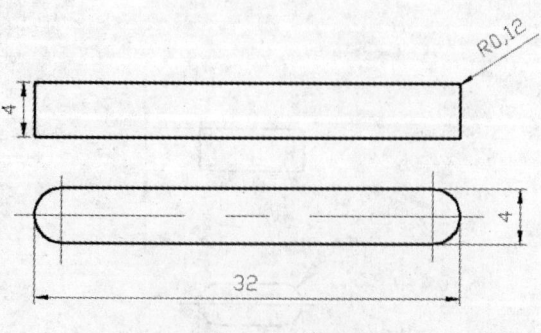

图 6-81　练习 6-2

任务 6.3 手压阀分解设计

6.3.1 任务目标

- 熟悉装配组件分解。
- 熟悉保存装配分解。
- 掌握分解的操作步骤和参照设置。

6.3.2 任务分析

应用图 6-82 所示的分解完成来装配组件分解图并保存。

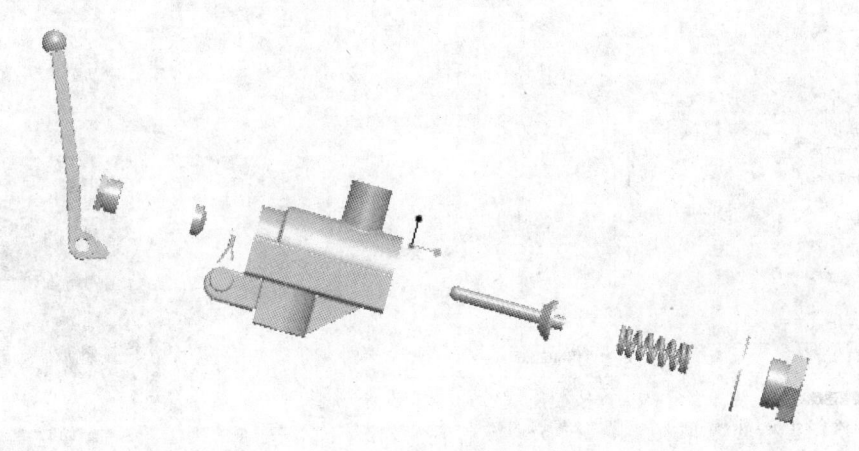

图 6-82 手压阀

6.3.3 任务分析

分解视图，要按照元件的装配顺序和装配关系进行。

6.3.4 相关知识

1. 分解视图。
2. 视图移动。
3. 保存分解视图。

6.3.5 任务过程

步骤一 打开文件

选择主菜单栏中的"文件"→"打开"选项，打开"文件打开"对话框。打开工作目录 D:\my word\shouyafa\中，选择 shouyafa.asm 文件，单击"打开"按钮，如图 6-83 所示。

步骤二 默认分解视图

在主菜单栏中选择"视图"→"分解"→"分解视图"选项，如图 6-84 所示。
系统将按照默认方式执行分解操作，如图 6-85 所示。

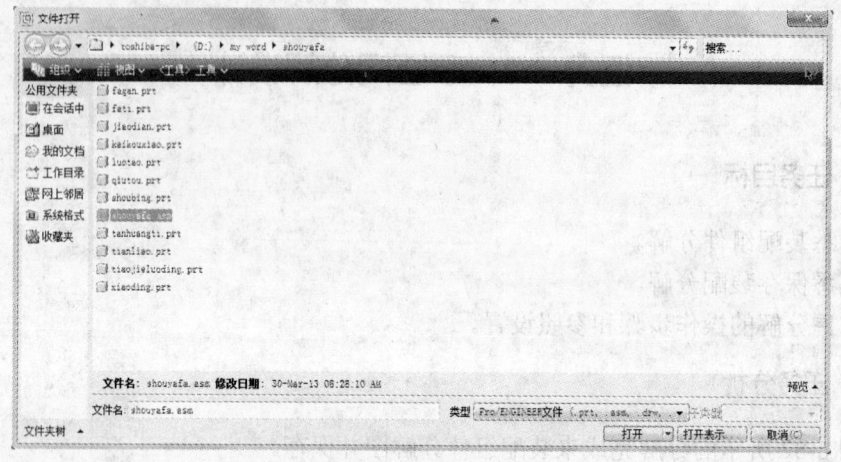

Pro/ENGINEER Wildfire 5.0 项目实例教程

图 6-83 文件打开

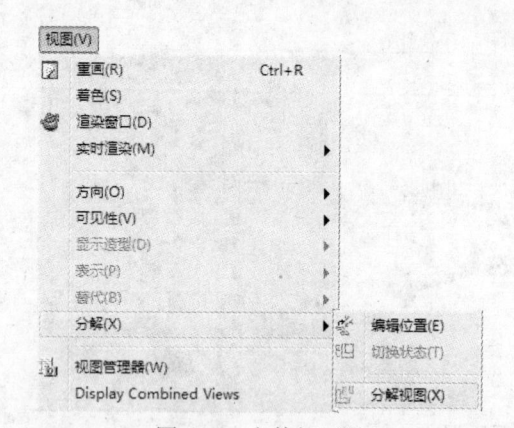

图 6-84 文件打开图

图 6-85 文件打开

步骤三 自定义分解视图

由于系统默认分解不足以表现元件之间的装配关系，所以需要自定义分解视图。

选择"视图"→"分解"→"编辑位置"选项，打开"组件元件分解"操控面板，并自动将装配图分解为系统默认状态，如图 6-86 所示。

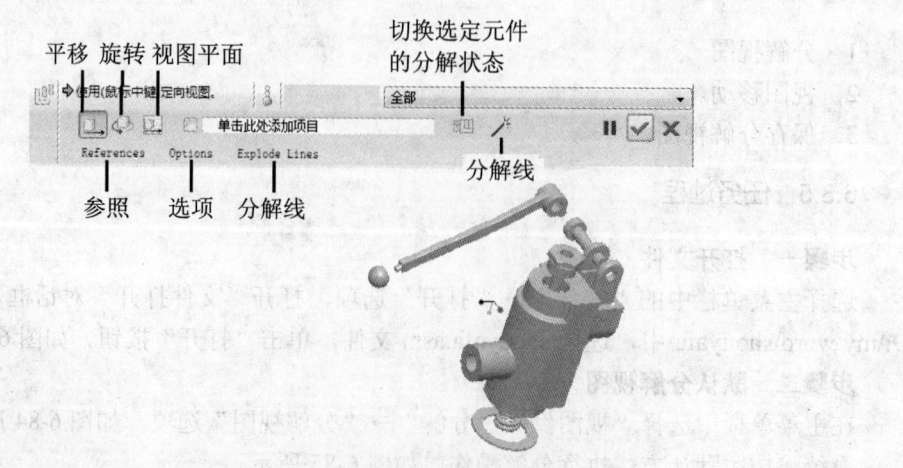

图 6-86 "组件元件分解"操控面板

步骤四 元件移动

单击"References"参照，弹出"参照"下拉对话框，如图6-87所示。

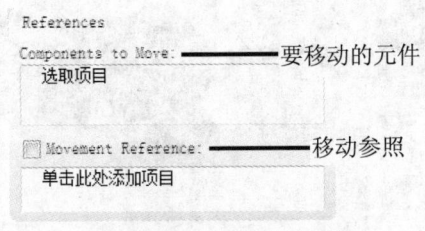

图6-87 "参照"对话框

在绘图区中单击"shoubing"，将手柄添加到"Components to Move"要移动的元件框中，且在绘图中，手柄上出现三坐标系，如图6-88所示。

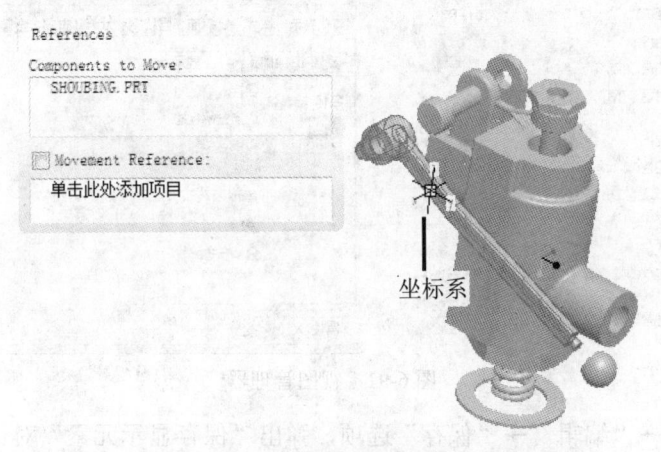

图6-88 添加移动元件

在"Movement Reference"移动参照框中单击鼠标，选择如图6-89所示的面为参照面。

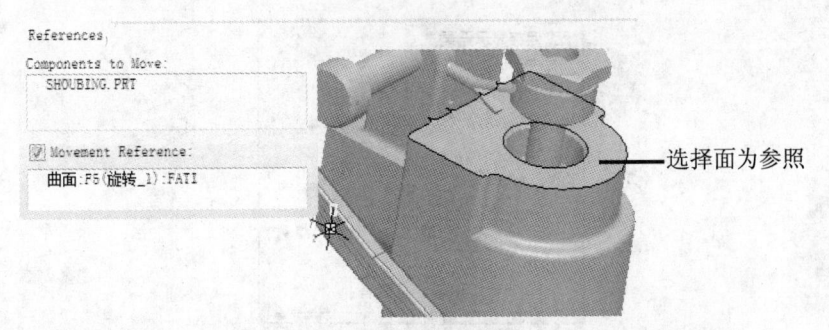

图6-89 添加移动参照

单击绘图中手柄元件上的坐标系，单击X轴并按住鼠标左键移动鼠标，手柄元件将可沿X轴方向移动。沿Y轴和Z轴移动方式相同。

按装配顺序和装配关系移动各个元件，如图6-90所示。单击"确定"按钮，完成分解装配元件的设置。

步骤五 保存分解视图

选择"视图"→"视图管理器"选项，打开"视图管理器"对话框，如图6-91所示。

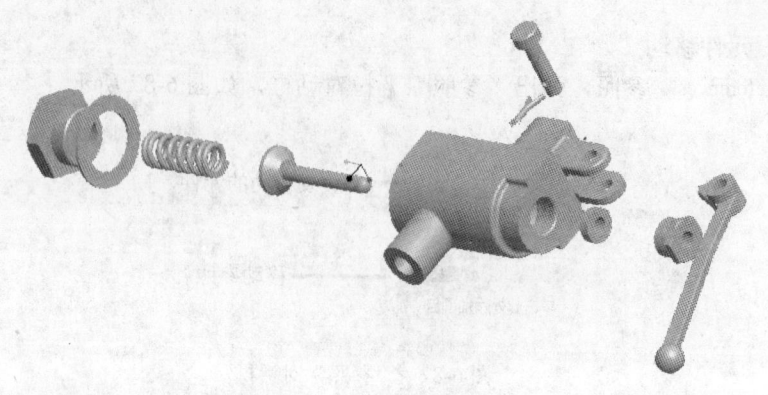

图 6-90　添加移动参照

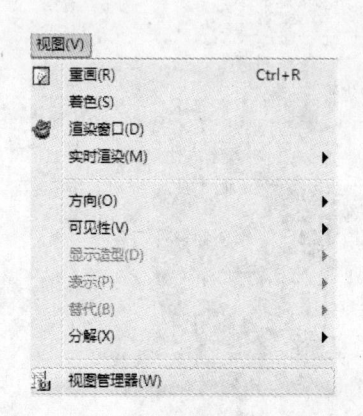

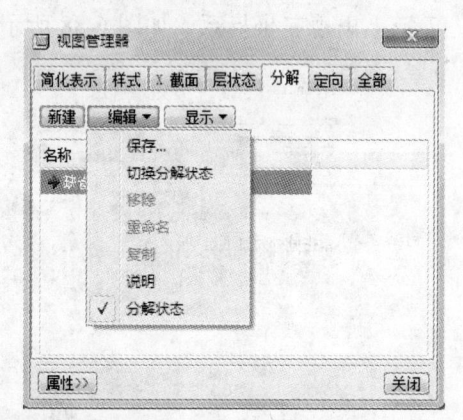

图 6-91　视图管理器

选择"分解"→"编辑"→"保存"选项，弹出"保存显示元素"对话框，单击"确定"按钮，弹出"更新缺省状态"对话框，如图 6-92 所示，单击"更新缺省"按钮，重新弹回"视图管理器"，单击"关闭"按钮，完成分解视图保存。

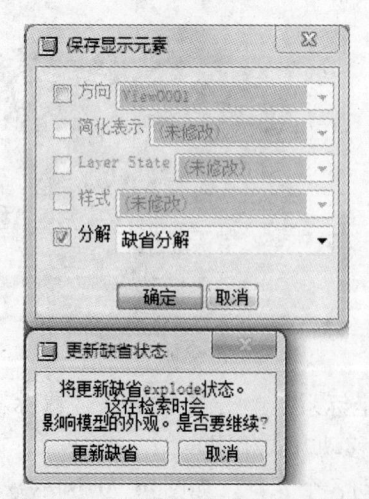

图 6-92　"更新缺省状态"对话框

步骤六　保存文件

单击"保存"按钮，完成保存操作。

6.3.6 任务总结

1．添加分解线，可表示分解图中各个元件的相对关系。
2．不选择移动参照，也可移动元件，但相对移动不够准确。

6.3.7 巩固练习

分解并保存练习 6-1 和练习 6-2。

项目 7　工程图

项目分析

工程图是在创建三维实体模型后，按一定的投影方法和有关技术规定，来二维表达实体模型的图形。利用 Pro/E 的工程图模块可以将三维模型转化成二维工程图，并且可以添加标注和尺寸。

能力目标

- 掌握创建各种视图的方法。
- 掌握调整视图的方法。
- 掌握标准尺寸及添加注释的方法。

任务 7.1　A4 图框和学校标题栏的制作

7.1.1　任务目标

- 熟悉表的创建。
- 熟悉文本输入和属性设置。
- 掌握装配的操作步骤和参数设置。

7.1.2　任务分析

应用格式模块表和文本创建完成图 7-1 所示标准图纸。

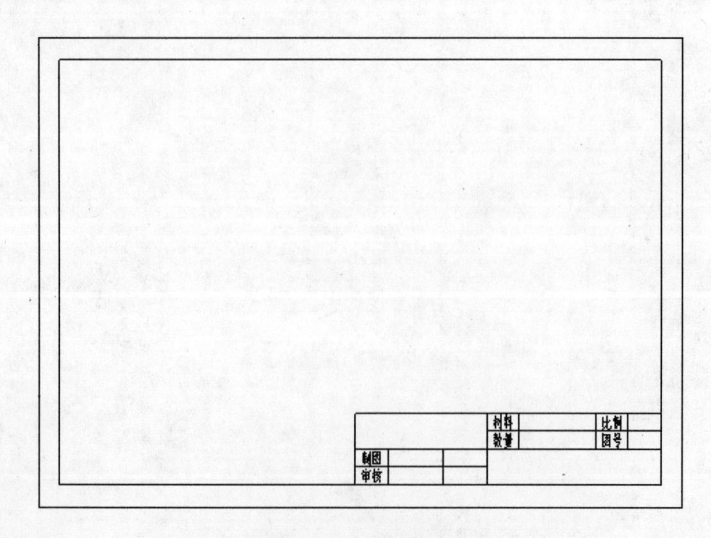

图 7-1　标准图纸

7.1.3 任务分析

PRO/E 工程图提供的图纸是非国标尺寸。本任务学习如何在工程图模块中创建图框和标题栏。

7.1.4 相关知识

1．表。
2．文本。

7.1.5 任务过程

步骤一　设置工作目录

选择主菜单栏中的"文件"→"设置工作目录"选项，打开"选取工作目录"对话框。当前设置工作目录在 D:\my word\A4\中，单击"确定"按钮完成设置。

步骤二　工程图模块选择

选择"文件"→"新建"选项，或者单击"新建"按钮 ，打开"新建"对话框。选择"格式"单选项，并在"名称"文本框中输入模型名称为"A4"，如图 7-2 所示。

单击"确定"按钮，弹出"新格式"对话框。选择"指定模板"→"空"命令；"方向"→"横向"命令；"大小"→"A4"命令，如图 7-3 所示。

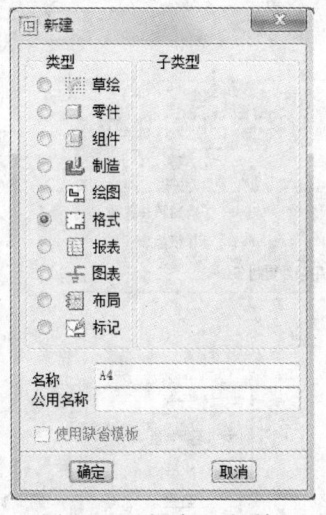

图 7-2　"新建"对话框 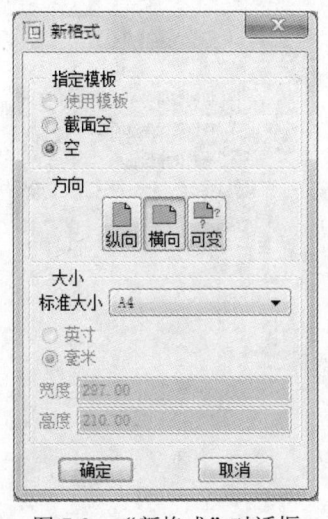　　　　图 7-3　"新格式"对话框

单击"确定"按钮，进入格式设计界面，如图 7-4 所示。

步骤三　复制左边框

在主菜单栏中单击"Sketch"草绘选项卡，单击工具栏"Arrange"右侧的下拉按钮 ，全部打开工具栏，如图 7-5 所示。

单击"平移并复制"命令，弹出"选取"对话框，如图 7-6 所示。

在绘图区单击左边框，边框加亮显示。单击"选取"对话框中的"确定"按钮，弹出"得到向量"菜单管理器，如图 7-7 所示。单击"水平"命令，弹出"消息输入窗口"对话框，在"输入值"文本框中输入"10"，如图 7-8 所示。

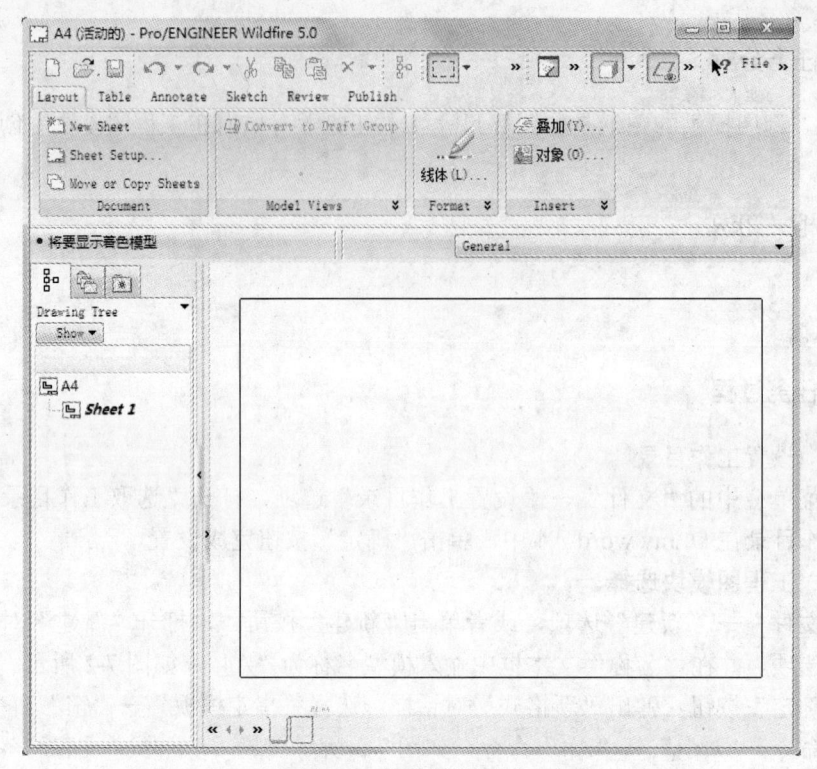

图 7-4　格式设计界面

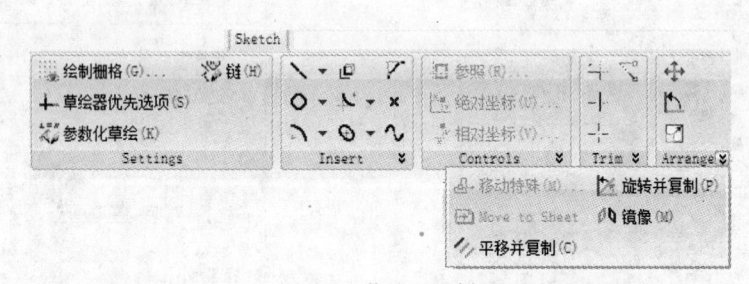

图 7-5　草绘工具栏

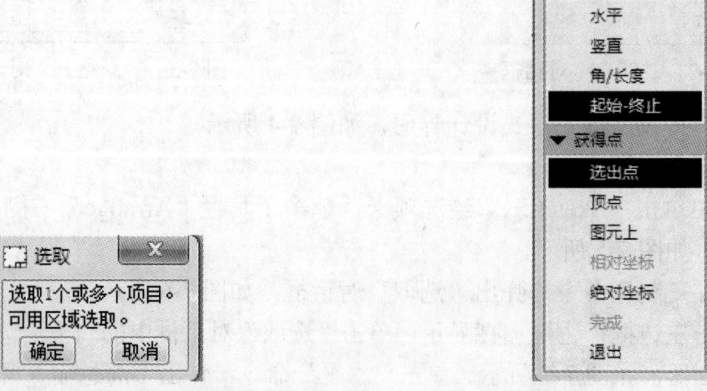

图 7-6　"选取"对话框

图 7-7　菜单管理器

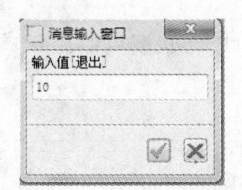

图 7-8 消息输入窗口　　　　　　　　图 7-9 消息输入窗口

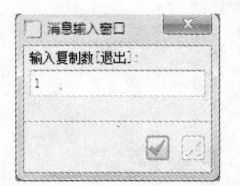

单击"接受值"按钮☑，弹出"消息输入窗口"对话框，在"输入复制数"文本框中输入"1"，如图 7-9 所示。单击"接受值"按钮☑，绘图区左边框被复制出一条平行线，如图 7-10 所示。

步骤四　复制右边框

在主菜单栏中单击"Sketch"草绘选项卡，单击工具栏"Arrange"右侧的下拉按钮，全部打开工具栏。单击"平移并复制"命令，弹出"选取"对话框。

在绘图区单击右边框，边框加亮显示。单击"选取"对话框中的"确定"按钮，弹出"得到向量"菜单管理器。单击"水平"命令，弹出"消息输入窗口"对话框，在"输入值"文本框中输入"-10"，如图 7-11 所示。

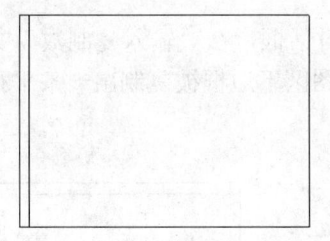

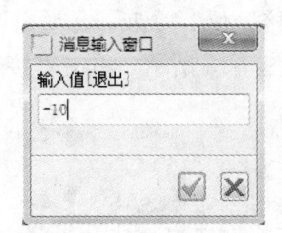

图 7-10 复制左边框　　　　　　　　图 7-11 消息输入窗口

单击"接受值"按钮☑，弹出"消息输入窗口"对话框，在"输入复制数"文本框中输入"1"，如图 7-12 所示。单击"接受值"按钮☑，绘图区右边框被复制出一条平行线，如图 7-13 所示。

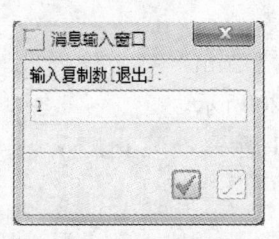

图 7-12 消息输入窗口　　　　　　　　图 7-13 复制右边框

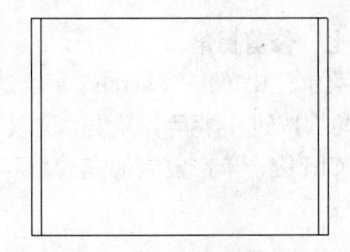

步骤五　复制上边框

在主菜单栏中单击"Sketch"草绘选项卡，单击工具栏"Arrange"右侧的下拉按钮，全部打开工具栏。单击"平移并复制"命令，弹出"选取"对话框。

在绘图区单击上边框，边框加亮显示。单击"选取"对话框中的"确定"按钮，弹出"得到向量"菜单管理器。单击"垂直"命令，弹出"消息输入窗口"对话框，在"输入值"文本框中输入"-10"，如图 7-14 所示。

单击"接受值"按钮☑，弹出"消息输入窗口"对话框，在"输入复制数"文本框中输入"1",如图 7-15 所示。单击"接受值"按钮☑,绘图区上边框被复制出一条平行线,如图 7-16 所示。

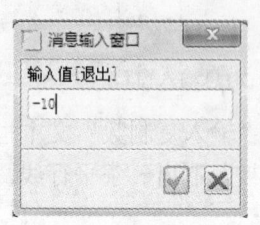

图 7-14　消息输入窗口 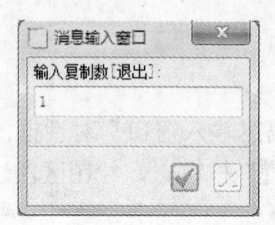　　　图 7-15　消息输入窗口 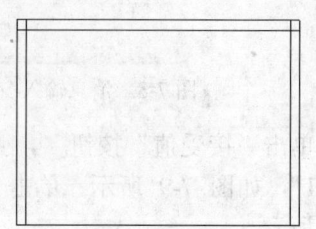　　　图 7-16　复制上边框

步骤六　复制下边框

在主菜单栏中单击"Sketch"草绘选项卡,单击工具栏"Arrange"右侧的下拉按钮☑,全部打开工具栏。单击"平移并复制"命令,弹出"选取"对话框。

在绘图区单击下边框,边框加亮显示。单击"选取"对话框中的"确定"按钮,弹出"得到向量"菜单管理器。单击"垂直"命令,弹出"消息输入窗口"对话框,在"输入值"文本框中输入"10",如图 7-17 所示。

单击"接受值"按钮☑,弹出"消息输入窗口"对话框,在"输入复制数"文本框中输入"1",如图 7-18 所示。单击"接受值"按钮☑,绘图区下边框被复制出一条平行线,如图 7-19 所示。

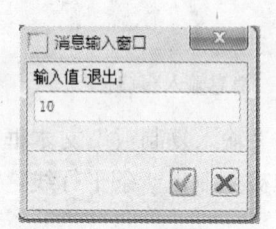

图 7-17　消息输入窗口 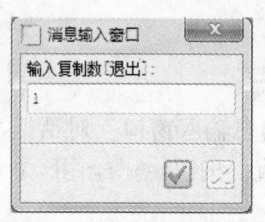　　　图 7-18　消息输入窗口　　　图 7-19　复制下边框

步骤七　修剪拐角

在主菜单栏中单击"Sketch"草绘选项卡,单击工具栏"Trim"中的"拐角"按钮 拐角,弹出"选取"对话框,如图 7-20 所示。

按住 Ctrl 键,单击复制的左边框和上边框,如图 7-21 所示。完成拐角修剪。

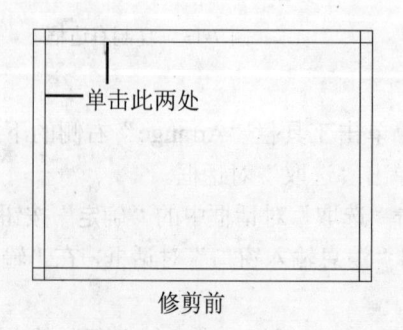

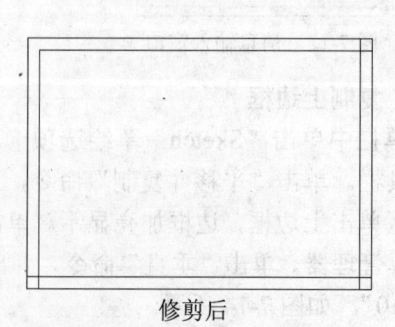

图 7-20　"选取"对话框

修剪前　　　　　　　　　　　修剪后

图 7-21　修剪

同理，完成其他角点的修剪，如图 7-22 所示。

图 7-22　图框

步骤八　创建学生用标题栏

在主菜单栏"Table"表选项卡中单击"表"按钮，如图 7-23 所示。弹出"创建表"菜单管理器，依次选择"升序"→"左对齐"→"按长度"→"顶点"命令，如图 7-24 所示。

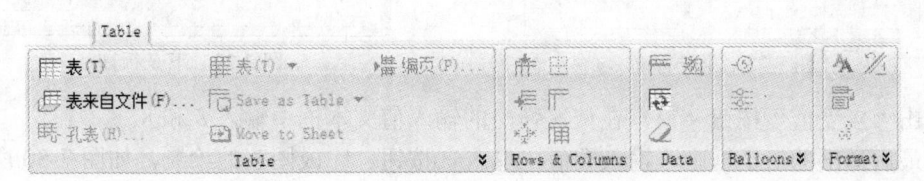

图 7-23　表选项卡

弹出"选取"对话框，单击如图 7-25 所示位置，系统自动捕捉右下角点，弹出"用绘图单位（毫米）输入第一列的宽度"输入框，输入"15"，如图 7-26 所示。单击"接受值"按钮，弹出"用绘图单位（毫米）输入下一列的宽度"输入框，输入"15"，如图 7-27 所示。

图 7-24　"创建表"菜单管理器　　　　图 7-25　选取位置

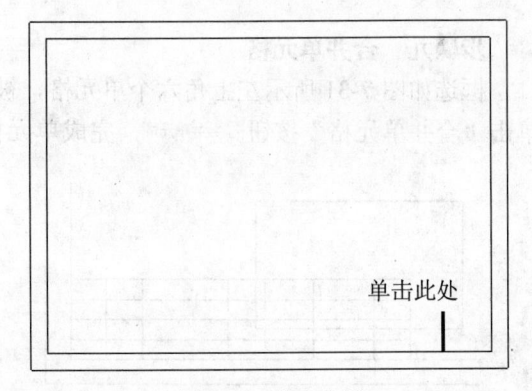

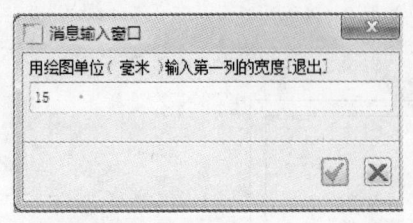

图 7-26　第一列宽度　　　　　　　　图 7-27　下一列宽度

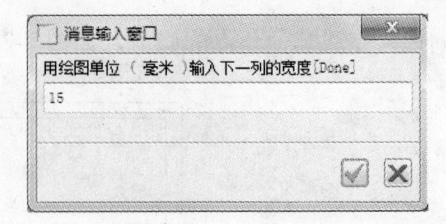

单击"接受值"按钮☑后，在依次弹出的输入值文本框中输入 35、15、20、25、15。

在最后弹出的对话框中不输入数值，单击☑按钮。弹出"用绘图单位（毫米）输入第一行的高度"文本框，输入"8"，如图 7-28 所示。单击"接受值"按钮☑，弹出"用绘图单位（毫米）输入下一行行的高度"文本框，输入"8"，如图 7-29 所示。

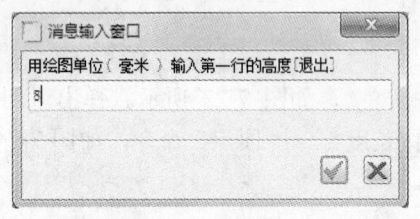

图 7-28　第一行高　　　　　　　　图 7-29　下一行高

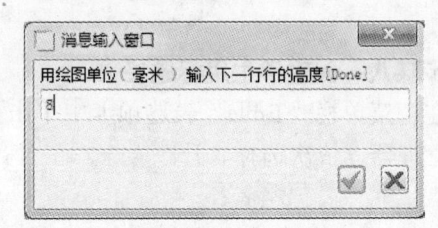

单击"接受值"按钮☑后，在依次弹出的输入值文本框中输入 8 和 8。

在最后弹出的对话框中不输入数值，单击☑按钮。完成图表的绘制，如图 7-30 所示。

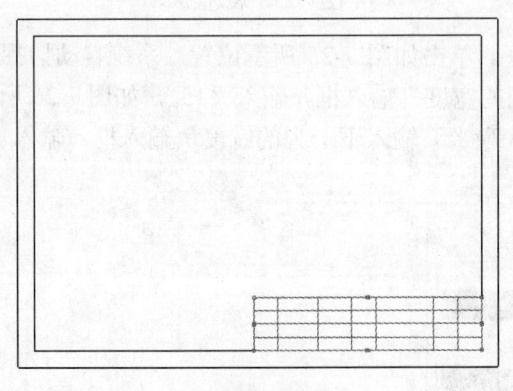

图 7-30　图表

步骤九　合并单元格

框选如图 7-31 所示左上角六个单元格，被红色加亮后，在主菜单栏"Table"表选项卡中单击"合并单元格"按钮 合并单元格，完成单元格合并，如图 7-32 所示。

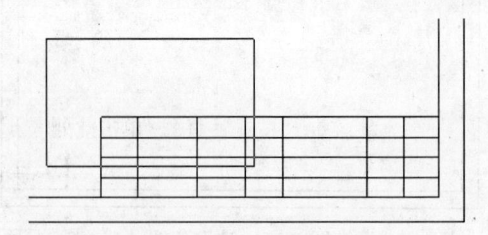

图 7-31　框选单元格　　　　　　　　图 7-32　合并单元格

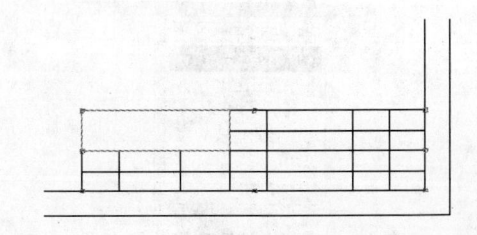

同理，框选如图 7-33 所示右下角单元格，并对其合并，如图 7-34 所示。

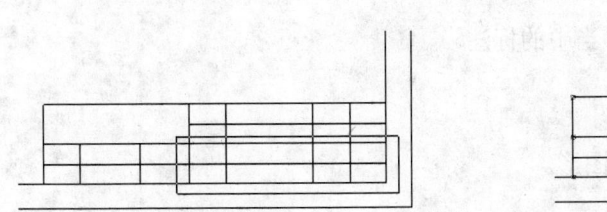

图 7-33　框选单元格

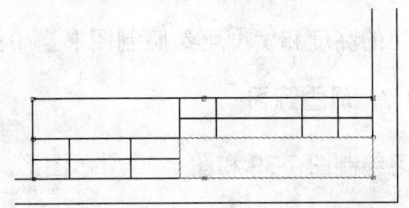

图 7-34　合并单元格

步骤十　创建标题栏文本

双击左下角单元格，弹出"注释属性"对话框，在"文本"框中输入"审核"，如图 7-35 所示。单击"注释属性"→"文本样式"命令，设置属性如图 7-36 所示。单击"确定"按钮完成文字标注，如图 7-37 所示。

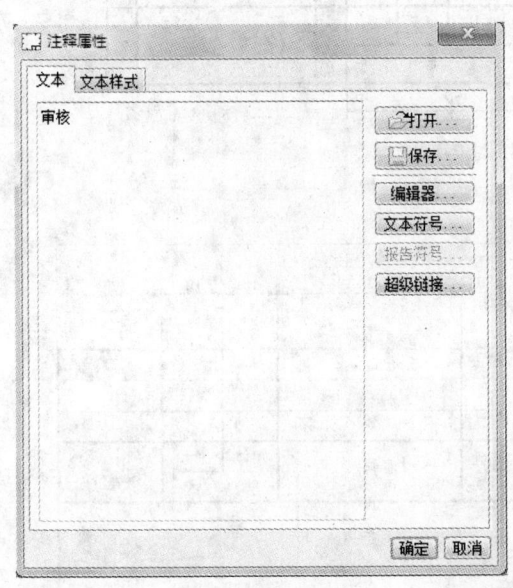

图 7-35　输入文本

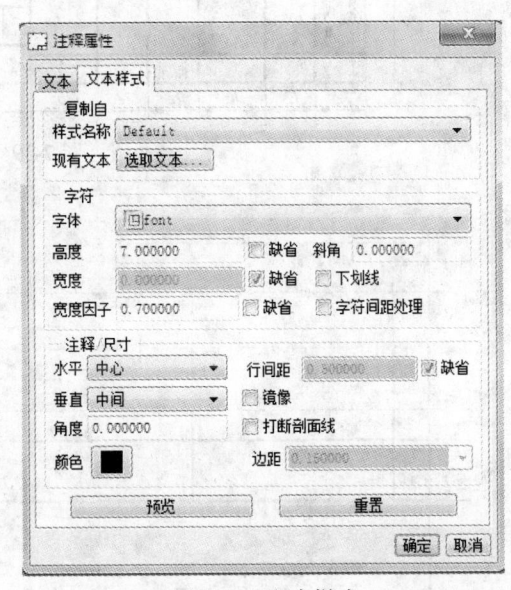

图 7-36　文本样式

同理，完成创建其他文本，如图 7-38 所示。

图 7-37　审核文本输入

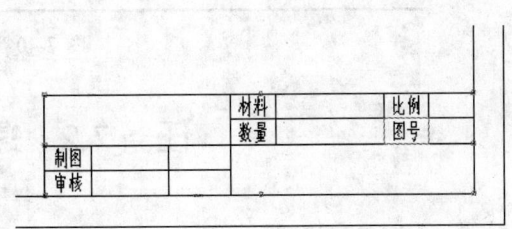

图 7-38　全部文本输入

步骤十一　保存文件

单击"保存"按钮，完成保存操作。

7.1.6 任务总结

文字的高度和宽度可参照制图书当中的标注。

7.1.7 巩固练习

练习绘制图 7-39 和图 7-40 所示图形。

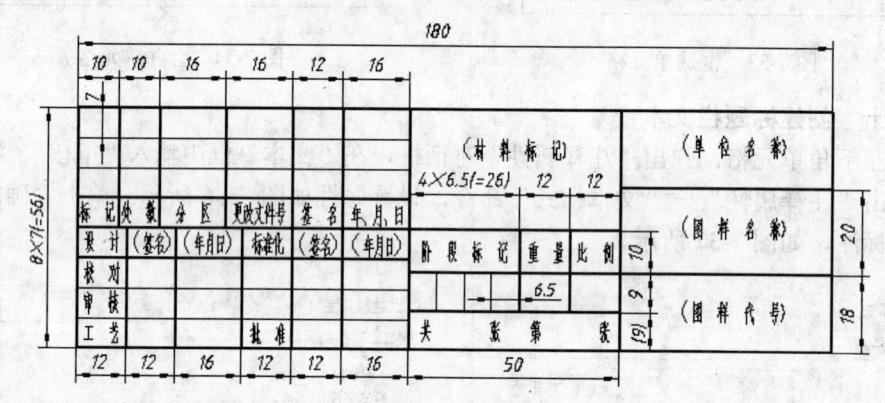

图 7-39 练习 7-1

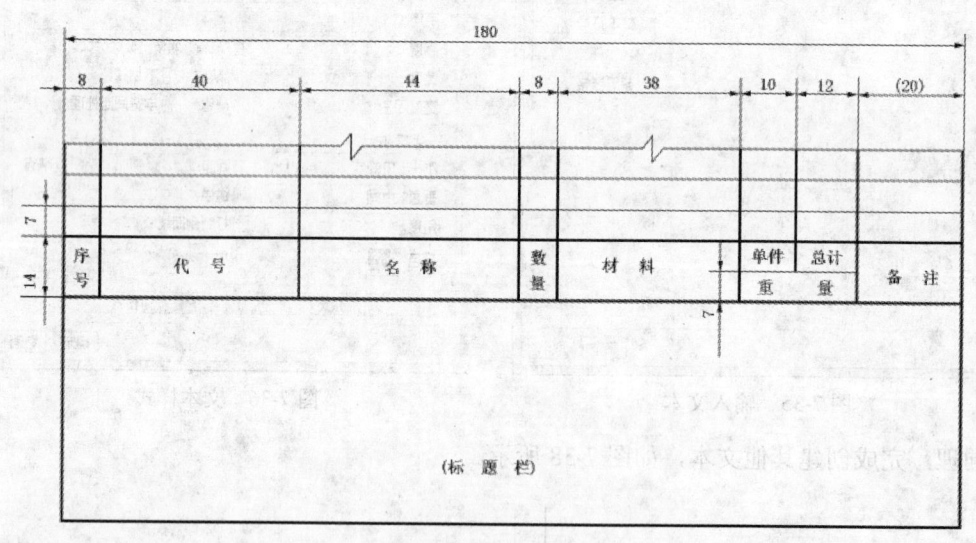

图 7-40 练习 7-2

任务 7.2　螺套普通视图

7.2.1 任务目标

- 掌握系统配置。
- 掌握创建绘图文件。
- 掌握普通视图创建步骤和设置。

- 掌握全剖视图创建步骤和设置。
- 掌握尺寸标注和修改。

7.2.2 任务分析

应用绘图文件创建两视图、标注尺寸，完成图 7-41 所示螺套图纸。

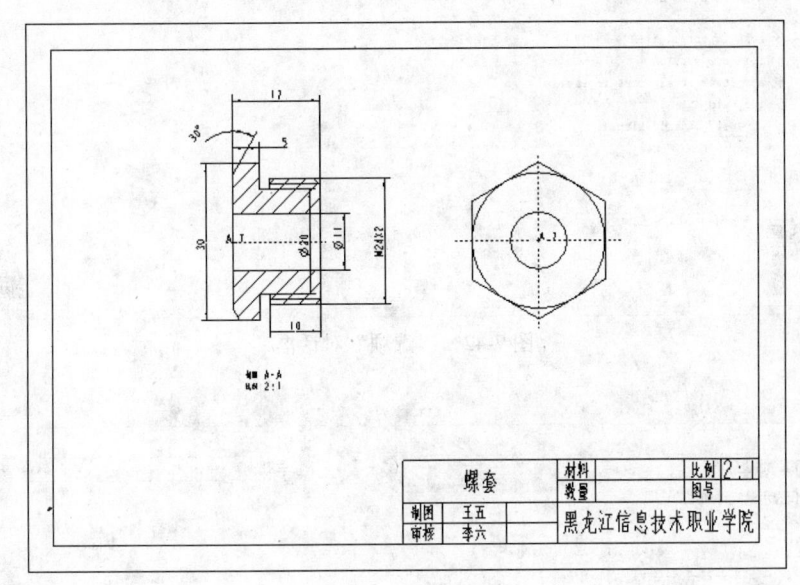

图 7-41 螺套图纸

7.2.3 任务分析

本任务主要是创建二维工程图的普通视图和全剖视图。

7.2.4 相关知识

1．普通视图。
2．全剖视图。
3．尺寸标注。
4．文本输入。

7.2.5 任务过程

步骤一 设置系统配置文件

Pro/E 默认的配置文件不符合中国大陆制图标准，所以需要在系统配置文件中作相应的更改。

在菜单栏选择"工具"→"选项"命令，打开"选项"对话框后，取消勾选"仅显示从文件载入的选项"复选框，如图 7-42 所示。

在左侧栏中选中"drawing_setup_file"选项后，在"值"文本框中将出现系统当前调用的配置文件的路径及名称，如图 7-43 所示。单击"浏览"按钮，弹出"Select File"对话框，在软件安装的目录中选择"text"文件下的"cns_cn.dtl"文件，如图 7-44 所示，单击"打开"按钮，"值"文本框被更改，如图 7-45 所示。单击"添加/更改"按钮后，单击"确定"按钮完成配置。

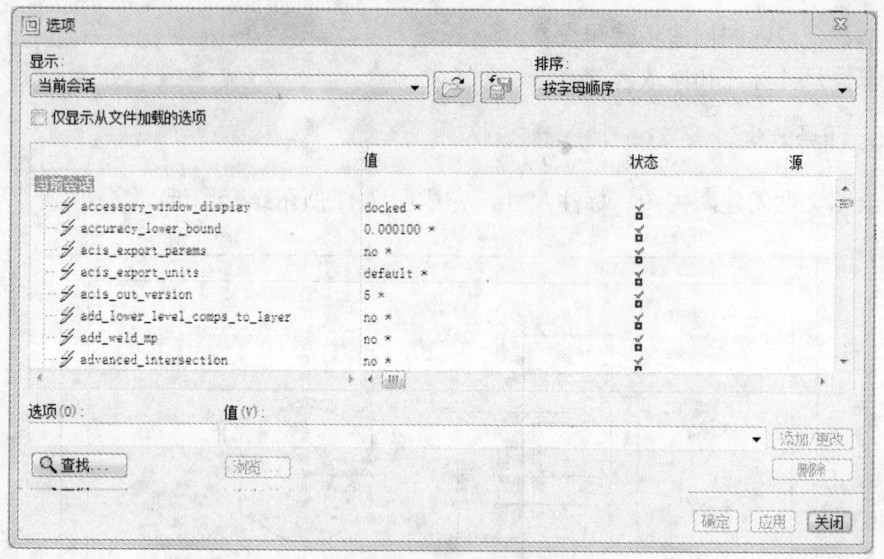

图 7-42 "选项"对话框

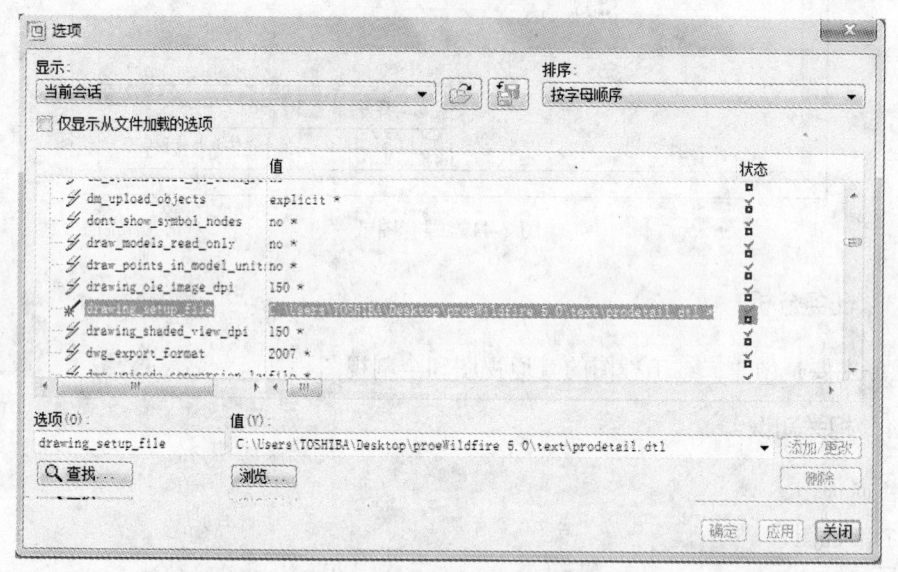

图 7-43 选择"drawing_setup_file"选项

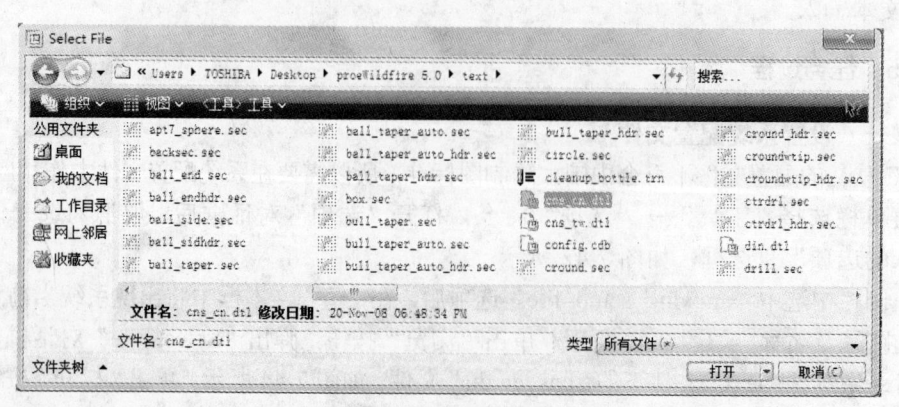

图 7-44 选择文件

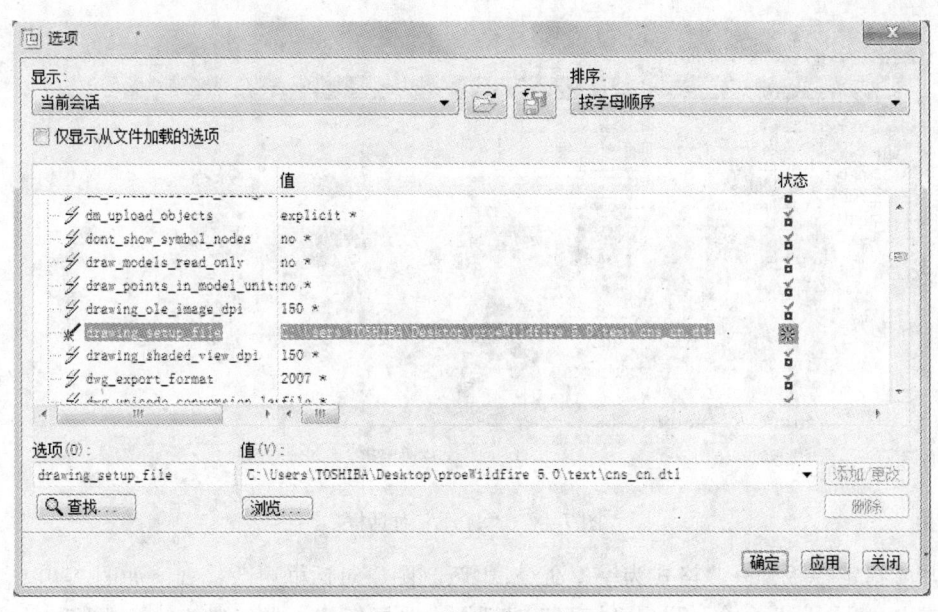

图 7-45 "值"文本框被更改

步骤二 设置工作目录

选择主菜单栏中的"文件"→"设置工作目录"选项，打开"选取工作目录"对话框。当前设置工作目录在 D:\my word\gct\中，单击"确定"按钮完成设置。

步骤三 新建绘图文件

选择主菜单栏中的"文件"→"新建"选项，打开"新建"对话框。选择"绘图"单选项，在"名称"文本框中输入模型名称"luotao"，取消勾选"使用缺省模板"复选框，如图 7-46 所示。单击"确定"按钮，弹出"新制图"对话框，如图 7-47 所示。

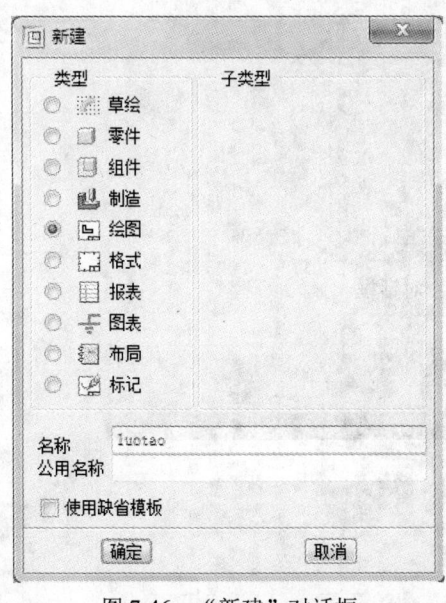

图 7-46 "新建"对话框　　　　图 7-47 "新制图"对话框

选择"缺省模块"→"浏览"命令，弹出"打开"对话框，如图 7-48 所示。选择"luotao.prt"文件，单击"打开"按钮，模型添加到"缺省模块"下。

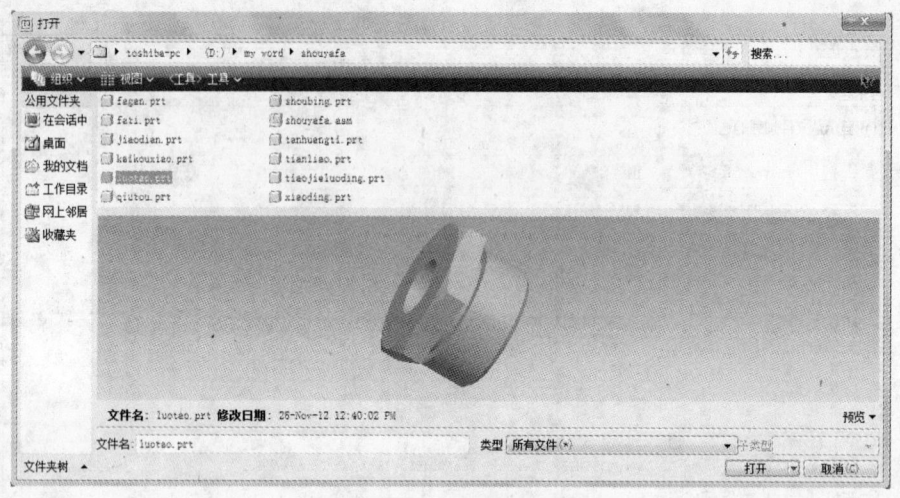

图 7-48 "打开"对话框

选择"指定模板"→"格式为空"命令,"新制图"对话框更改样式,如图 7-49 所示。单击"格式"→"浏览"命令,弹出"打开"对话框,选择任务一中创建的的 a4 图纸,如图 7-50 所示,单击"打开"按钮完成"新制图"设置,如图 7-51 所示。

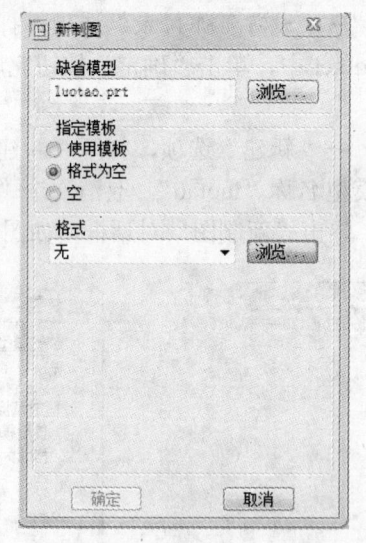

图 7-49 "新制图"对话框

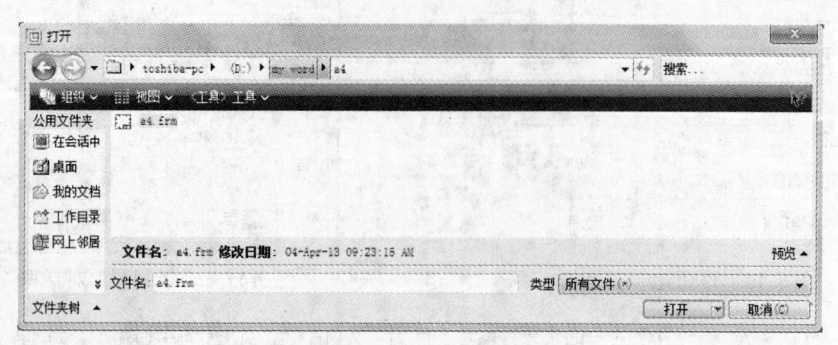

图 7-50 打开 a4 图纸

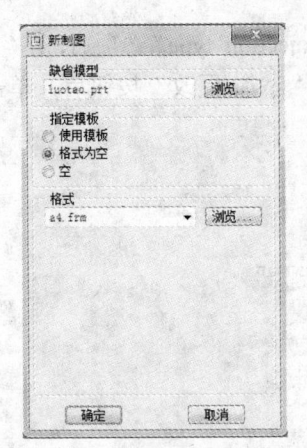

图 7-51 新制图设置

单击"确定"按钮，进入绘图界面，如图 7-52 所示。

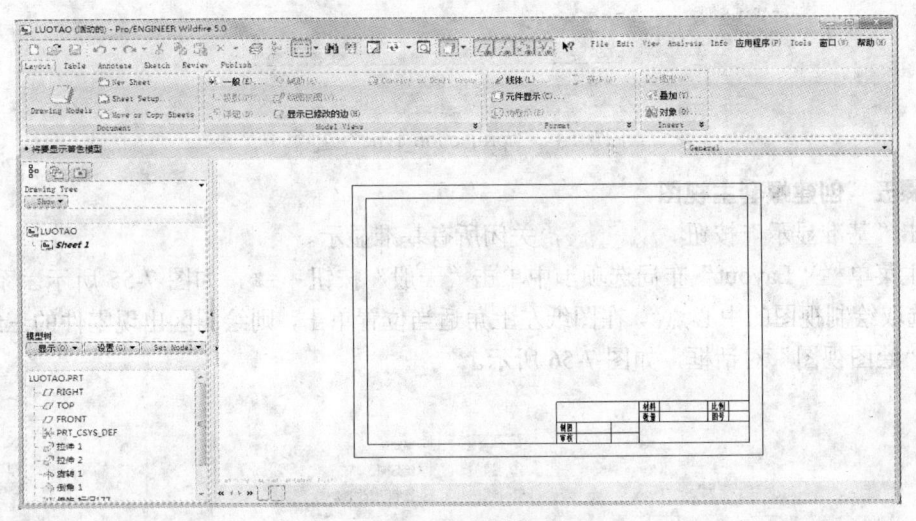

图 7-52 绘图界面

步骤四　设置投影视角

在菜单栏中选择"file"→"Drawing Options"命令，如图 7-53 所示。

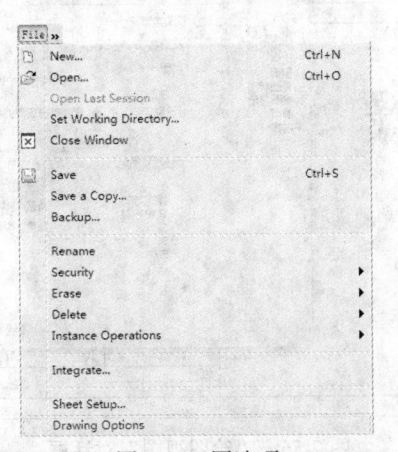

图 7-53 图选项

弹出"选项"对话框，选择"projection_type"选项后，在"值"下拉列表框中选择"first_angle"选项，如图 7-54 所示选项。单击"添加/更改"按钮后，单击"确定"按钮完成更改。

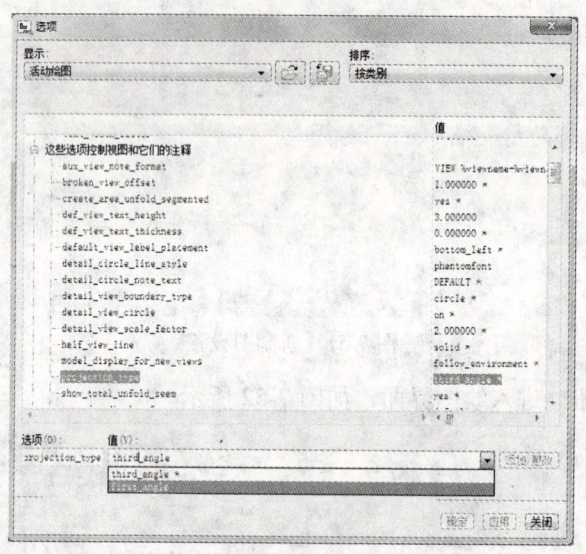

图 7-54 "projection_type"选项

步骤五 创建螺套主视图

单击"基准显示"按钮，关闭所有基准显示。

在主菜单栏"Layout"布局选项卡中单击"一般"按钮，如图 7-55 所示。系统提示信息"选取绘制视图的中心点"，在图纸左上角适当位置单击，则绘图区出现零件的三维视图，并弹出"绘图视图"对话框，如图 7-56 所示。

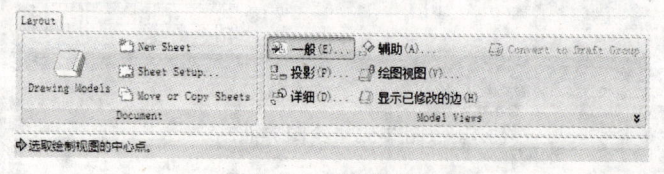

图 7-55 布局选项卡

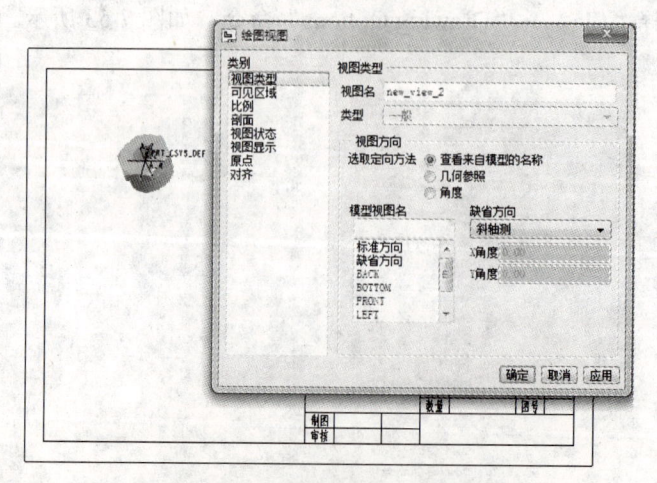

图 7-56 "绘图视图"对话框

在"模型视图名"列表框中选择"FRONT"选项,再单击"应用"按钮,如图 7-57 所示。

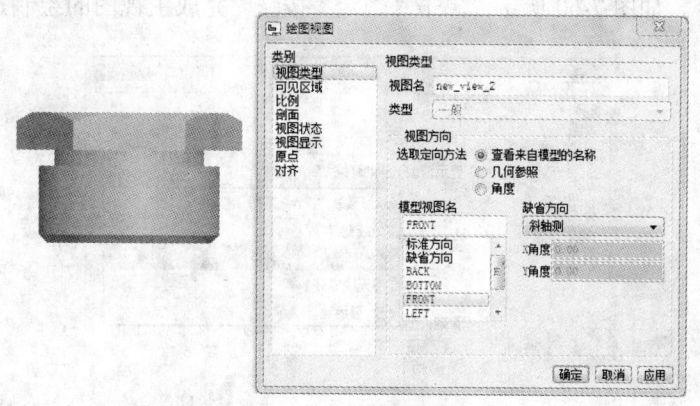

图 7-57 选择视图名

在"选取定向方向"区域选择"角度"单选项,在"角度值"文本框中输入"90",如图 7-58 所示,可将视图旋转 90°。

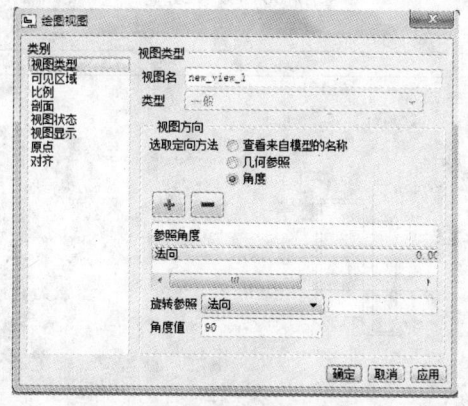

图 7-58 旋转视图

单击左侧"类别"→"比例"命令,弹出"比例和透视图选项"区域,系统默认比例为"1:1",可以选择"定制比例"单选项,修改比例为"2",如图 7-59 所示。

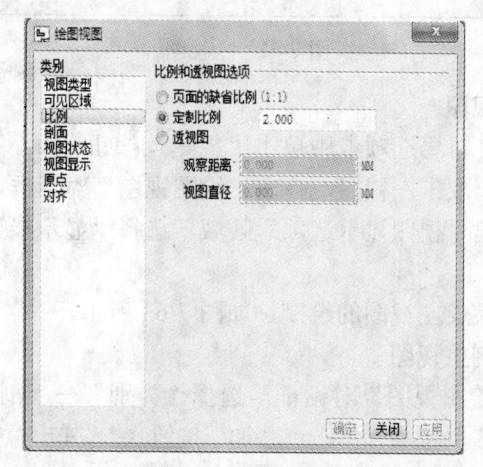

图 7-59 修改比例

单击左侧"类别"→"视图显示"命令,弹出"视图显示选项"区域。选择"显示线型"→"隐藏线"命令,如图 7-60 所示。单击"确定"按钮,完成主视图的绘制,如图 7-61 所示。

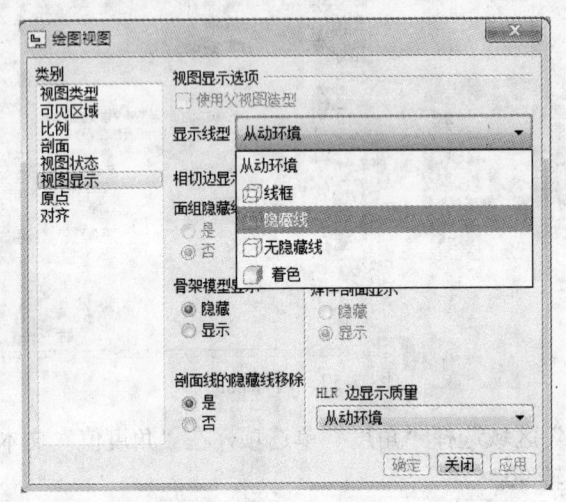

图 7-60　设置线型

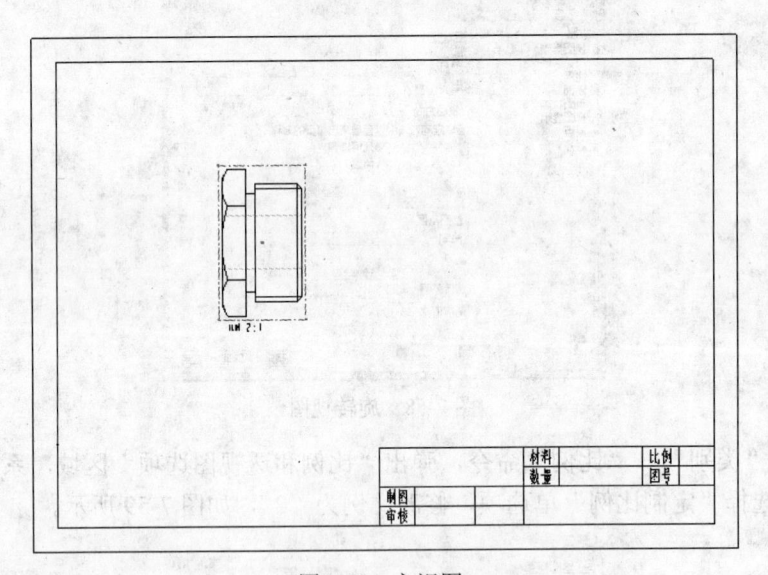

图 7-61　主视图

步骤六　创建螺套左视图

在主菜单栏"Layout"布局选项卡中单击"投影"按钮 投影。移动鼠标到主视图右边适当位置单击,创建左视图。双击左视图,弹出"绘图视图"对话框,单击对话框左侧"类别"→"视图显示"命令,弹出"视图显示选项"区域。选择"显示线型"→"无隐藏线"命令,如图 7-62 所示。

单击"确定"按钮,完成左视图的绘制,如图 7-63 所示。

步骤七　创建螺套全剖主视图

双击主视图,弹出"绘图视图"对话框,选择"类别"→"剖面"命令,弹出"剖面选项"区域。选择"2D 截面"单选项,单击"添加"按钮 +,弹出"剖截面创建"菜单管理器,如图 7-64 所示。

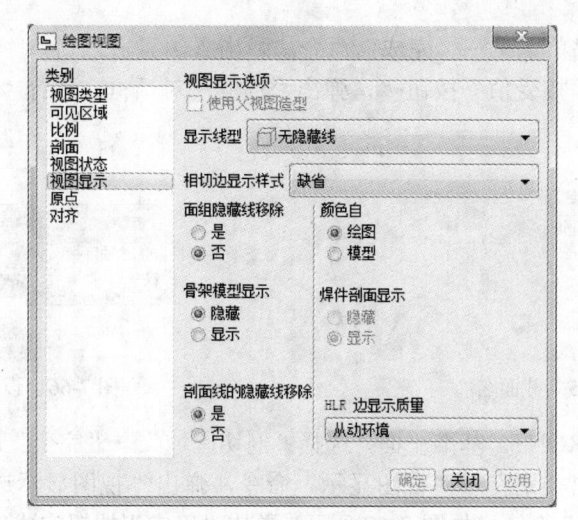

图 7-62 视图显示设置

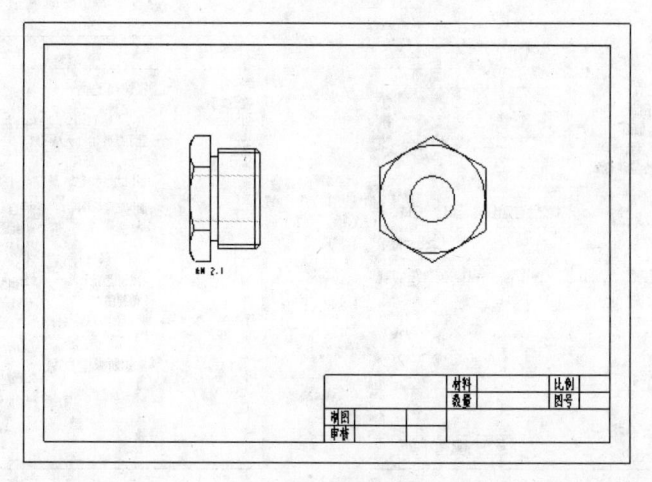

图 7-63 左视图

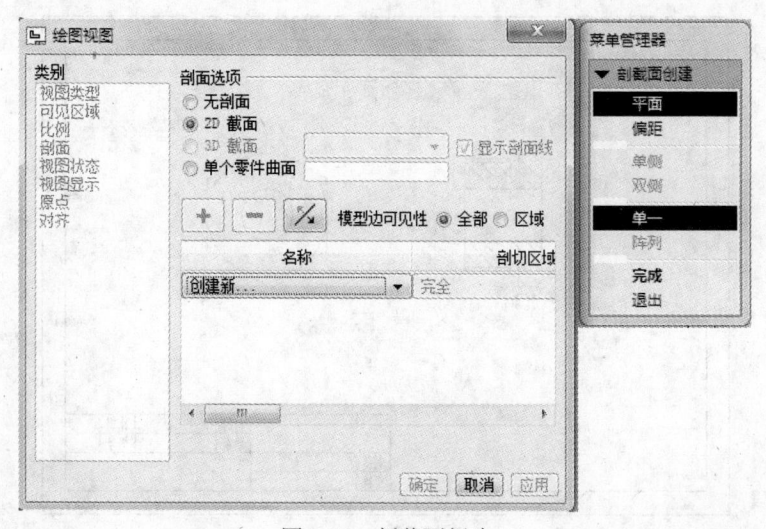

图 7-64 剖截面创建

选择"平面"→"单一"→"完成"命令,弹出"消息输入窗口"对话框,如图7-65所示,输入"A"。单击"接受值"按钮✓,弹出"选取"对话框,选择"设置平面"→"平面"命令,如图7-66所示。

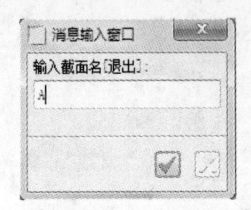

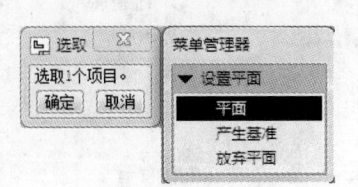

图7-65 截面名　　　　　图7-66 设置平面

在绘图区单击"FRONT"基准平面,选择"剖切区域"→"完全"命令,如图7-67所示。

单击对话框左侧"类别"→"视图显示"命令,弹出"视图显示选项"区域。选择"显示线型"→"无隐藏线"命令,如图7-68所示。单击"确定"按钮完成剖视图创建,如图7-69所示。

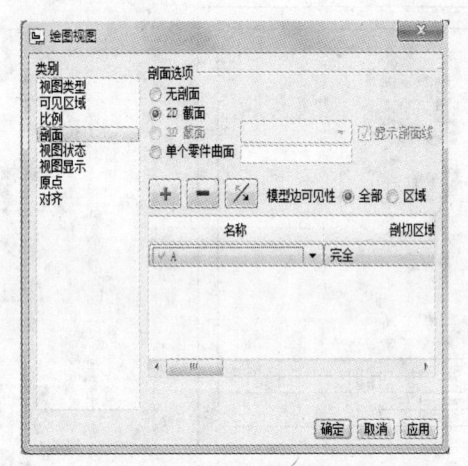

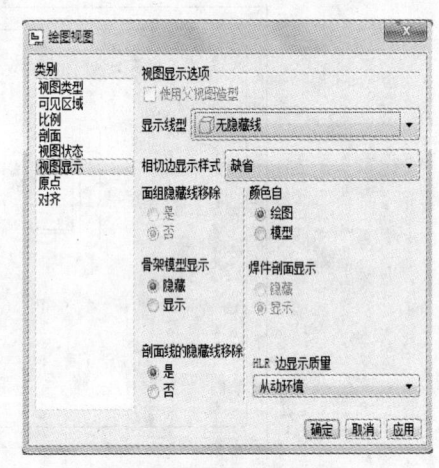

图7-67 剖面设置　　　　　图7-68 视图显示设置

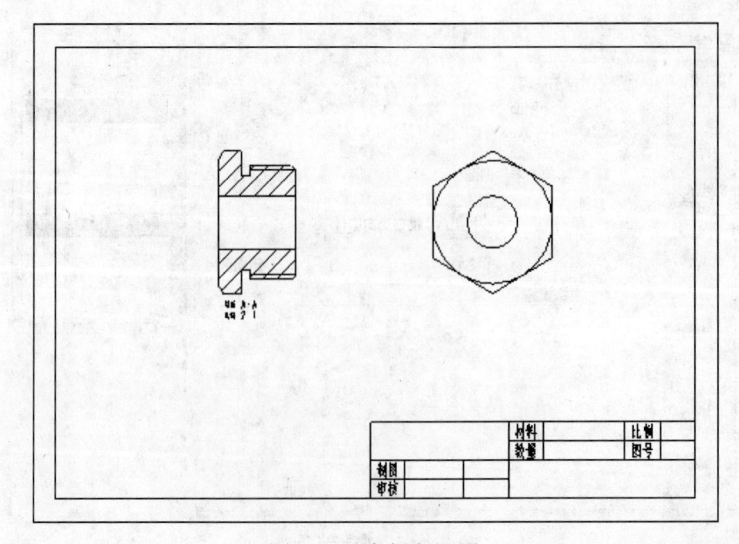

图7-69 全剖主视图

步骤八 自动尺寸标注

单击主视图，在主菜单栏"Annotate"注释选项卡中单击"显示模型注释"按钮，如图 7-70 所示。弹出"Show Model Annotations"对话框，默认为"尺寸"项，"尺寸"项和主视图分别出现 11 个对应尺寸，如图 7-71 所示。

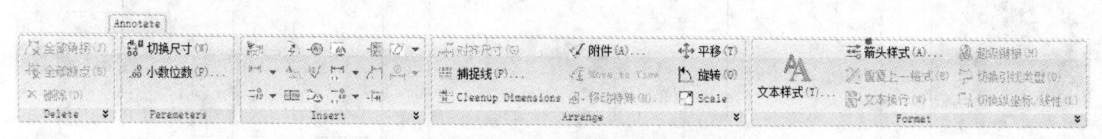

图 7-70 "注释"选项卡

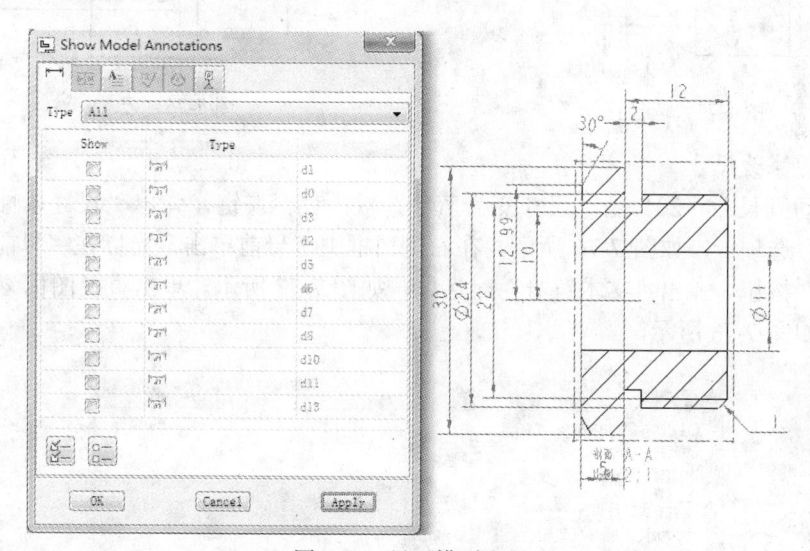

图 7-71 显示模型注释

在绘图区域"尺寸"项中，单击 30、5、30°、ϕ11，绘图区将此四个尺寸变为黑色，单击"确定"按钮，完成尺寸标注，如图 7-72 所示。

步骤九 标注其余尺寸

在主菜单栏"Annotate"注释选项卡中单击"新参照尺寸标注"按钮，弹出"依附类型"菜单管理器，如图 7-73 所示。单击绘图区两直线，两线加红显示，如图 7-74 所示，在适当位置单击鼠标中键，放置尺寸标注。同理，添加其余尺寸，如图 7-75 所示。

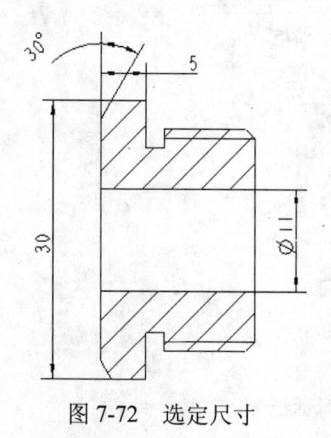

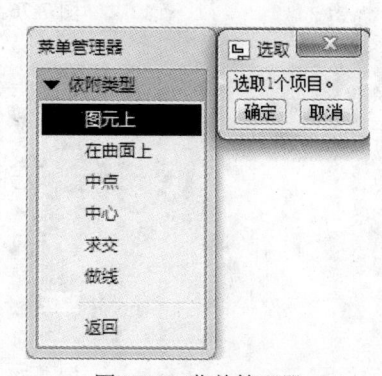

图 7-72 选定尺寸

图 7-73 菜单管理器

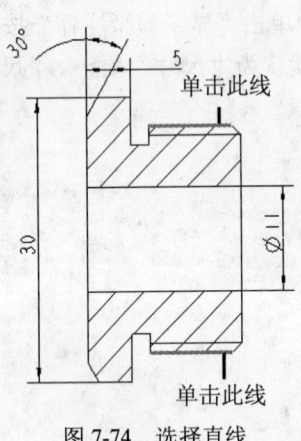

图 7-74　选择直线

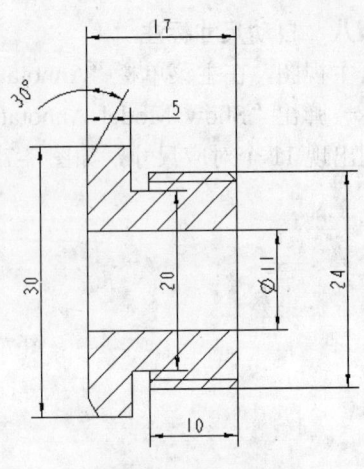

图 7-75　尺寸标注

步骤十　修改尺寸

鼠标移动到尺寸"20"上，尺寸变为蓝色，双击鼠标左键，弹出"尺寸属性"对话框，选择"显示"选项卡，如图 7-76 所示。在右侧白框中字母前单击，光标在字母前闪烁，单击"文本符号"按钮，弹出"文本符号"对话框，如图 7-77 所示。单击直径图标∅，将其添加到字母前，如图 7-78 所示。

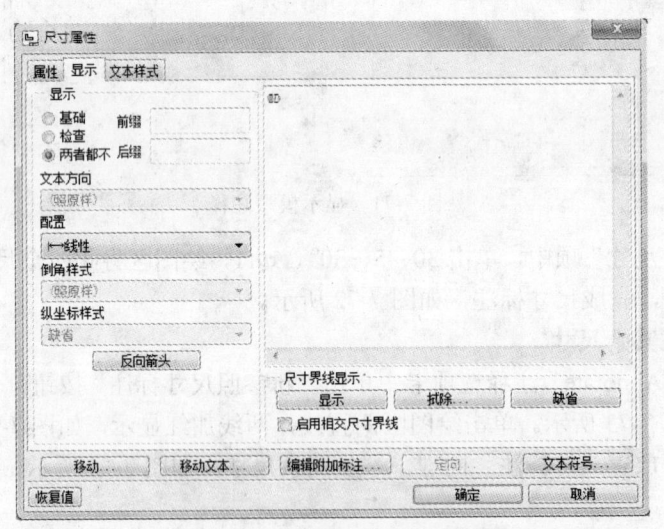

图 7-76　"尺寸属性"对话框

图 7-77　"文本符号"对话框

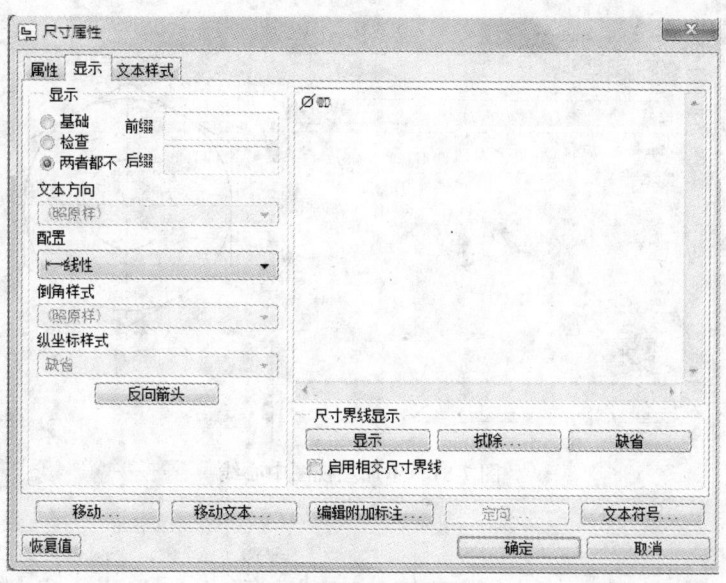

图 7-78 添加直径符号

单击"确定"按钮，完成尺寸"20"的标注修改，如图 7-79 所示。

同理，修改尺寸"24"为"M24×2"，如图 7-80 所示。

图 7-79 尺寸"20"修改　　　　图 7-80 尺寸"24"修改

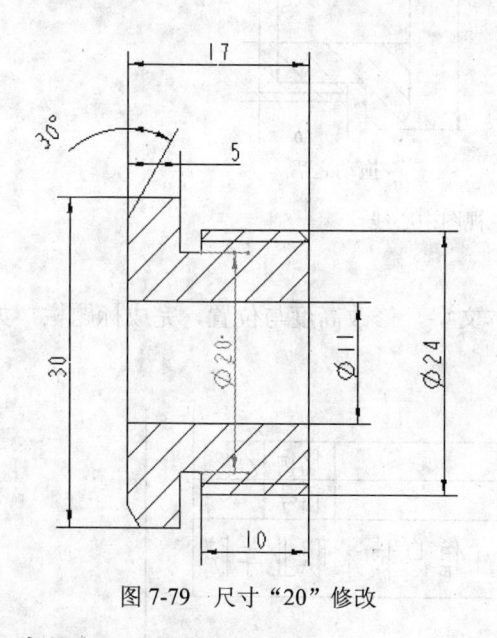

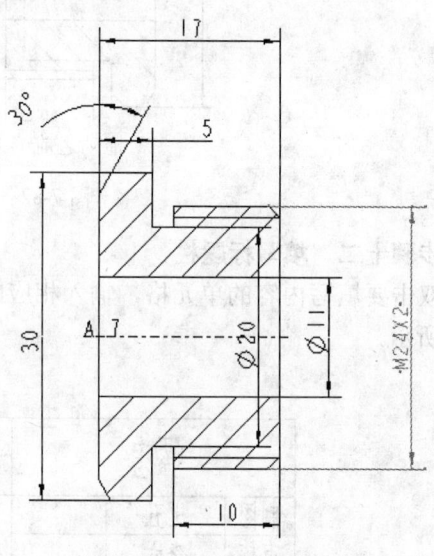

步骤十一　添加中心线

单击左视图，在主菜单栏"Annotate"注释选项卡中单击"显示模型注释"按钮。弹出"Show Model Annotations"对话框，选择"创建轴"选项卡，"创建轴"项中和主视图分别出现 3 个对应中心线。选择"A-7"轴，单击"确定"按钮 OK，完成添加左视图中心线，如图 7-81 所示。

同理，添加主视图中心线，选择"A-7"轴，单击"确定"按钮 OK，完成添加主视图中心线。鼠标放置在"A-7"轴上，当其变蓝后，单击拖动可使其伸长到适合位置，如图 7-82 所示。

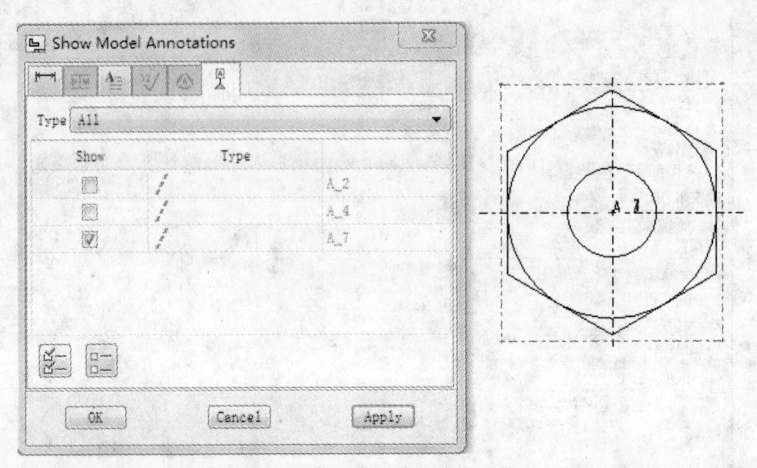

图 7-81　添加左视图中心线

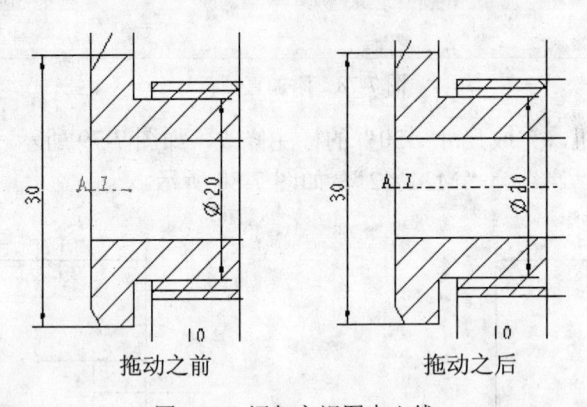

图 7-82　添加主视图中心线

步骤十二　填写标题栏

双击要填写内容的单元格，输入相应的文本文字，修改高度与位置，完成标题栏，如图 7-83 所示。

图 7-83　填写标题栏

步骤十三　保存文件

单击"保存"按钮，完成保存操作。

7.2.6　任务总结

1. 在模型树中单击鼠标右键，在弹出的快捷菜单中将"锁定视图移动"项前的对号取消。将鼠标放到要移动的视图上并按住左键，即可拖动视图到任意位置。

2．将鼠标移动到尺寸上，尺寸变为蓝色，单击鼠标，该尺寸变为红色，此时按住鼠标左键即可移动该尺寸。

7.2.7 巩固练习

用图3-20练习三维实体生成三视图，并标注尺寸。

任务7.3 阀杆局部剖视图

7.3.1 任务目标

- 复习系统配置。
- 复习创建绘图文件。
- 复习尺寸标注和修改。
- 掌握局部剖视图创建步骤和设置。

7.3.2 任务分析

应用绘图文件创建局部剖视图、标注尺寸，完成图7-84所示阀杆图纸。

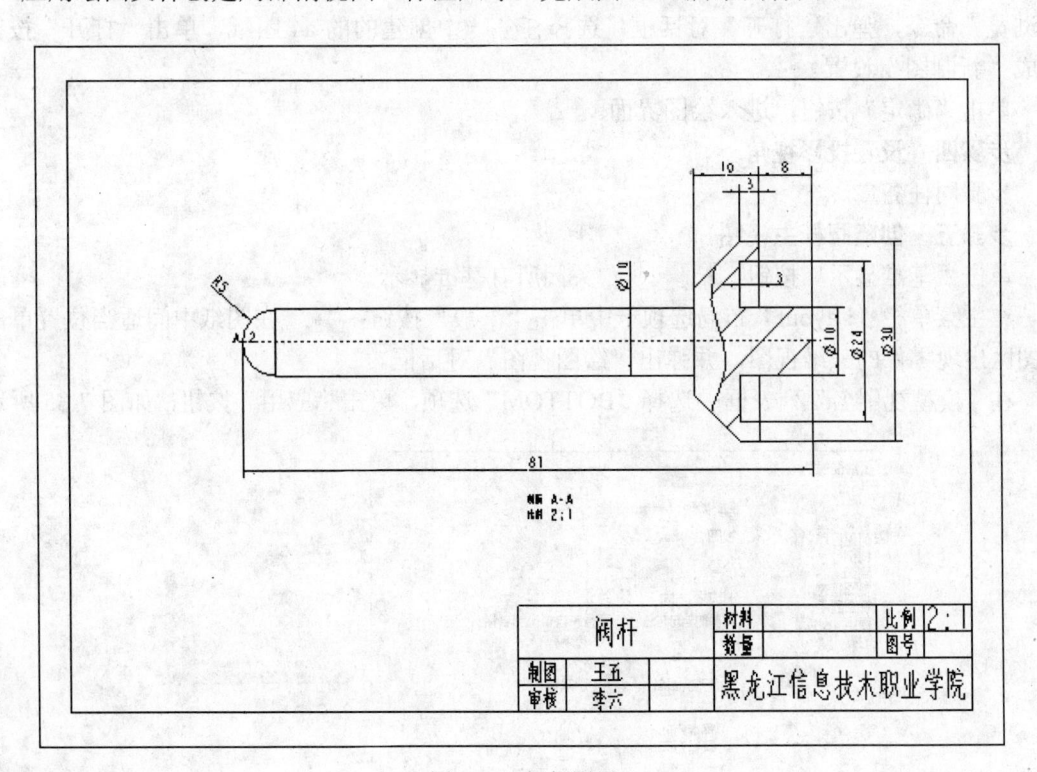

图7-84 阀杆图纸

7.3.3 任务分析

本任务主要是创建工程图的局部剖视图。

7.3.4 相关知识

局部剖视图。

7.3.5 任务过程

步骤一 设置系统配置文件

步骤同任务二。

步骤二 设置工作目录

选择主菜单栏中的"文件"→"设置工作目录"选项,打开"选取工作目录"对话框。当前设置工作目录在 D:\my word\gct\中,单击"确定"按钮完成设置。

步骤三 新建绘图文件

选择主菜单栏中的"文件"→"新建"选项,打开"新建"对话框。选择"绘图"单选项,在"名称"文本框中输入模型名称"fagan",取消勾选"使用缺省模板"复选框。单击"确定"按钮,弹出"新制图"对话框。

选择"缺省模块"→"浏览"命令,弹出"打开"对话框,选择"fagan.prt",单击"打开"按钮,模型添加到"缺省模块"下。

选择"指定模板"→"格式为空"命令,"新制图"对话框更改样式。单击"格式"→"浏览"命令,弹出"打开"对话框,选择任务一中创建的的 a4 图纸,单击"打开"按钮,完成"新制图"设置。

单击"确定"按钮,进入绘图界面。

步骤四 设置投影视角

步骤同任务二。

步骤五 创建阀杆主视图

单击"基准显示"按钮 ,关闭所有基准显示。

在主菜单栏"Layout"布局选项卡中单击"一般"按钮 。在图纸中间适当位置单击,绘图区出现零件的三维视图,并弹出"绘图视图"对话框。

在"模型视图名"列表框中选择"BOTTOM"选项,单击"应用"按钮,如图 7-85 所示。

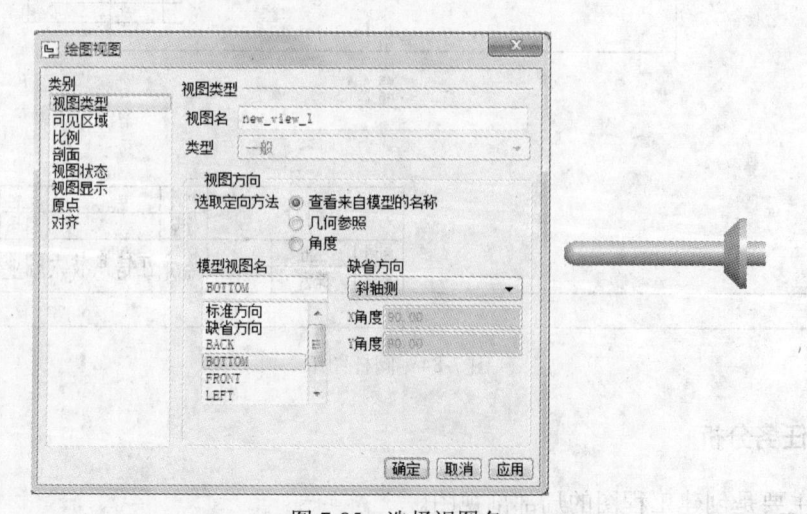

图 7-85 选择视图名

单击左侧"类别"→"比例"选项,弹出"比例和透视图选项"区域,选择"定制比例"单选项,修改比例为"2",如图7-86所示。

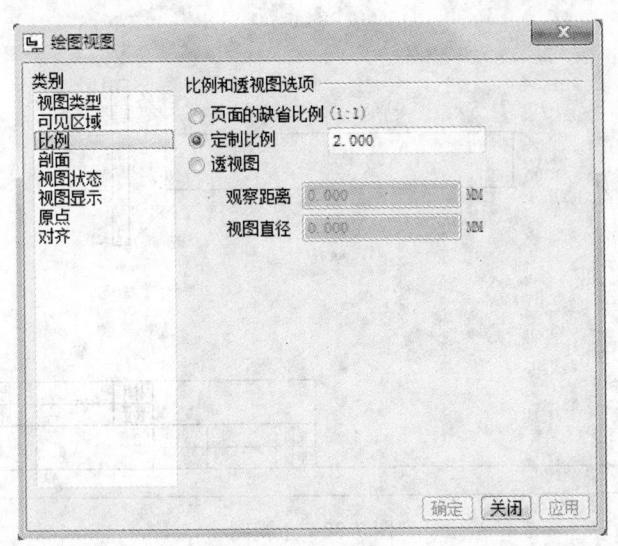

图7-86 修改比例

单击左侧"类别"→"视图显示"选项,弹出"视图显示选项"区域。选择"显示线型"→"无隐藏线"命令,如图7-87所示。单击"确定"按钮,完成主视图的绘制,如图7-88所示。

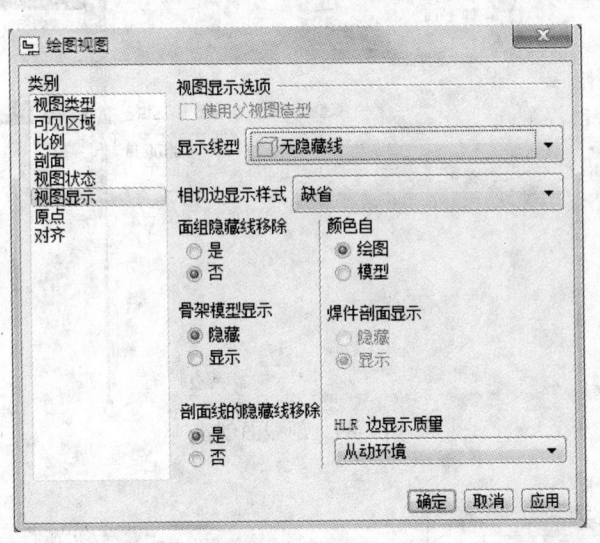

图7-87 视图显示

步骤六 创建阀杆局部剖视图

双击主视图,弹出"绘图视图"对话框,选择"类别"→"剖面"选项,弹出"剖面选项"区域。选择"2D截面"单选项,单击"添加"按钮 ✚ ,弹出"剖截面创建"菜单管理器,如图7-89所示。

选择"平面"→"单一"→"完成"命令,弹出"消息输入窗口"对话框,如图7-90所示,输入"A"。单击"接受值"按钮☑,弹出"选取"对话框,选择"设置平面"→"平面"命令,如图7-91所示。

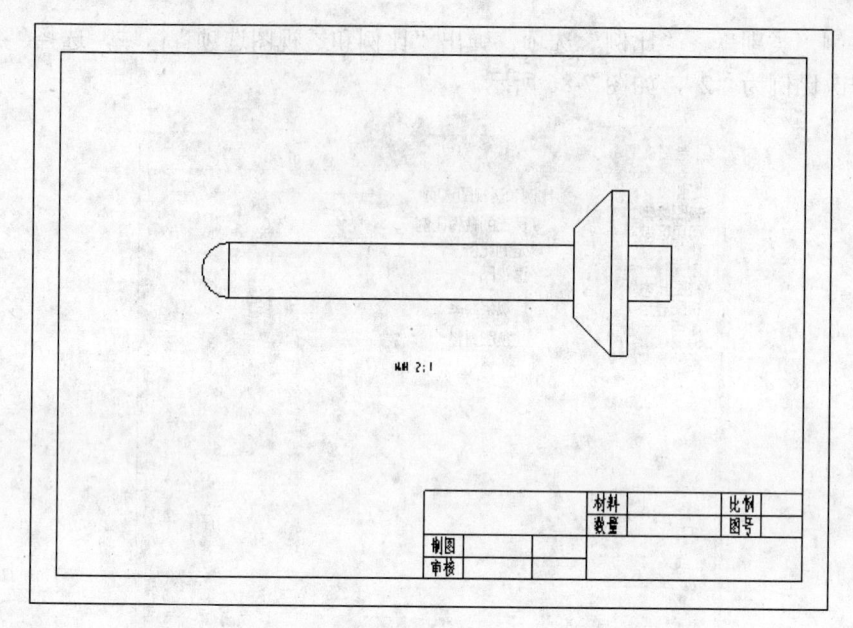

图 7-88 主视图

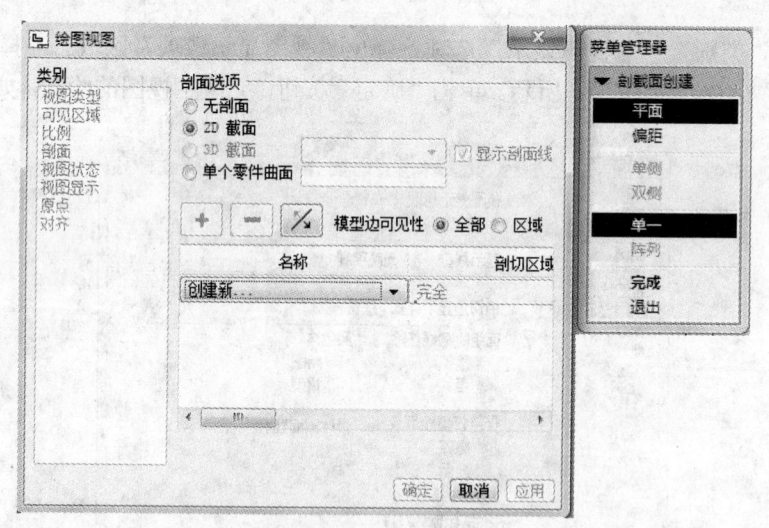

图 7-89 剖截面创建

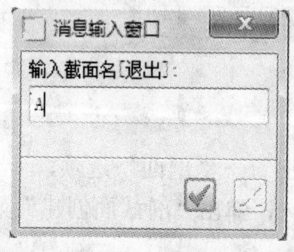

图 7-90 截面名

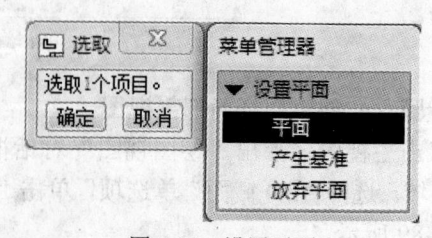

图 7-91 设置平面

在绘图区单击"FRONT"基准平面，选择"剖切区域"→"局部"命令，如图 7-92 所示。系统提示"选取界面间断的中心点<A>"，在绘图区单击如图 7-93 所示位置，出现"×"。

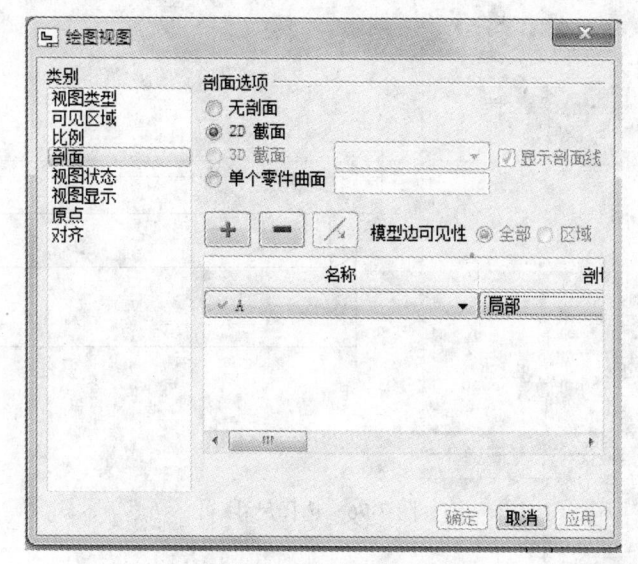

图 7-92　剖截面创建

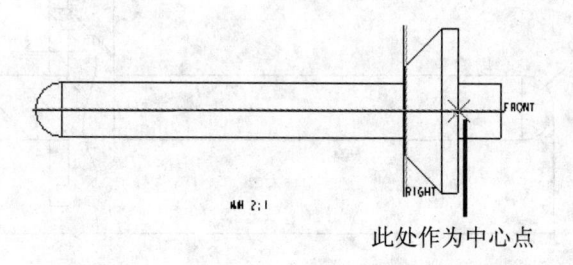

图 7-93　中心点

系统提示"草绘样条，不相交其他样条，来定义一轮廓线"，在绘图区适当位置单击，绘制封闭样条曲线，如图 7-94 所示。绘制完成后单击鼠标中键确定。单击"绘图视图"→"确定"按钮，完成局部剖视图，如图 7-95 所示。

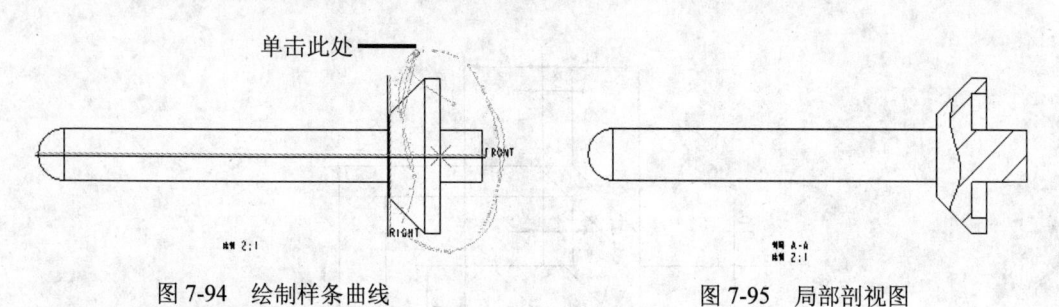

图 7-94　绘制样条曲线　　　　　图 7-95　局部剖视图

步骤七　自动尺寸标注

单击主视图，在主菜单栏"Annotate"注释选项卡中单击"显示模型注释"按钮。弹出"Show Model Annotations"对话框，选择"尺寸"选项卡，"尺寸"项和主视图中分别出现 11 个对应尺寸。

在绘图区或"尺寸"项中单击 87、R5、10、8、3、3、，绘图区将此六个尺寸变为黑色，如图 7-96 所示。单击"确定"按钮，完成尺寸标注，如图 7-97 所示。

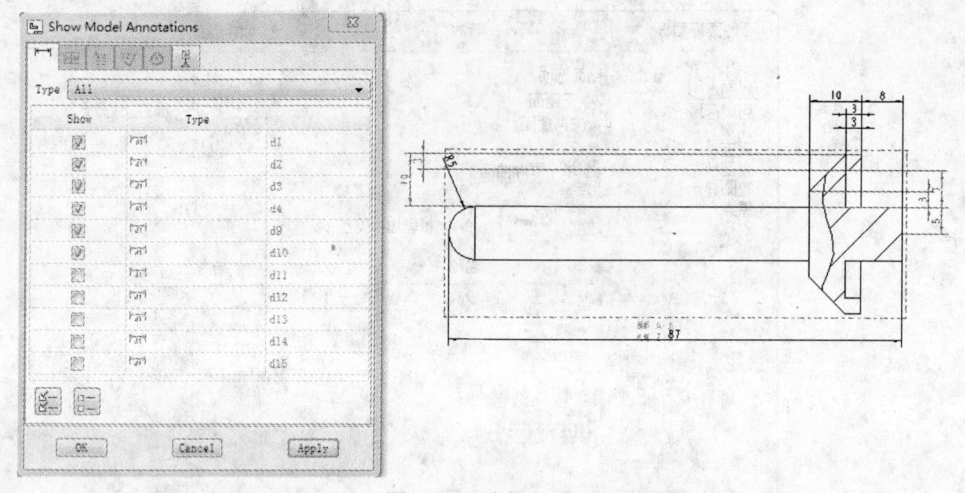

图 7-96 选择尺寸

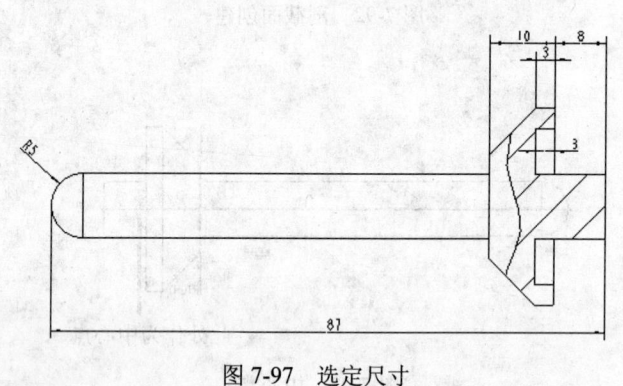

图 7-97 选定尺寸

步骤八 标注其余尺寸并修改

在主菜单栏"Annotate"注释选项卡中单击"新参照尺寸标注"按钮。弹出"依附类型"菜单管理器。添加 10、10、24、30 四个尺寸,并调整到适当位置,如图 7-98 所示。

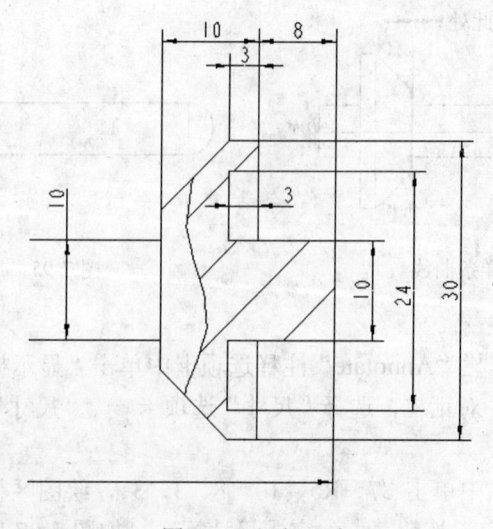

图 7-98 添加尺寸

修改直径 10、24、30 尺寸，将鼠标移动到要修改的尺寸上，尺寸变为蓝色，双击鼠标左键，弹出"尺寸属性"对话框，选择"显示"选项。在右侧白框中字母前单击，光标在字母前闪烁，单击"文本符号"，弹出"文本符号"对话框，单击"直径"图标 ⌀，将其添加到字母前。

单击"确定"按钮，完成尺寸标注修改，如图 7-99 所示。

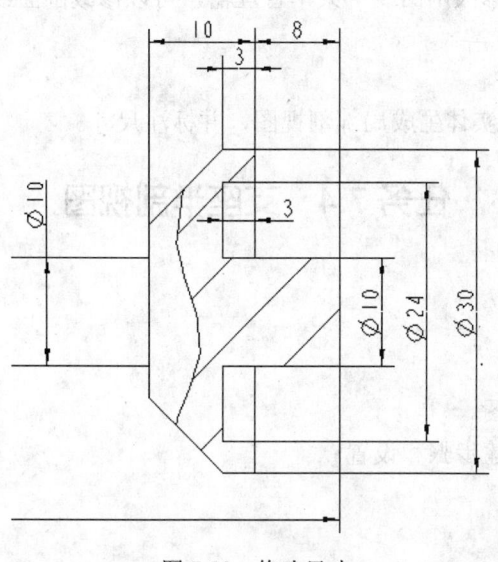

图 7-99　修改尺寸

步骤九　添加中心线

单击主视图，在主菜单栏"Annotate"注释选项卡中单击"显示模型注释"按钮。弹出"Show Model Annotations"对话框，选择"创建轴"选项卡，"创建轴"项和主视图分别出现一个对应中心线。选择"A-2"轴，单击"确定"按钮，完成添加左视图中心线，如图 7-100 所示。

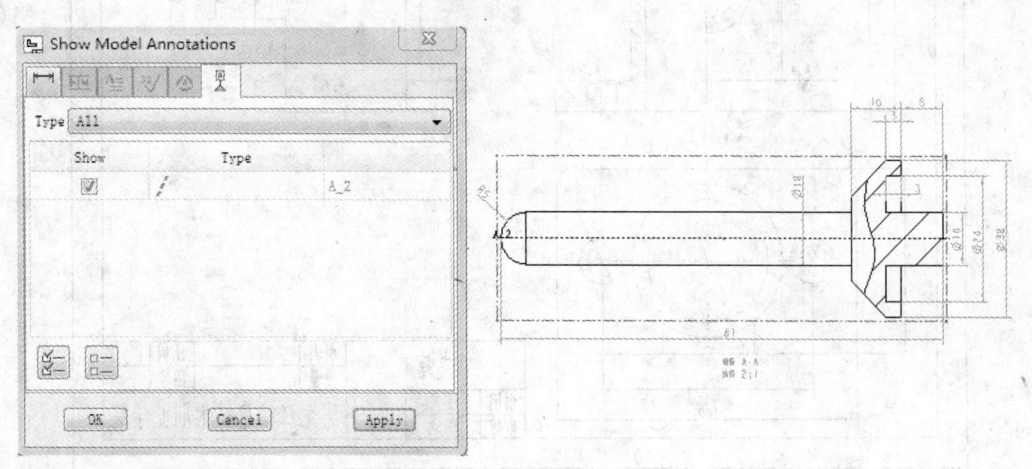

图 7-100　添加视图中心线

步骤十　填写标题栏

双击要填写内容的单元格，输入相应的文本文字，修改高度与位置，完成标题栏，如图 7-83 所示。

步骤十一 保存文件

单击"保存"按钮,完成保存操作。

7.3.6 任务总结

双击剖面线,弹出"修改剖面线"菜单管理器,可以修改剖面线的属性。

7.3.7 巩固练习

利用图 3-33 练习三维实体生成局部剖视图,并标注尺寸。

任务 7.4 支座半剖视图

7.4.1 任务目标

- 复习创建三视图。
- 复习创建全剖视图。
- 掌握半剖视图创建步骤和设置。

7.4.2 任务分析

应用绘图文件创建半剖视图、标注尺寸,完成图 7-101 所示支座图纸。

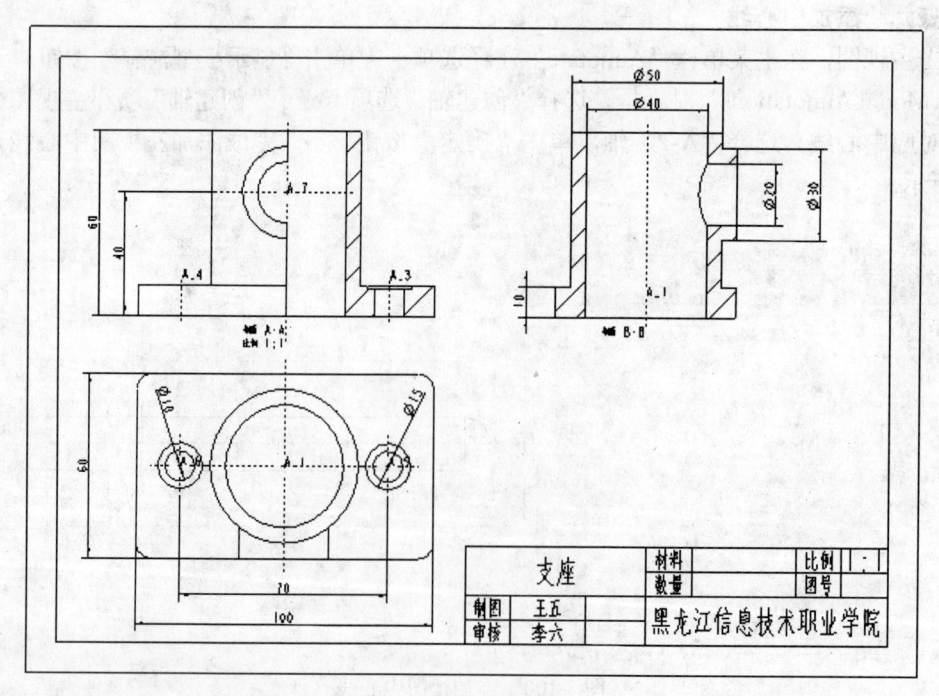

图 7-101 支座图纸

7.4.3 任务分析

本任务主要是创建工程图的半剖视图。

7.4.4 相关知识

半剖视图。

7.4.5 任务过程

步骤一 设置系统配置文件

步骤同任务二。

步骤二 设置工作目录

选择主菜单栏中的"文件"→"设置工作目录"选项,打开"选取工作目录"对话框。当前设置工作目录在 D:\my word\gct\中,单击"确定"按钮完成设置。

步骤三 新建绘图文件

选择主菜单栏中的"文件"→"新建"选项,打开"新建"对话框。选择"绘图"单选项,在"名称"文本框中输入模型名称"zhizuo",取消勾选"使用缺省模板"复选框。单击"确定"按钮,弹出"新制图"对话框。

选择"缺省模块"→"浏览"命令,弹出"打开"对话框,选择"zhizuo.prt",单击"打开"按钮,模型添加到"缺省模块"下。

选择"指定模板"→"格式为空"命令,"新制图"对话框更改样式。单击"格式"→"浏览"命令,弹出"打开"对话框,选择任务一中创建的的 a4 图纸,单击"打开"按钮,完成"新制图"设置。

单击"确定"按钮,进入绘图界面。

步骤四 设置投影视角

步骤同任务二。

步骤五 创建支座主视图

单击"基准显示"按钮,关闭所有基准显示。

在主菜单栏"Layout"布局选项卡中单击"一般"按钮。在图纸中间适当位置单击,绘图区出现零件的三维视图,并弹出"绘图视图"对话框。

在"模型视图名"列表框中选择"FRONT"选项,单击"应用"按钮,如图7-102所示。

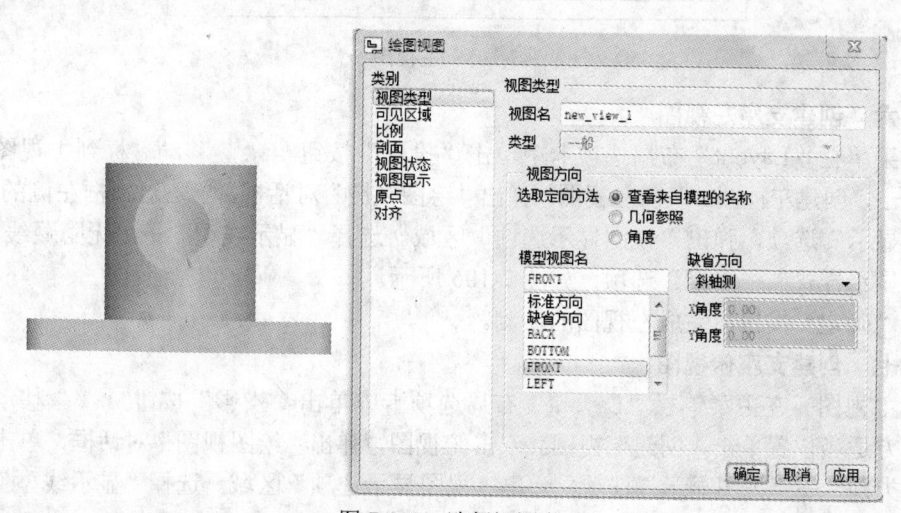

图 7-102 选择视图名

单击左侧"类别"→"比例"选项,弹出"比例和透视图选项"区域,选择"定制比例"单选项,修改比例为"1",如图 7-103 所示。

单击左侧"类别"→"视图显示"选项,弹出"视图显示选项"区域。选择"显示线型"→"无隐藏线"选项,如图 7-104 所示。单击"确定"按钮,完成主视图的绘制,如图 7-105 所示。

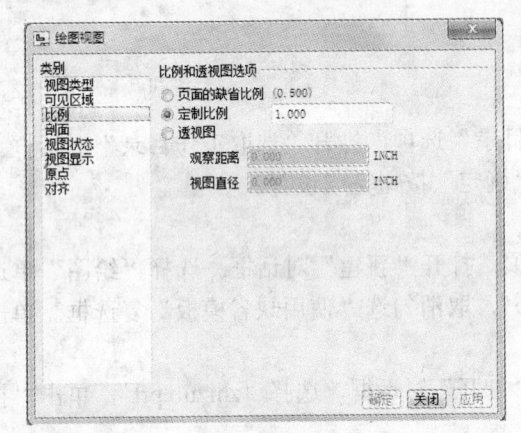

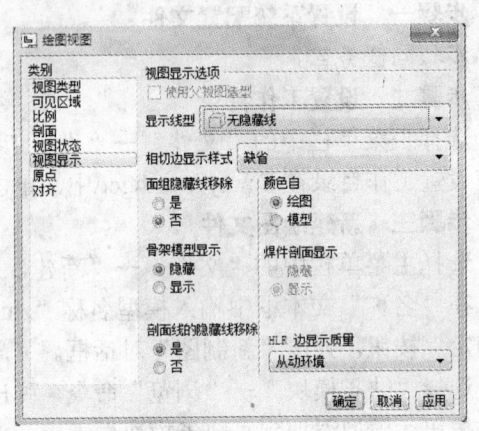

图 7-103　比例　　　　　　　　图 7-104　视图显示

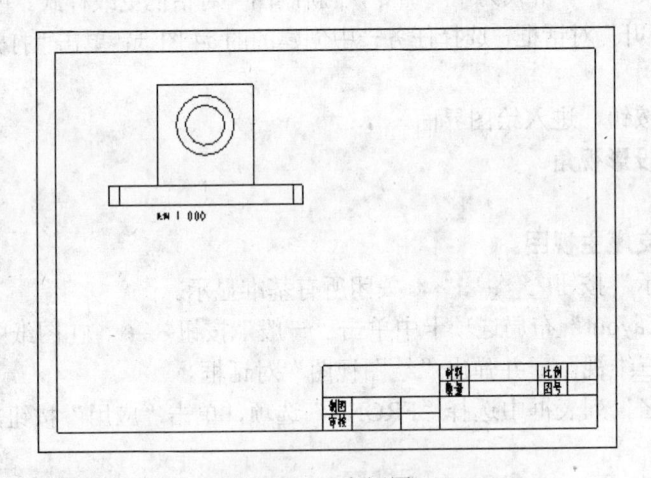

图 7-105　主视图

步骤六　创建支座左视图

在主菜单栏"Layout"布局选项卡中单击"投影"按钮。移动鼠标到主视图右边适当位置单击,创建左视图。双击左视图,弹出"绘图视图"对话框,单击对话框左侧的"类别"→"视图显示"选项,弹出"视图显示选项"区域。选择"显示线型"→"无隐藏线"选项;"相切边显示样式"→"无"选项,如图 7-106 所示。

单击"确定"按钮,完成左视图的绘制。

步骤七　创建支座俯视图

单击主视图。在主菜单栏"Layout"布局选项卡中单击"投影"按钮。移动鼠标到主视图下方适当位置单击,创建俯视图。双击俯视图,弹出"绘图视图"对话框,单击对话框左侧的"类别"→"视图显示"选项,弹出"视图显示选项"区域。选择"显示线型"→"无隐藏线"选项,如图 7-107 所示。

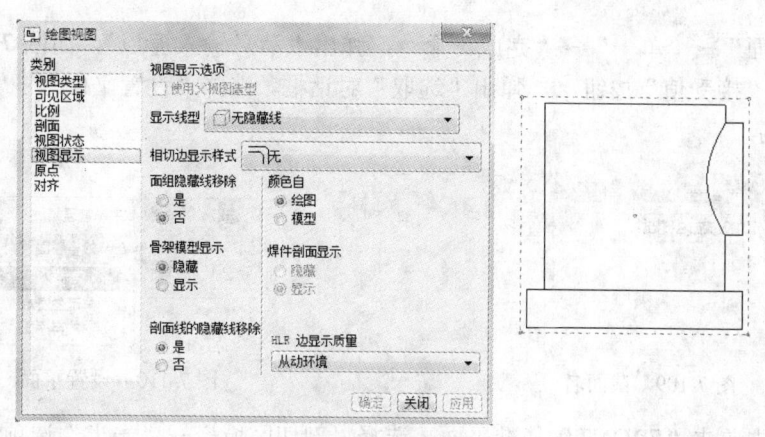

图 7-106　左视图

单击"确定"按钮，完成左视图的绘制。

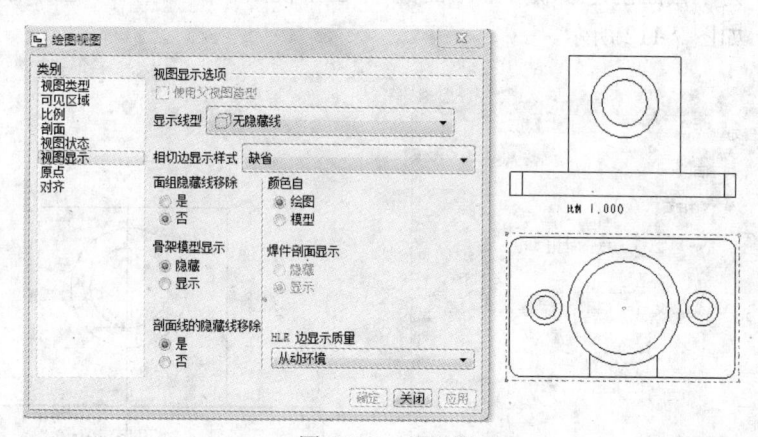

图 7-107　俯视图

步骤八　创建支座半剖主视图

双击主视图，弹出"绘图视图"对话框，选择"类别"→"剖面"选项，弹出"剖面选项"区域。选择"2D 截面"单选项，单击"添加"按钮 ，弹出"剖截面创建"菜单管理器，如图 7-108 所示。

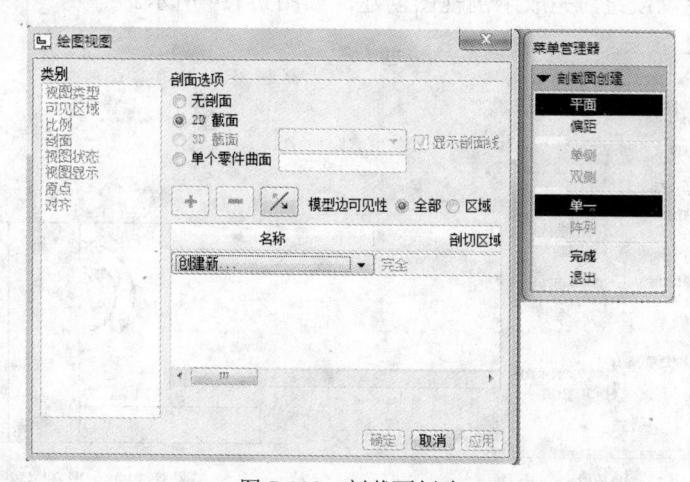

图 7-108　剖截面创建

选择"平面"→"单一"→"完成"命令,弹出"消息输入窗口",如图7-109所示,输入"A"。单击"接受值"按钮☑,弹出"选取"对话框,选择"设置平面"→"平面"选项,如图7-110所示。

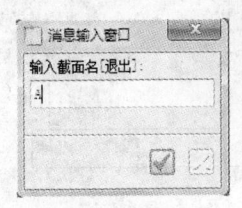

图 7-109 截面名

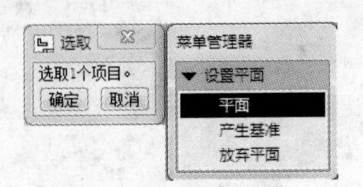

图 7-110 设置平面

在俯视图中单击"FRONT"基准平面,选择"剖切区域"→"一半"选项,如图7-111所示。

系统提示"为半截面创建选取参照平面",单击主视图中"RIGHT"基准平面,主视图出现向右的箭头,如图7-112所示。

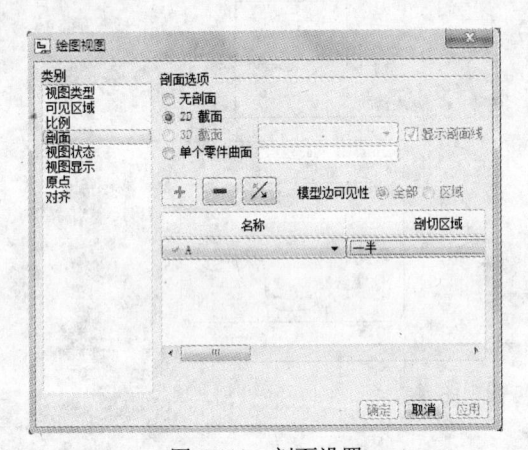

图 7-111 剖面设置

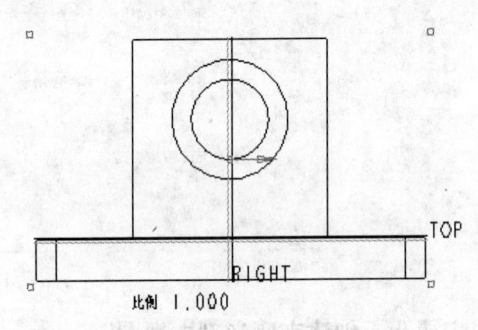

图 7-112 剖视区域

双击主视图,单击对话框左侧的"类别"→"视图显示"选项,弹出"视图显示选项"区域。选择"显示线型"→"无隐藏线"选项;"相切边显示样式"→"无"选项,如图7-113所示。单击"确定"按钮,完成半剖视图创建,如图7-114所示。

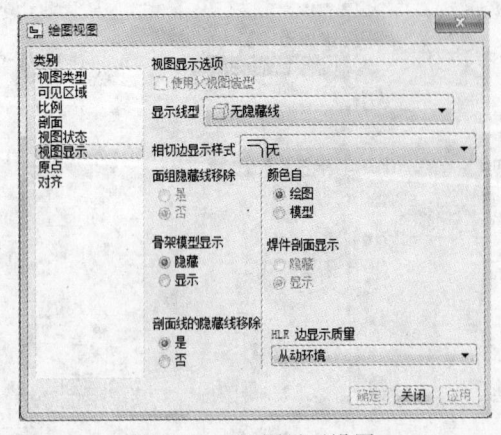

图 7-113 视图显示设置

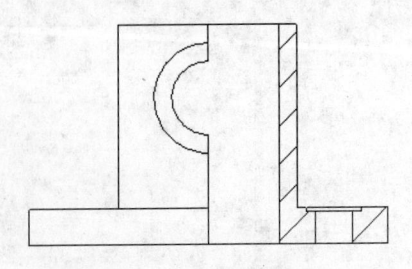

图 7-114 半剖主视图

步骤九　创建支座全剖左视图

双击左视图，弹出"绘图视图"对话框，选择"类别"→"剖面"选项，弹出"剖面选项"区域。选择"2D 截面"单选项，单击"添加"按钮 ➕，弹出"剖截面创建"菜单管理器。

选择"平面"→"单一"→"完成"选项，弹出"消息输入窗口"对话框，输入"B"。单击"接受值"按钮 ✓，弹出"选取"对话框，选择"设置平面"→"平面"选项。

在主视图或俯视图中单击"RIGHT"基准平面，选择"剖切区域"→"完全"选项，如图 7-115 所示。单击"确定"按钮，完成半剖视图的创建，如图 7-116 所示。

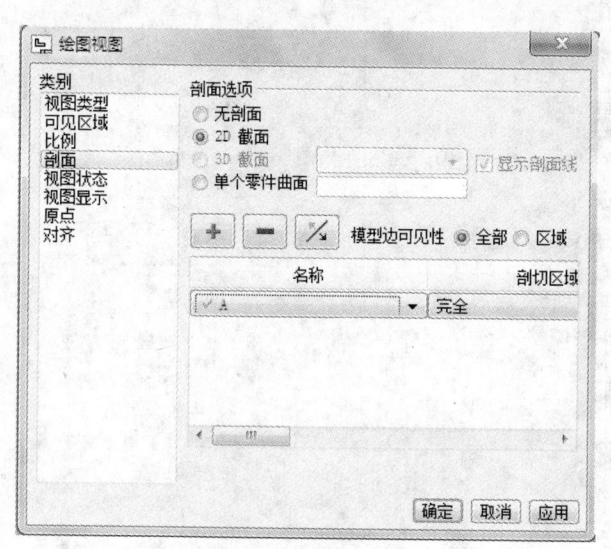

图 7-115　剖面设置

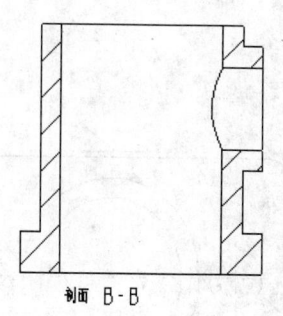

图 7-116　全剖左视图

步骤十　添加中心线

单击视图，在主菜单栏"Annotate"注释选项卡中单击"显示模型注释"按钮。弹出"Show Model Annotations"对话框，选择"创建轴"选项卡，选择适当轴线，单击"确定"按钮，完成添加视图中心线，如图 7-117～图 7-119 所示。鼠标放置在将要修改的中心线上，中心线变为蓝色，单击后可修改此中心线。修改完成后如图 7-120 所示。

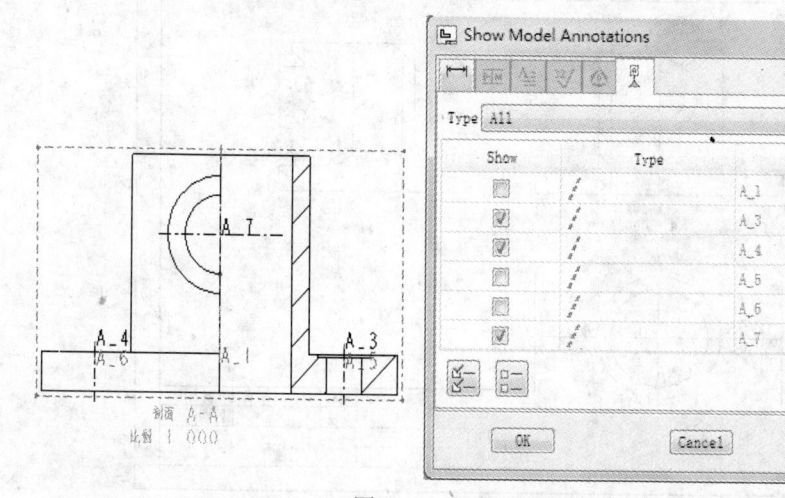

图 7-117　添加主视图中心线

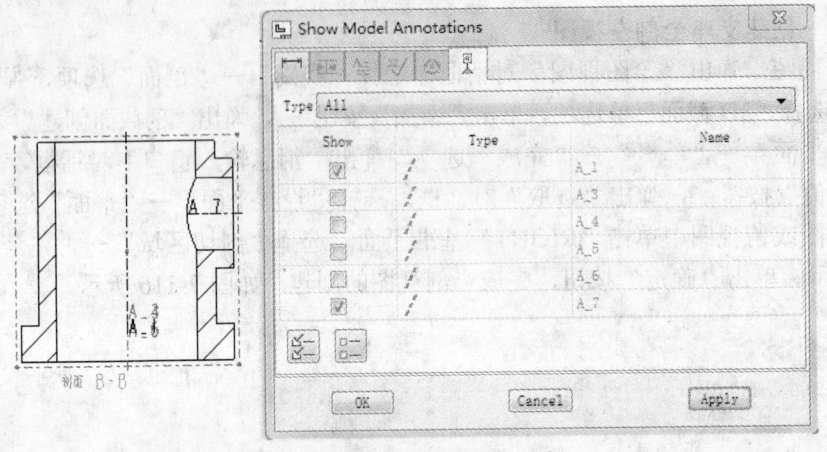

图 7-118　添加左视图中心线

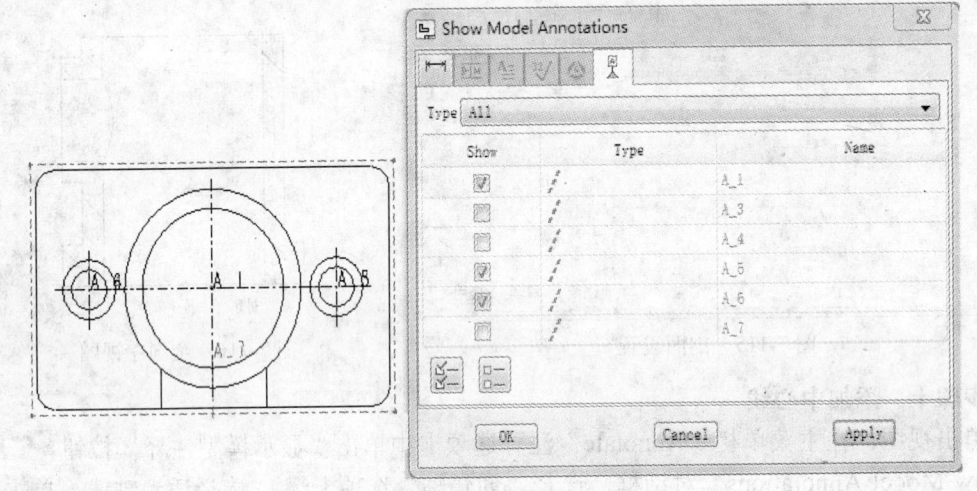

图 7-119　添加俯视图中心线

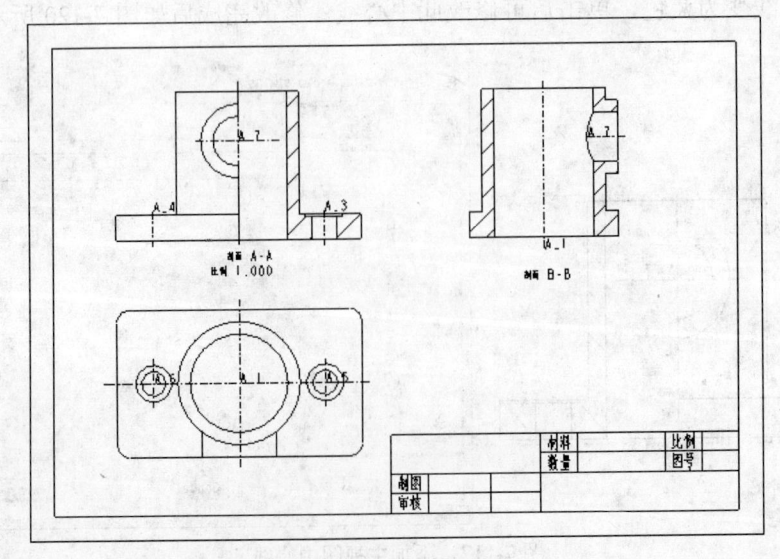

图 7-120　中心线

步骤十一　添加尺寸标注

方法同任务二。

步骤十二　填写标题栏

双击要填写内容的单元格，输入相应的文本文字，修改高度与位置，完成标题栏的填写，如图 7-83 所示。

步骤十三　保存文件

单击"保存"按钮，完成保存操作。

7.4.6　任务总结

标注尺寸时，双击要标注的圆标注直径，单击标注半径。

7.4.7　巩固练习

创建实体图形，并生成工程图，如图 7-121 所示。

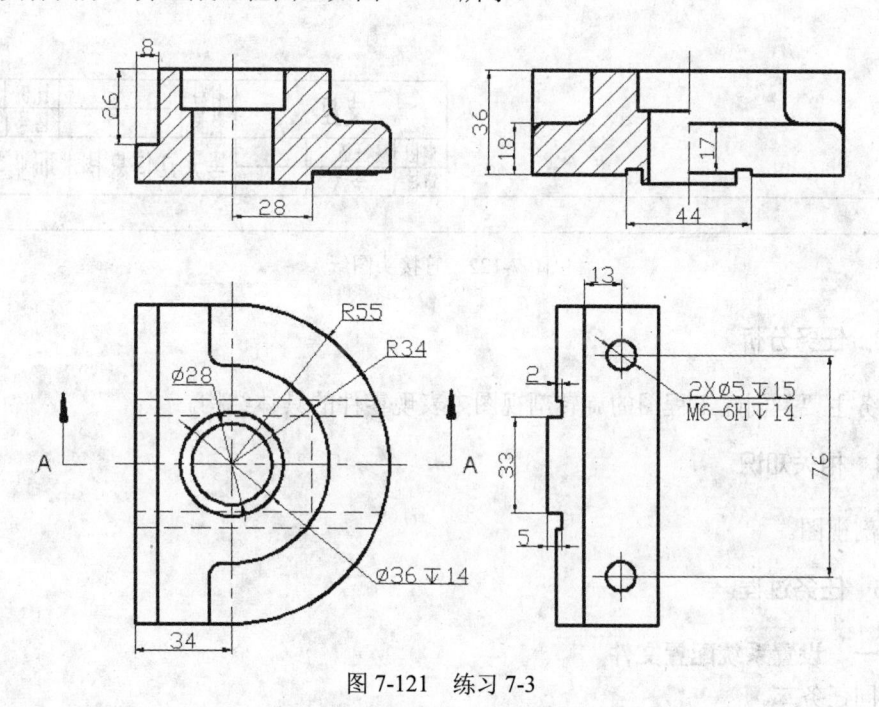

图 7-121　练习 7-3

任务 7.5　管接头旋转剖视图

7.5.1　任务目标

- 复习创建三视图。
- 掌握旋转剖视图的创建步骤和设置。

7.5.2　任务分析

应用绘图文件创建旋转剖视图、标注尺寸，完成图 7-122 所示管接头图纸。

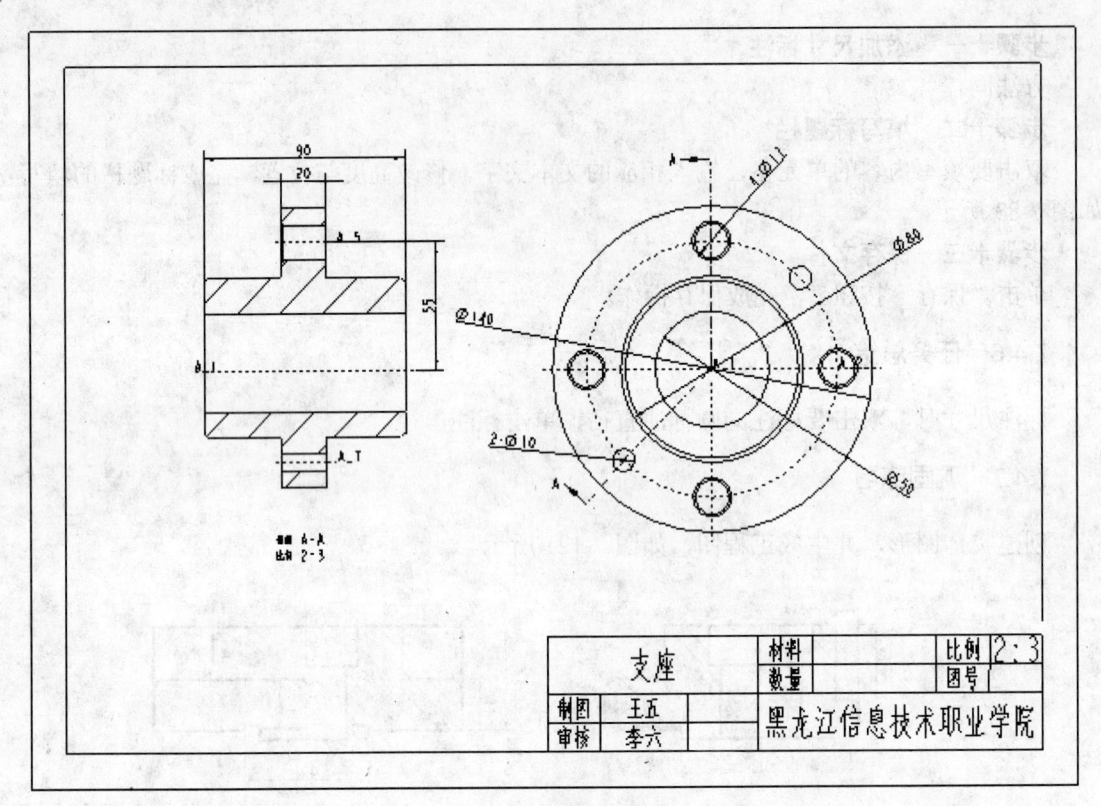

图 7-122 管接头图纸

7.5.3 任务分析

本任务主要是创建工程图的旋转剖视图来表现零件的具体结构。

7.5.4 相关知识

旋转剖视图。

7.5.5 任务过程

步骤一 设置系统配置文件
步骤同任务二。

步骤二 设置工作目录
选择主菜单栏中的"文件"→"设置工作目录"选项,打开"选取工作目录"对话框。当前设置工作目录在 D:\my word\gct\中,单击"确定"按钮完成设置。

步骤三 新建绘图文件
选择主菜单栏中的"文件"→"新建"选项,打开"新建"对话框。选择"绘图"单选项,在"名称"文本框中输入模型名称"guanjietou",取消勾选"使用缺省模板"复选框。单击"确定"按钮,弹出"新制图"对话框。

选择"缺省模块"→"浏览"选项,弹出"打开"对话框,选择"guanjietou.prt",单击"打开"按钮,模型添加到"缺省模块"下。

选择"指定模板"→"格式为空"选项,弹出"新制图"对话框更改样式。单击"格式"

→"浏览"选项,弹出"打开"对话框,选择任务一中创建的的 a4 图纸,单击"打开"按钮,完成"新制图"设置。

单击"确定"按钮,进入绘图界面。

步骤四　设置投影视角
步骤同任务二。

步骤五　创建主视图
单击"基准显示"按钮，关闭所有基准显示。

在主菜单栏"Layout"布局选项卡中单击"一般"按钮。在图纸中间适当位置单击,绘图区出现零件的三维视图,并弹出"绘图视图"对话框。

在"模型视图名"列表框中选择"BACK"选项,单击"应用"按钮,如图 7-123 所示。

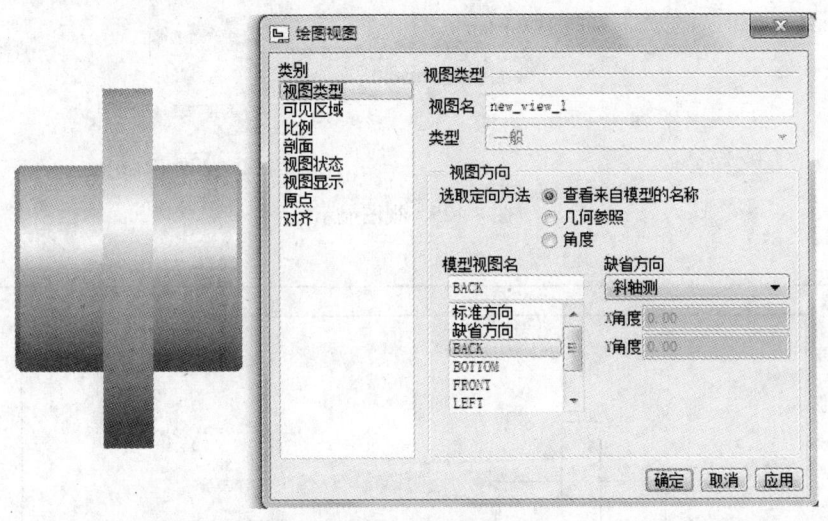

图 7-123　选择视图名

单击左侧"类别"→"比例"选项,弹出"比例和透视图选项"区域,单击"定制比例"单选项,修改比例为"0.667",如图 7-124 所示。

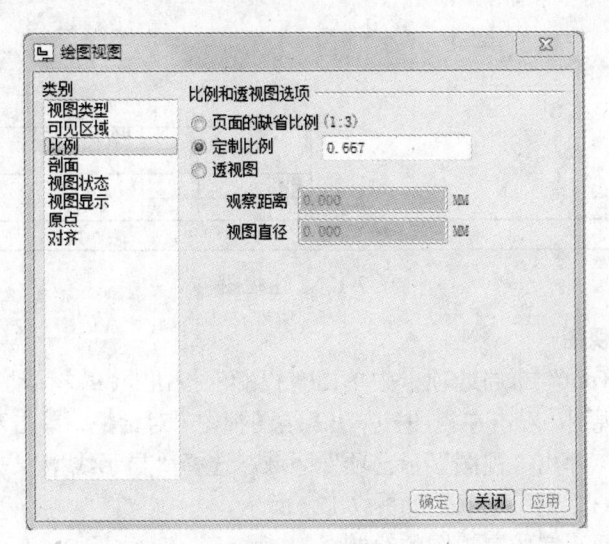

图 7-124　比例

单击左侧的"类别"→"视图显示"选项，弹出"视图显示选项"区域。选择"显示线型"→"无隐藏线"选项，如图 7-125 所示。单击"确定"按钮，完成主视图的绘制，如图 7-126 所示。

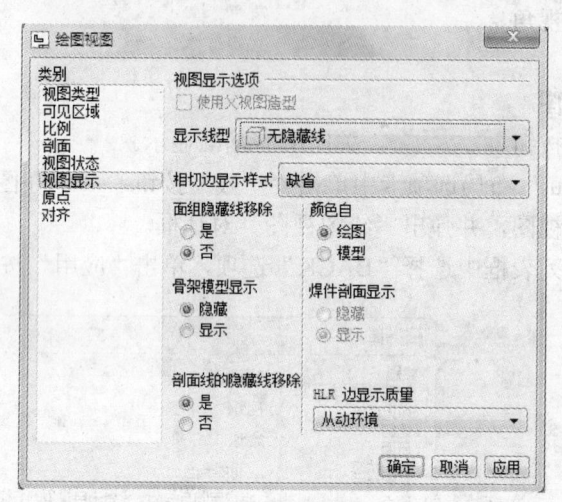

图 7-125　视图显示

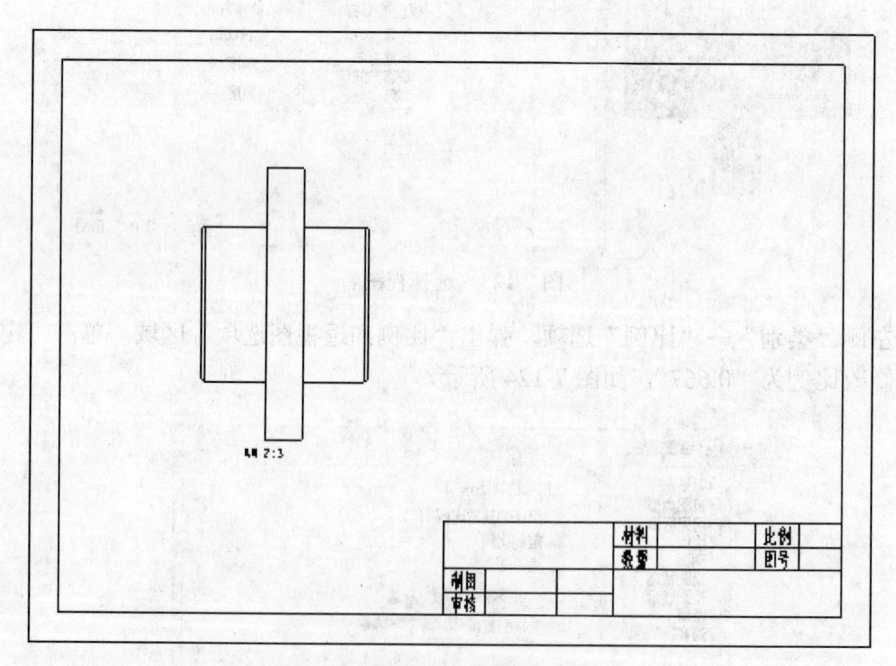

图 7-126　主视图

步骤六　创建左视图

在主菜单栏"Layout"布局选项卡中单击"投影"按钮 投影。移动鼠标到主视图右边适当位置单击，创建左视图。双击左视图，弹出"绘图视图"对话框，单击对话框左侧的"类别"→"视图显示"选项，弹出"视图显示选项"区域。选择"显示线型"→"无隐藏线"选项；"相切边显示样式"→"无"选项，如图 7-127 所示。

单击"确定"按钮，完成左视图的绘制。

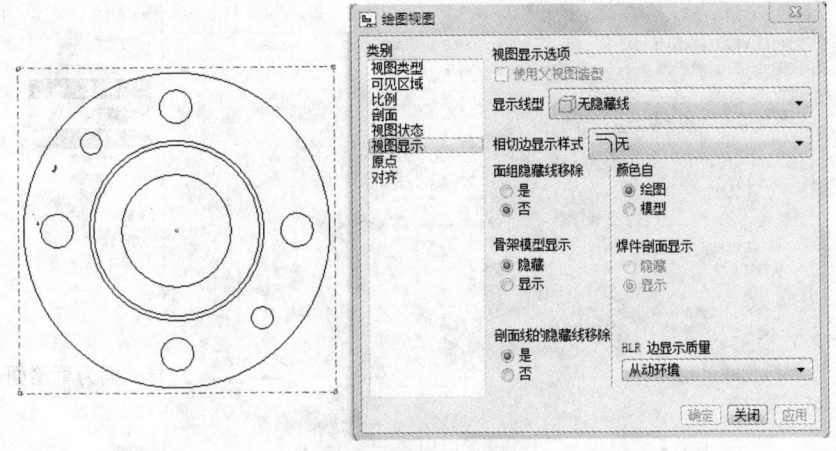

图 7-127　左视图

步骤七　修改主视图为旋转剖视图

双击主视图，弹出"绘图视图"对话框，选择"类别"→"剖面"选项，弹出"剖面选项"区域。选择"2D 截面"单选项，单击"添加"按钮 ，弹出"剖截面创建"菜单管理器，如图 7-128 所示。

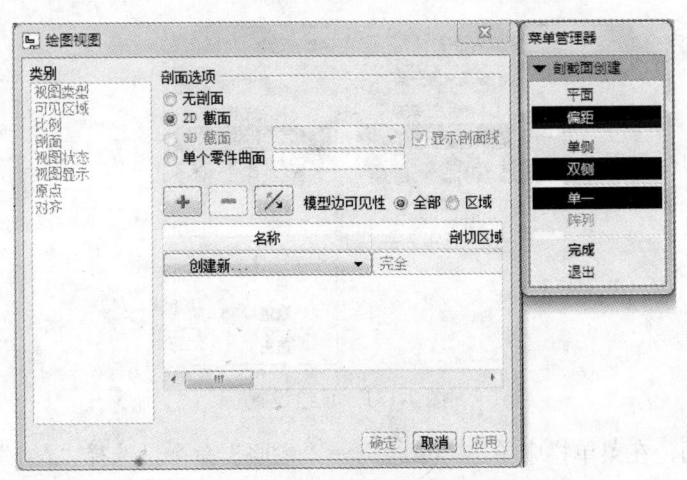

图 7-128　剖截面创建

选择"偏距"→"双侧"→"单一"→"完成"选项，弹出"消息输入窗口"对话框，如图 7-129 所示，输入"A"。单击"接受值"按钮 。系统进入三维零件模式，同时弹出"设置草绘平面"菜单管理器，选择如图 7-130 所示的面为草绘面，选择"正向"→"缺省"选项，如图 7-131 所示。

图 7-129　输入截面名

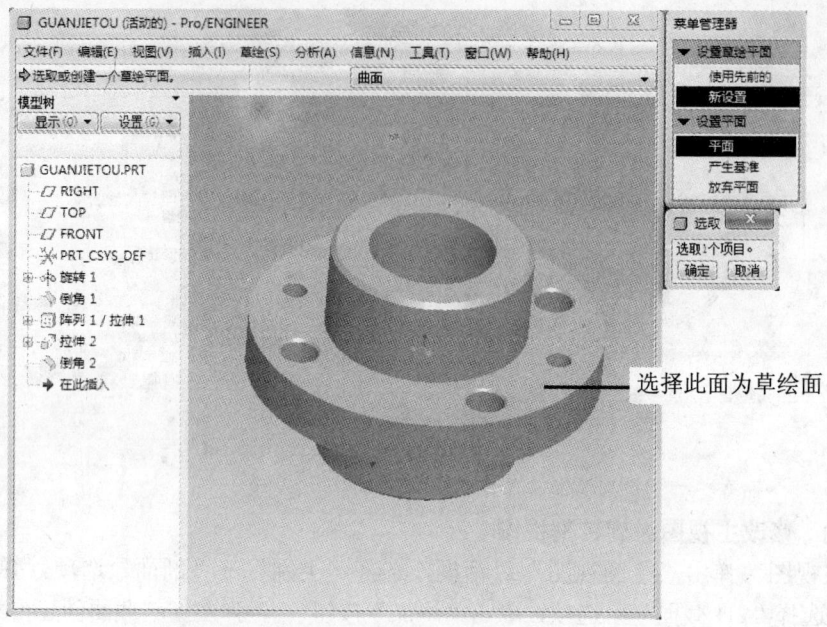

图 7-130 三维界面

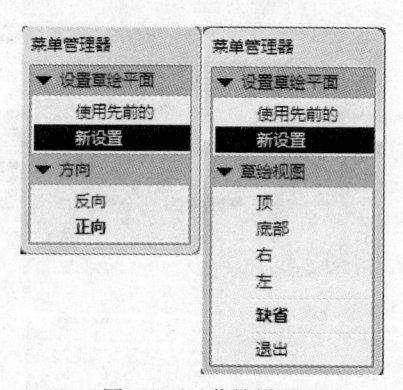

图 7-131 草绘设置

进入草绘界面,在菜单栏中单击"草绘"→"参照"命令,选择"A-7"轴为参照,如图 7-132 所示。

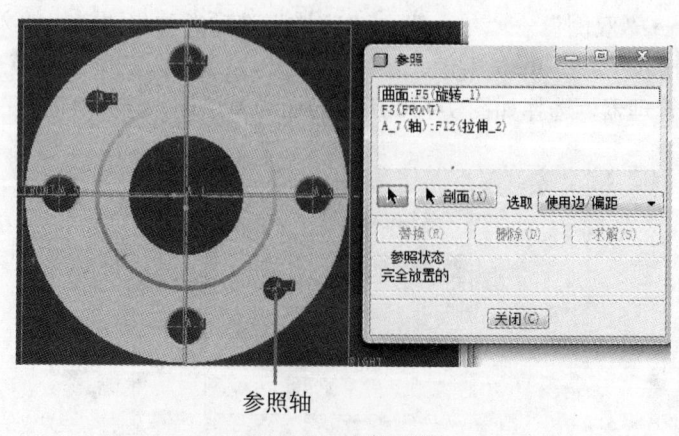

参照轴
图 7-132 草绘设置

在菜单栏中单击"草绘"→"线"→"线"选项，绘制两条直线段，一条由中心向右的水平线和一条由中心经过参照轴"A-7"的直线，两直线长度任意，如图 7-133 所示。绘制完成后在菜单栏中单击"草绘"→"完成"命令，回到"绘图视图"对话框。

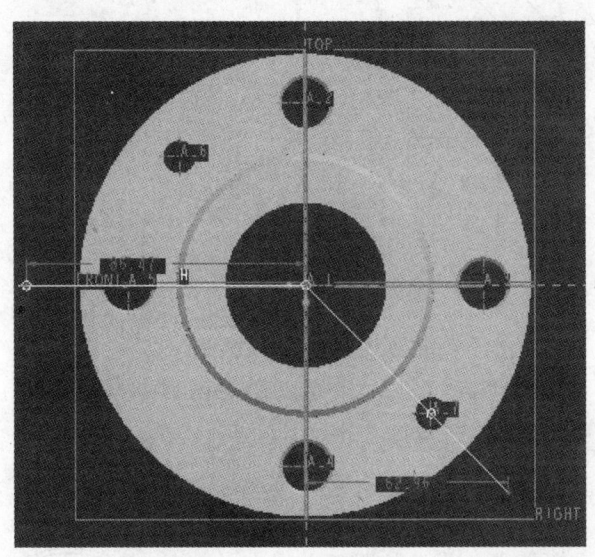

图 7-133　草绘直线

单击"确定"按钮，完成剖视图的绘制。单击主视图后，在模型树中单击鼠标右键，在弹出的快捷菜单中选择"添加箭头"选项，单击左视图，完成箭头添加，如图 7-134 所示。

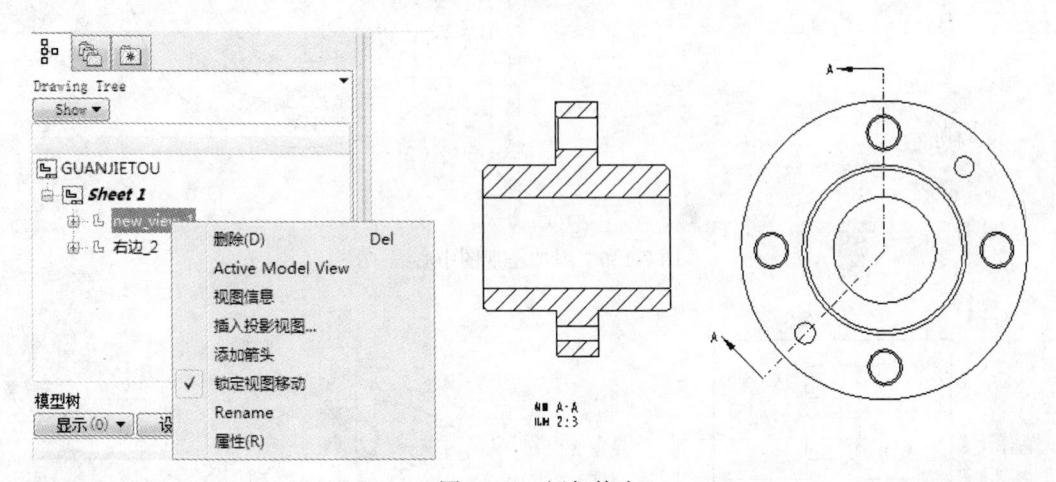

图 7-134　添加箭头

步骤八　添加中心线

单击视图，在主菜单栏"Annotate"注释选项卡中单击"显示模型注释"按钮。弹出"Show Model Annotations"对话框，选择"创建轴"选项卡，选择适当轴线，单击"确定"按钮，完成添加视图中心线，如图 7-135 和图 7-136 所示。鼠标放置在将要修改的中心线上，中心线变为蓝色，单击后，可修改此中心线。

步骤九　添加尺寸标注

方法同任务二，如图 7-137 所示。

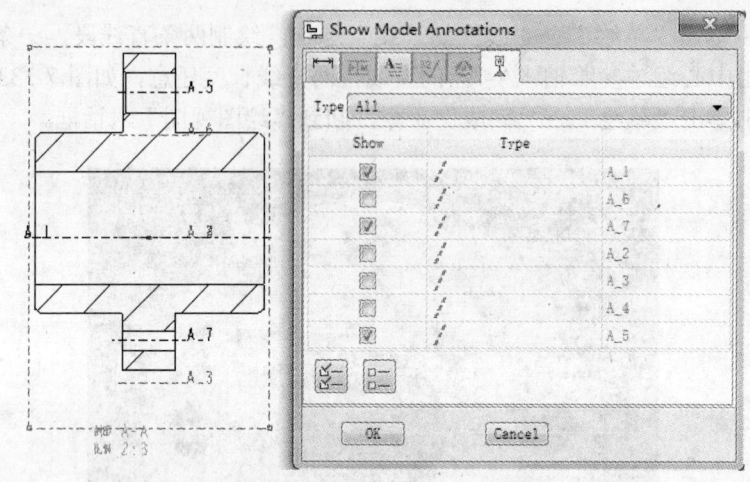

图 7-135 添加主视图中心线

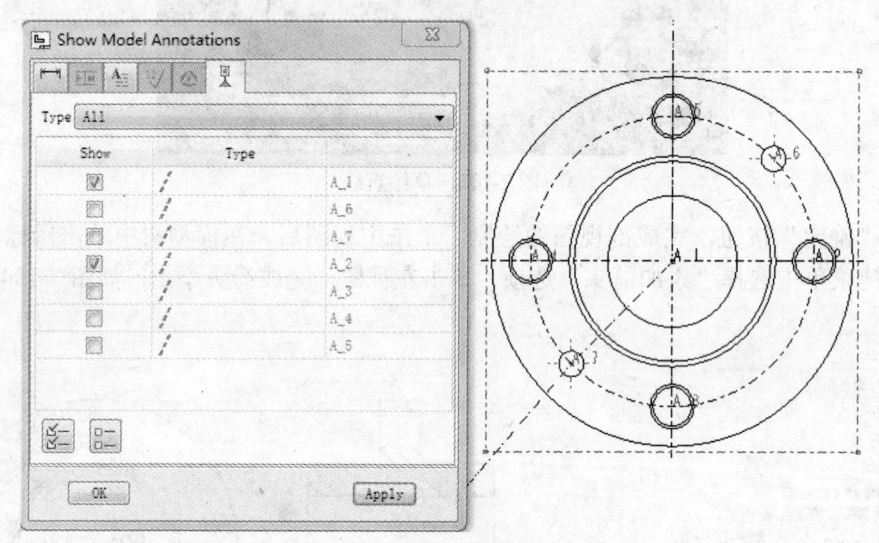

图 7-136 添加左视图中心线

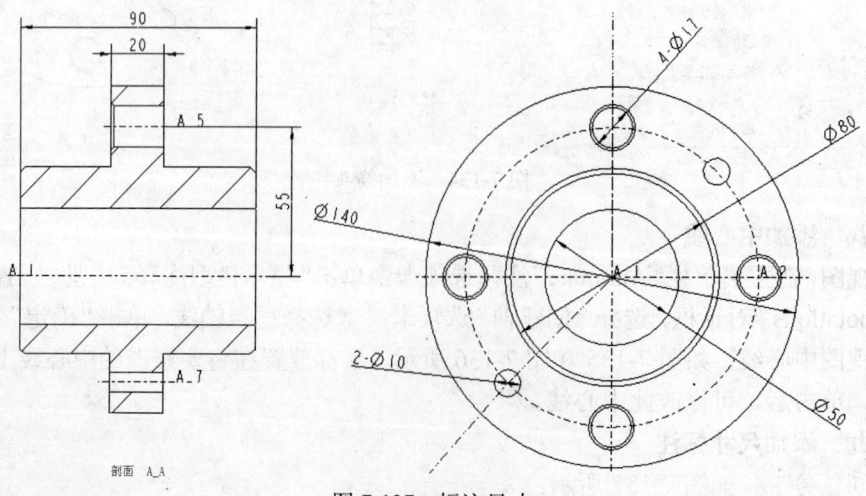

图 7-137 标注尺寸

步骤十　填写标题栏

双击要填写内容的单元格，输入相应的文本文字，修改高度与位置，完成标题栏的填写，如图 7-83 所示。

步骤十一　保存文件

单击"保存"按钮，完成保存操作。

7.5.6　任务总结

投影视角设置不正确将使剖面箭头方向错误。

7.5.7　巩固练习

创建实体图形，并生成工程图，如图 7-138 所示。

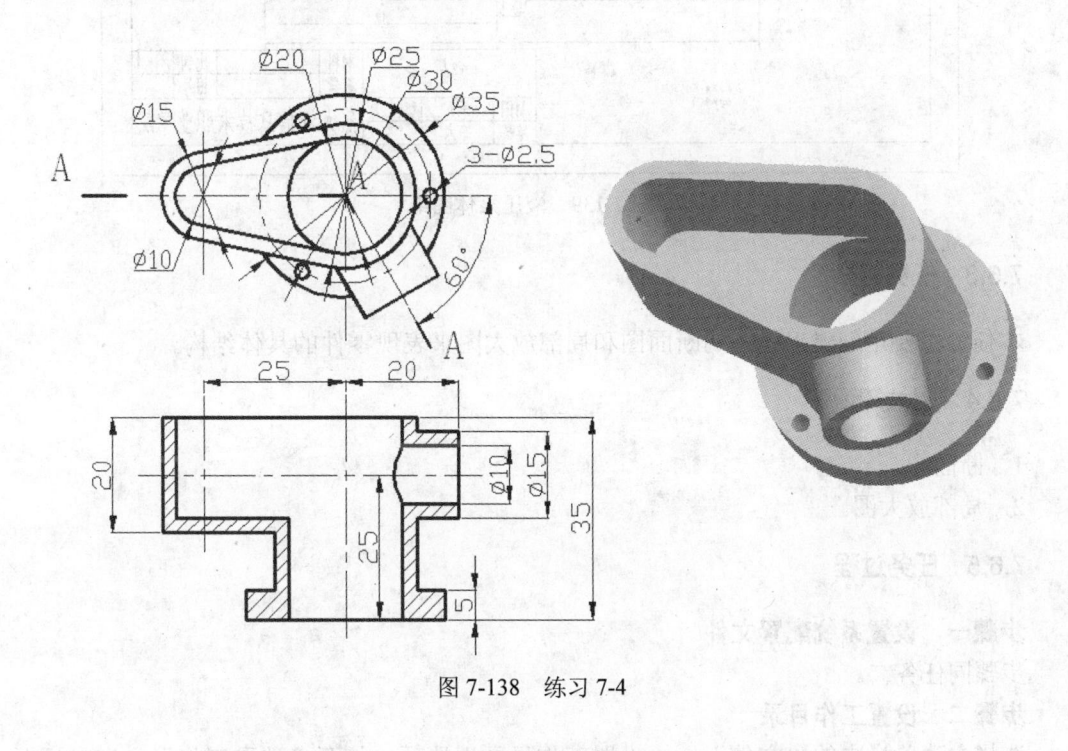

图 7-138　练习 7-4

任务 7.6　阶梯轴断面图及局部放大图

7.6.1　任务目标

- 复习创建三视图。
- 掌握断面图创建步骤和设置。
- 掌握局部放大图创建步骤和设置。

7.6.2　任务分析

应用绘图文件创建断面图和局部放大图、标注尺寸，完成图 7-139 所示图纸。

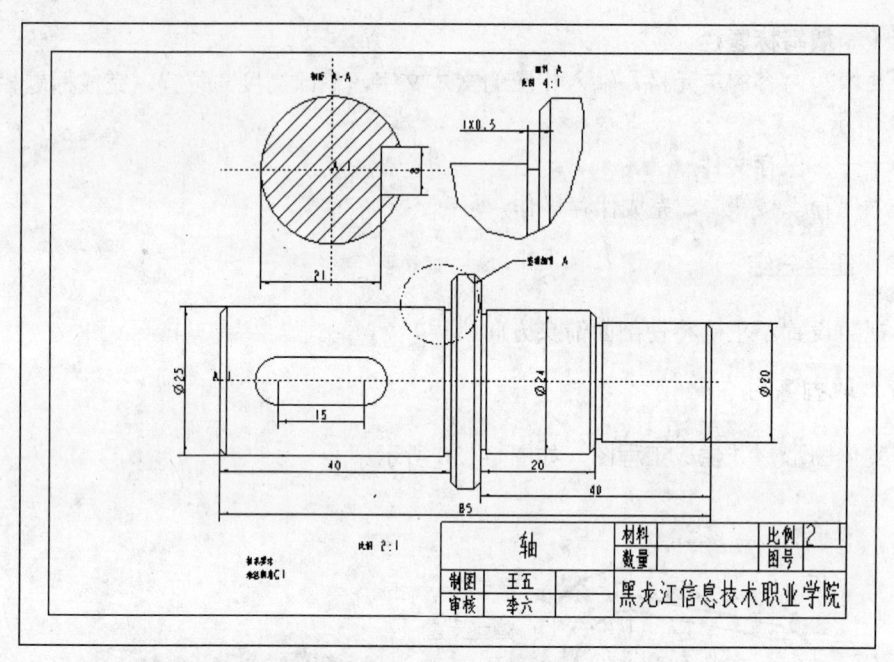

图 7-139 液压泵体图纸

7.6.3 任务分析

本任务主要是创建工程图的断面图和局部放大图来表现零件的具体结构。

7.6.4 相关知识

1．断面图。
2．局部放大图。

7.6.5 任务过程

步骤一 设置系统配置文件

步骤同任务二。

步骤二 设置工作目录

选择主菜单栏中的"文件"→"设置工作目录"选项，打开"选取工作目录"对话框。当前设置工作目录在 D:\my word\gct\中，单击"确定"按钮完成设置。

步骤三 新建绘图文件

选择主菜单栏中的"文件"→"新建"选项，打开"新建"对话框。选择"绘图"单选项，在"名称"文本框中输入模型名称"jietizhou"，取消勾选"使用缺省模板"复选框。单击"确定"按钮，弹出"新制图"对话框。

选择"缺省模块"→"浏览"选项，弹出"打开"对话框，选择"jietizhou.prt"，单击"打开"按钮，模型添加到"缺省模块"下。

选择"指定模板"→"格式为空"选项，弹出"新制图"对话框更改样式。单击"格式"→"浏览"选项，弹出"打开"对话框，选择任务一中创建的的 a4 图纸，单击"打开"按钮，完成"新制图"设置。

单击"确定"按钮，进入绘图界面。

步骤四　设置投影视角

步骤同任务二。

步骤五　创建支座主视图

单击"基准显示"按钮 ，关闭所有基准显示。

在主菜单栏"Layout"布局选项卡中单击"一般"按钮 。在图纸中间适当位置单击，绘图区出现零件的三维视图，并弹出"绘图视图"对话框。

在"模型视图名"列表框中选择"TOP"选项，单击"应用"按钮，如图7-140所示。

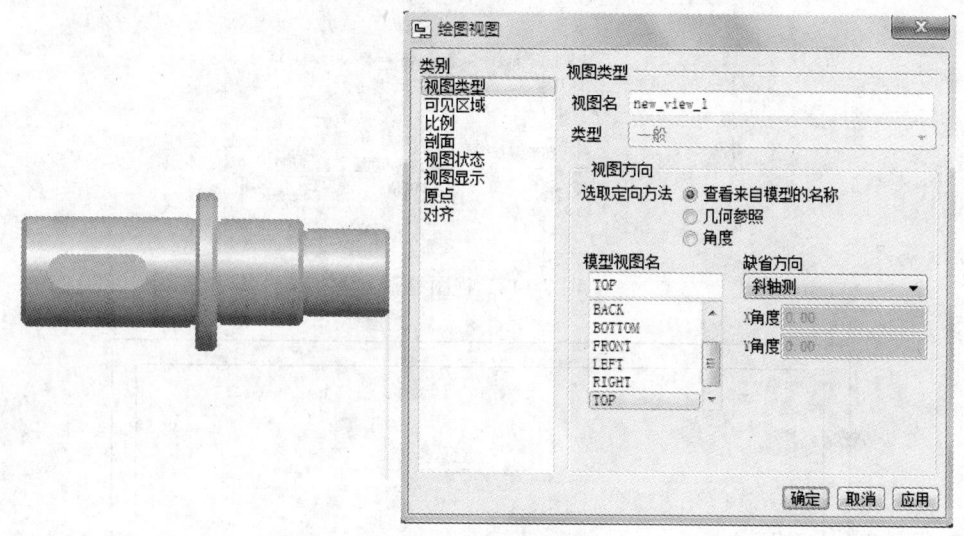

图 7-140　选择视图名

单击左侧的"类别"→"比例"选项，弹出"比例和透视图选项"区域，选择"定制比例"单选项，修改比例为"2"，如图7-141所示。

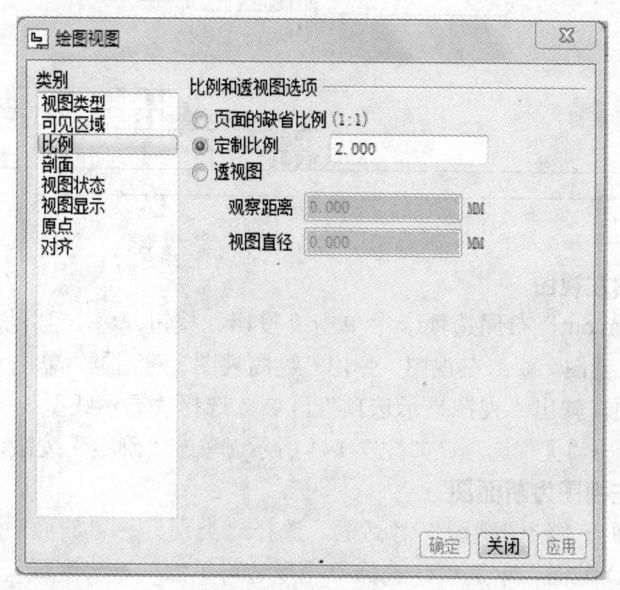

图 7-141　比例

单击左侧的"类别"→"视图显示"选项,弹出"视图显示选项"区域。选择"显示线型"→"无隐藏线"选项,如图 7-142 所示。单击"确定"按钮,完成主视图的绘制,如图 7-143 所示。

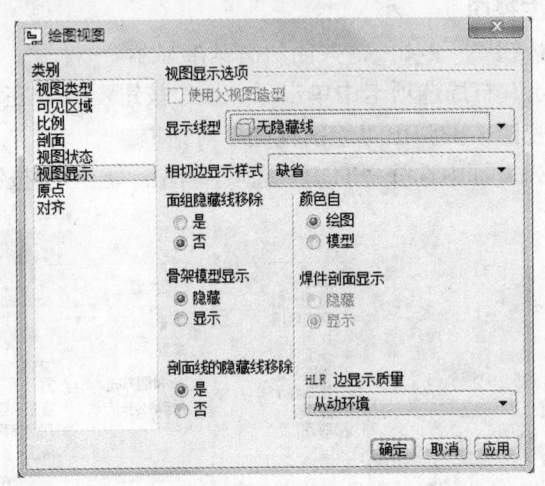

图 7-142 视图显示

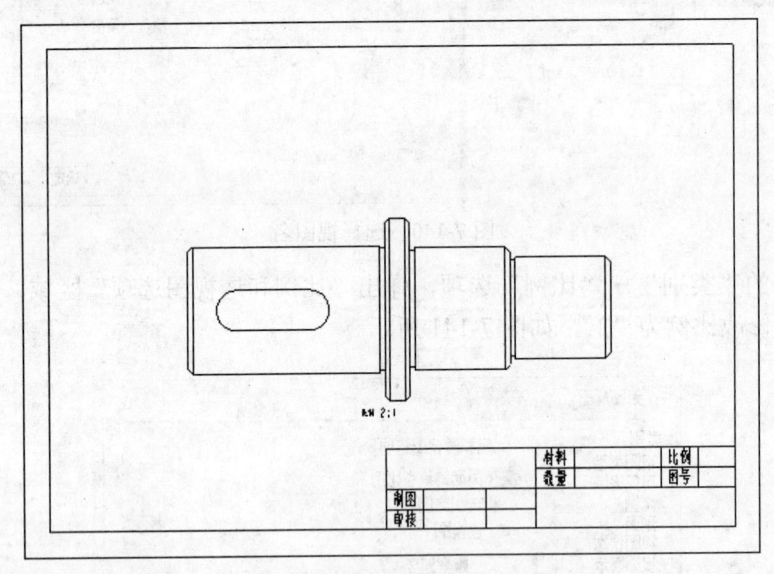

图 7-143 主视图

步骤六 创建轴左视图

在主菜单栏"Layout"布局选项卡中单击"投影"按钮 投影。移动鼠标到主视图右边适当位置单击,创建左视图。双击左视图,弹出"绘图视图"对话框,单击对话框左侧的"类别"→"视图显示"选项,弹出"视图显示选项"区域。选择"显示线型"→"无隐藏线"选项;"相切边显示样式"→"无"选项,如图 7-144 所示。单击"确定"按钮,完成左视图的绘制。

步骤七 修改左视图为断面图

双击主视图,弹出"绘图视图"对话框,选择"类别"→"剖面"选项,弹出"剖面选项"区域。选择"2D 截面"单选项,选择"模型边可见性"→"区域"选项,单击"添加"按钮 ,弹出"剖截面创建"菜单管理器,如图 7-145 所示。

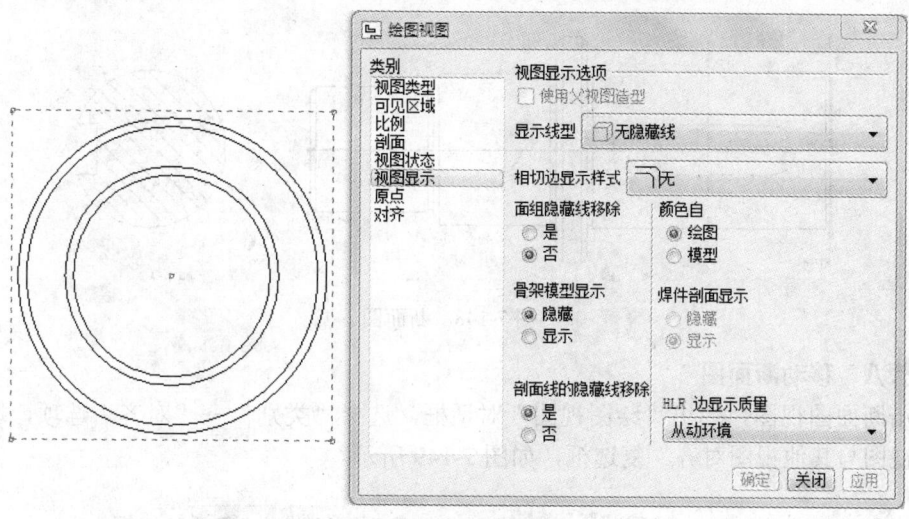

图 7-144 左视图

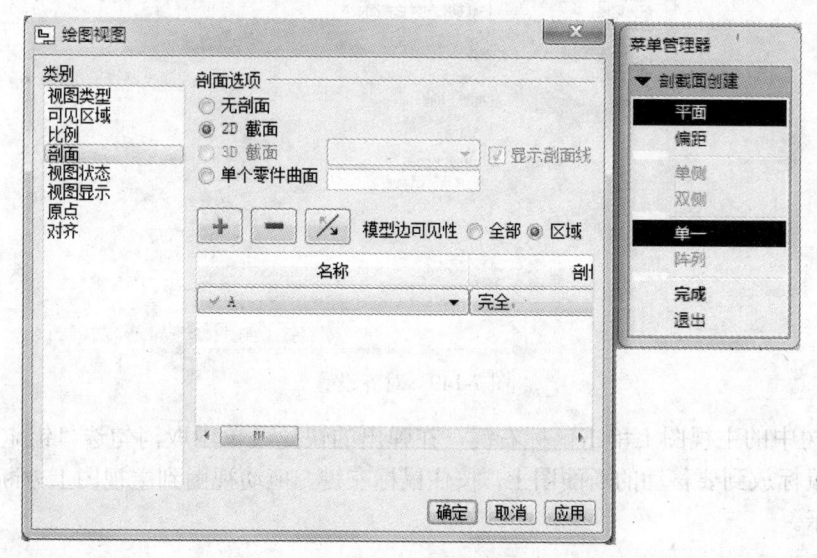

图 7-145 剖截面创建

选择"平面"→"单一"→"完成"选项,弹出"消息输入窗口"对话框,如图 7-146 所示,输入"A"。单击"接受值"按钮,弹出"选取"对话框,选择"设置平面"→"平面"选项,如图 7-147 所示。

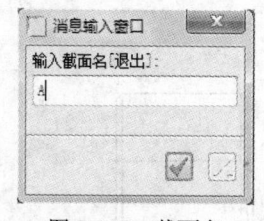

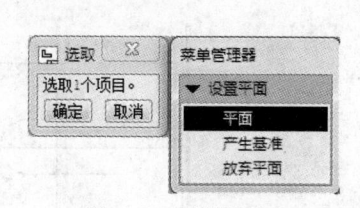

图 7-146 截面名   图 7-147 设置平面

在主视图中单击"DTM2"基准平面,选择"剖切区域"→"完全"选项。
单击"确定"按钮,完成断面图的绘制,如图 7-148 所示。

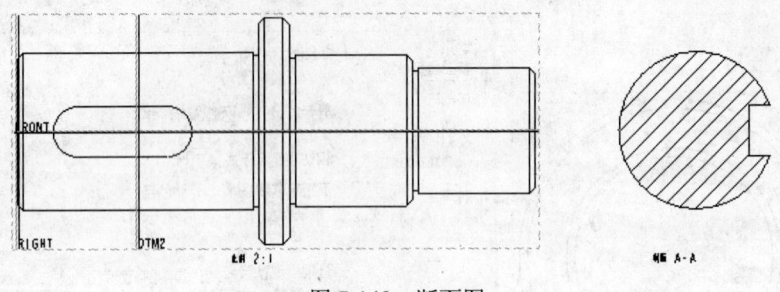

图 7-148 断面图

步骤八 移动断面图

双击断面图视图,弹出"绘图视图"对话框,选择"类别"→"对齐"选项,取消勾选"将此视图与其他视图对齐"复选框,如图 7-149 所示。

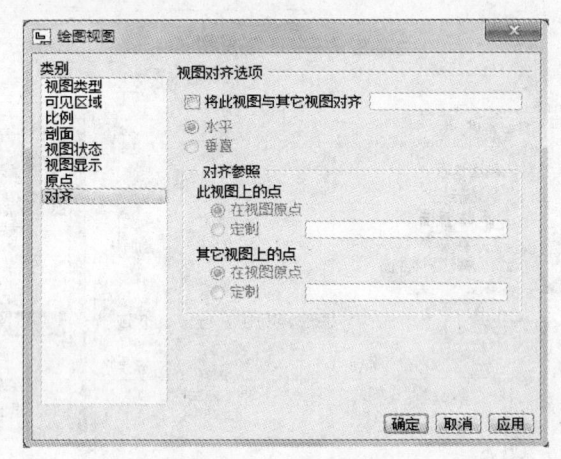

图 7-149 对齐设置

在模型树中的主视图上单击鼠标右键,在弹出的快捷菜单中取消勾选"锁定视图移动"复选框。将鼠标放到要移动的断面图上,按住鼠标左键,拖动视图到主视图上方断面位置,如图 7-150 所示。

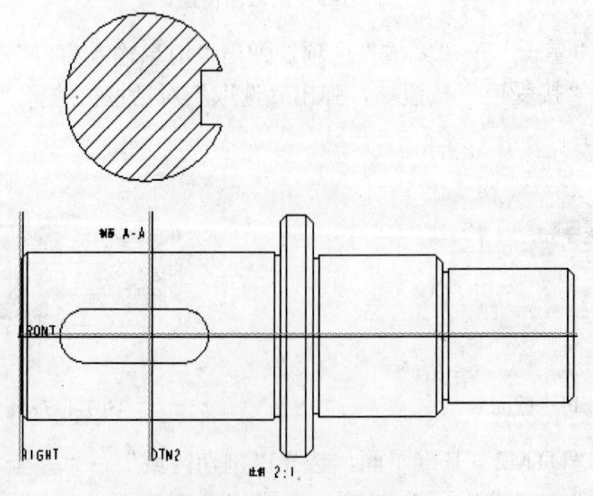

图 7-150 移动断面图

步骤九　创建局部放大图

在主菜单栏"Layout"布局选项卡中单击"详细"按钮 详细(D)。弹出"选取"对话框，系统同时提示"在一现有视图上选取要查看细节的中心点"。在主视图中需要放大的位置单击，出现"×"形点，如图 7-151 所示。系统又提示"草绘样条，不相交其他样条，来定义一轮廓线"。在"×"的周围用样条曲线圈画要放大的部位，如图 7-152 所示。单击中键确认，在图纸上适合的位置再次单击，完成局部放大图的创建，如图 7-153 所示。

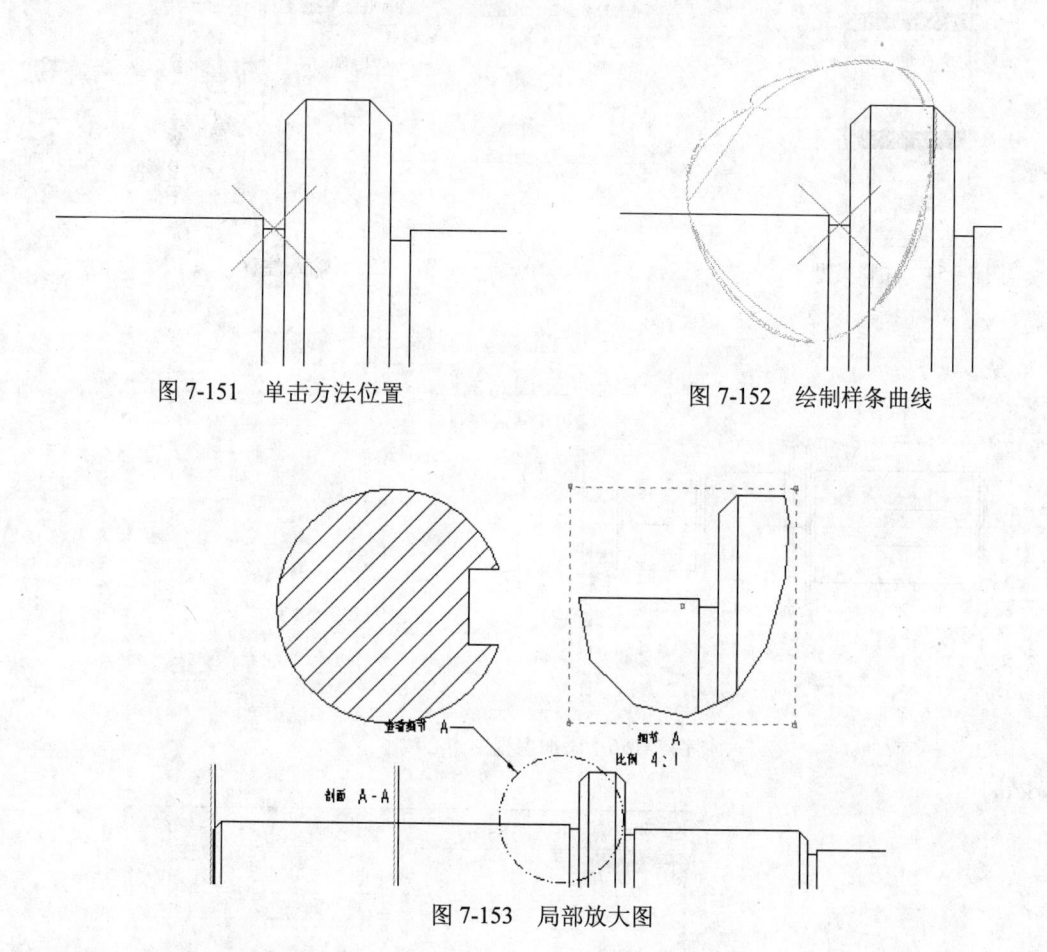

图 7-151　单击方法位置　　　　图 7-152　绘制样条曲线

图 7-153　局部放大图

步骤十　添加技术要求

在主菜单栏"Annotate"注释选项卡中单击"注释"按钮 ，弹出"注释类型"菜单管理器，如图 7-154 所示。选择"无引线"→"输入"→"水平"→"标准"→"缺省"→"制作注释"选项。弹出"获得点"菜单管理器，在绘图区适当位置单击，输入内容"技术要求"，单击"接受值"按钮 ，再输入"未注倒角 C1"，单击"接受值"按钮 。在弹出的空白输入内容框中单击"接受值"按钮 ，在"注释类型"菜单管理器中单击"完成/返回"选项，完成技术要求注释，如图 7-155 所示。

步骤十一　添加中心线

单击视图，在主菜单栏"Annotate"注释选项卡中单击"显示模型注释"按钮 。弹出"Show Model Annotations"对话框，选择"创建轴"选项卡 ，选择适当轴线，单击"确定"按钮 ，完成添加视图中心线。如图 7-156 和图 7-157 所示。

图 7-154　注释类型　　　　　　　　　图 7-155　输入注释

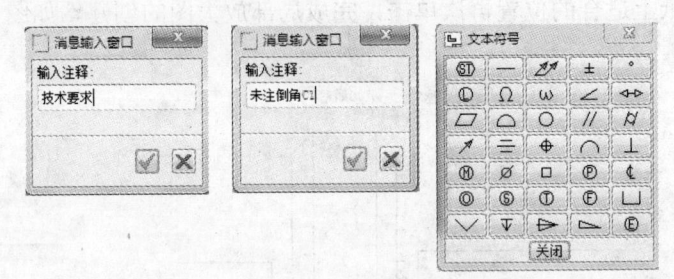

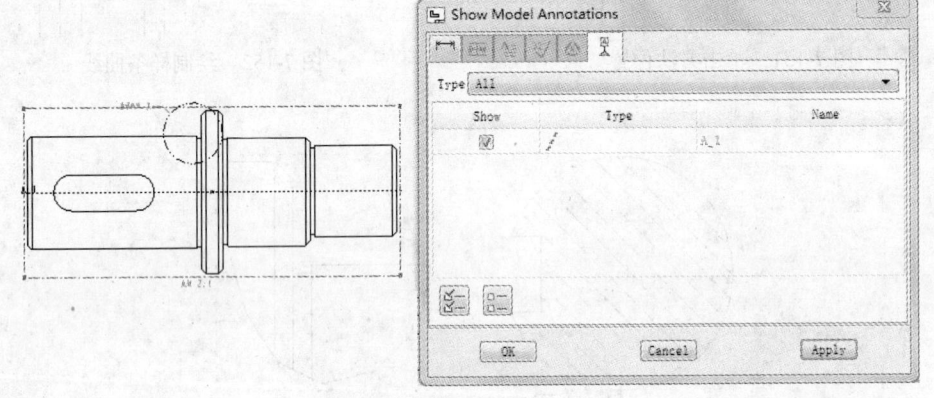

图 7-156　添加主视图中心线

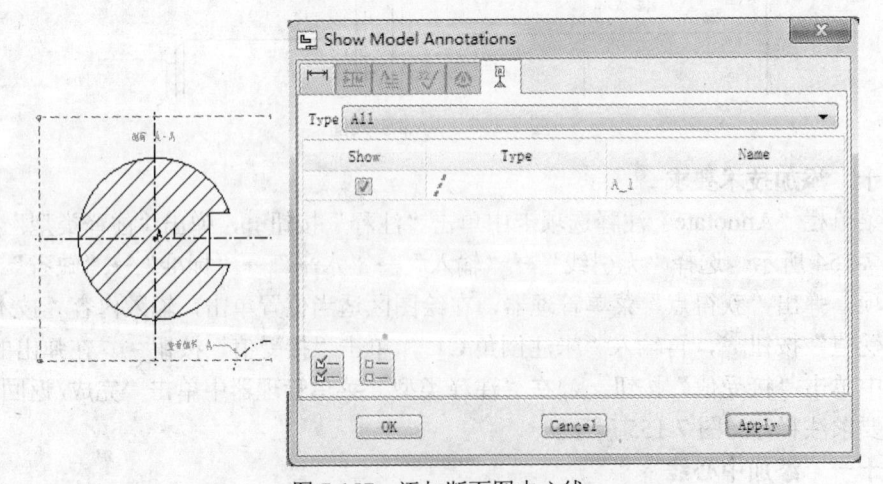

图 7-157　添加断面图中心线

步骤十二　添加尺寸标注
方法同任务二，如图 7-158 所示。

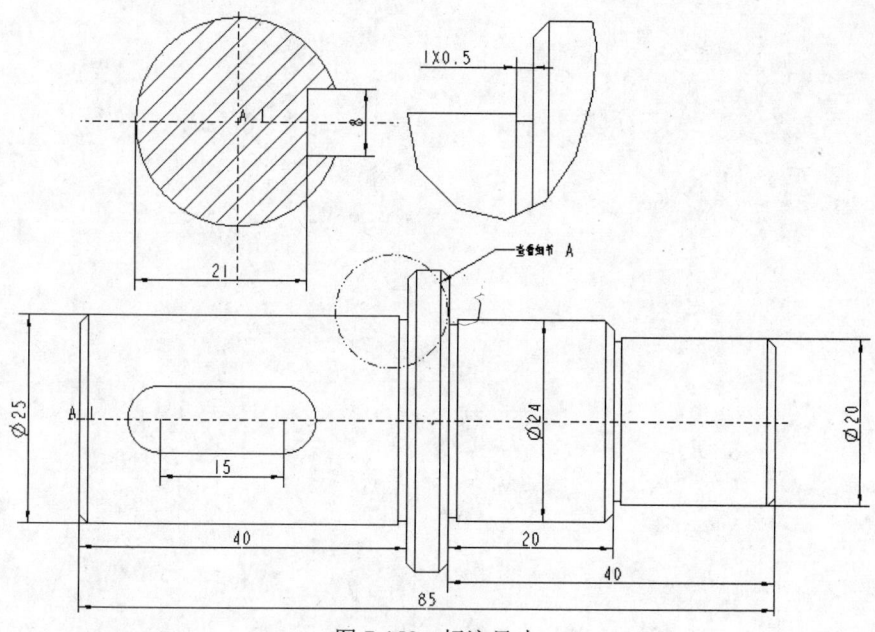

图 7-158　标注尺寸

步骤十三　填写标题栏

双击要填写内容的单元格，输入相应的文本文字，修改高度与位置，完成标题栏的填写，如图 7-83 所示。

步骤十四　保存文件

单击"保存"按钮，完成保存操作。

7.6.6　任务总结

鼠标放置到要移动的尺寸或标注上，变为蓝色后单击，按住左键可拖动标注到适合的位置。

7.6.7　项固练习

创建实体图形，并生成工程图，如图 7-159 所示。

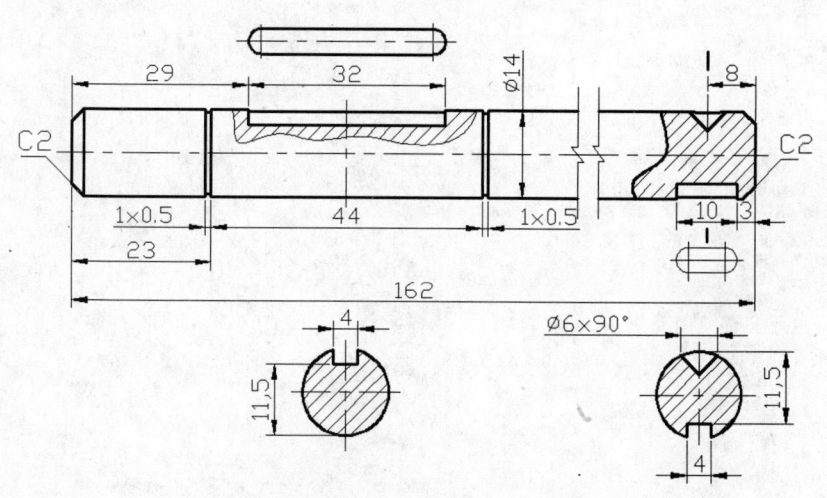

图 7-159　练习 7-5